本成果受北京市教育科学"十四五"规划2022年度重点课题：有留守经历大学生攻击性的日常波动规律及生活正念干预（项目号CEAA22051）资助

正念心理学

徐慰 ◎ 著

全面开启自我觉察与接纳的疗愈之旅

MINDFULNESS
PSYCHOLOGY

中国法制出版社
CHINA LEGAL PUBLISHING HOUSE

图书在版编目(CIP)数据

正念心理学：全面开启自我觉察与接纳的疗愈之旅 / 徐慰著. — 北京：中国法制出版社，2024.3
ISBN 978-7-5216-4174-5

Ⅰ.①正… Ⅱ.①徐… Ⅲ.①心理学—通俗读物 Ⅳ.① B84-49

中国国家版本馆 CIP 数据核字（2024）第 032800 号

策划编辑：陈晓冉
责任编辑：陈晓冉　　　　　　　　　　　　　　封面设计：李　宁

正念心理学：全面开启自我觉察与接纳的疗愈之旅
ZHENGNIAN XINLIXUE: QUANMIAN KAIQI ZIWO JUECHA YU JIENA DE LIAOYU ZHI LÜ

著者 / 徐　慰
经销 / 新华书店
印刷 / 三河市国英印务有限公司
开本 / 710 毫米 × 1000 毫米　16 开　　　　　印张 / 20.5　字数 / 273 千
版次 / 2024 年 3 月第 1 版　　　　　　　　　2024 年 3 月第 1 次印刷

中国法制出版社出版
书号 ISBN 978-7-5216-4174-5　　　　　　　　　　　　　　定价：69.80 元

北京市西城区西便门西里甲 16 号西便门办公区
邮政编码：100053　　　　　　　　　　　　　传真：010-63141600
网址：http://www.zgfzs.com　　　　　　　　编辑部电话：010-63141835
市场营销部电话：010-63141612　　　　　　　印务部电话：010-63141606

（如有印装质量问题，请与本社印务部联系。）

序言

我并非严格意义上的心理学科班出身。同很多青少年一样，在高中时期，我一心扮演着"小镇做题家"的角色，除了忙于通过题海战术提高自己的高考分数外，对未来的专业选择几无考量，更遑论生涯规划了。在稀里糊涂选了一门自己不擅长的专业后，我在大学本科阶段产生了巨大的心理落差。在经历了一番自我同一性的艰难探索后，我最终选择了心理学作为继续求学的道路指向——这可能也是绝大多数心理学跨考研究生的心路历程吧。在研究生阶段，我被"分配"的导师——刘兴华老师，刚刚开始正念的研究和实践工作。那是 2010 年，彼时正念在国内心理学领域还算是一个新鲜的名词，但是从第一次接触它，我就感到正念同自己刚经历的同一性探索出来的处世哲学极其匹配（记得当时我给导师写读书报告时表达过这种激动之情），也就这么机缘巧合地将正念定为长期深耕的方向。

如今，十多年的光阴一晃而过，我从一名研究生变成了高校教学科研工作者，也十分有幸地见证了正念心理学在国内外的迅猛发展，不论是基础研究还是应用实践都有了丰硕的成果。与此同时，在我国，各种与正念心理学相关的书籍也如雨后春笋般出版。然而，细究一下会发现，国内与正念心理学相关的书籍绝大多数是译著，而且往往关注某一个领域正念的应用。这是可以理解的，毕竟正念虽然有着深厚的东方传统文化渊源，但是其在实证科学领域的兴起是源于英美国家，而且面向大众，它的目标也是帮助人们解决具体的心理困扰或提升具体的心理品质。然而，我又不禁会想，要是有一本我们中国人自己撰写的，能够兼具理论与应用的正念心理学书籍，是不是更有助于大众对正念的理性认识和正念的科学传播呢。2020年，处于居家隔离和职业转换空窗期的我便开始了本书的构思与写作。中间因工作繁忙几经搁浅，最终能够出版，感到实属不易。

本书一共分为七章，外加一章绪论。其中，绪论部分简述了正念迈入心理学领域的历史发展脉络。前四章是偏基础理论性的内容，阐述了正念的概念、理论和机制。第五章和第六章分别从临床和非临床领域讲述了正念的具体应用。这两章内容比较多，除了介绍正念的具体效果外，也进行特异性机制的梳理，同时提供一些具体正念干预方案的介绍，甚至提供部分指导语以帮助读者进行体验。最后一章阐述了正念可能的风险以及练习时避免风险的注意事项。当然，这并不是说正念是危险的，而是说它在多数情况下可以作为一种自助练习方式，练习者需要接受一些提醒以使它能够让人受益。总的来说，我尽可能地对正念的理论和应用进行全面的论述，以使读者对正念是什么，正念有什么用，以及正念为什么有用有一个整体的把握。

在撰写此书时，对于本书的受众以及行文方式，我反复斟酌。经过和同行以及出版社编辑的商讨，还是决定在保证其学术性的同时，力求用尽量通俗的语言进行阐述。希望不管读者有没有心理学专业背景，都能够从中有所收获。

在这里要感谢一些人在本书撰写过程中的努力。我课题组里的学生和访学及合作老师协助我进行了大量的资料查阅和撰写工作。做出贡献的人员包括：第四章：吴溪纯、张若彤；第五章：安容瑾、黄莹、吴幸哲、王寿涅、胜瑞珂、黄镜源；第六章：刘文姣、唐雨竹、朱冰钰、王杰、赵磊、闻学、张春阳、何芝暨、杨艳波、关婧怡、宋慕含；第七章：宋文莉。另外，还要感谢陈婧和刘晓妍在本书构思过程中给予的帮助，感谢孙可在格式调整中所做的烦琐工作。最后，要感谢曾经的同门，中国法制出版社陈晓冉编辑给予的鼎力支持。

由于水平有限，谬误之处难免存在。而且书中一些自己的思考也属一家之言，恳请各位读者批评指正。如果本书能够激发你对正念心理学的兴趣，打开探索心理学的大门，我将不胜荣幸。如果阅读本书可以帮助你应对生活中的困境，缓解心理上的痛苦，在觉察和接纳中实现自我提升，那将是我感到最开心的收获。

愿正念能在你心中播撒一粒种子，滋养你的生命。

徐慰
2024年于北京师范大学后主楼

目 录

绪论　正念的起源与发展　/ 001

第一节　正念起源：人类内省实践的孕育成果　/ 002
第二节　正念的发展：由佛学跨入心理学视域　/ 004
　　一、佛学冥想在西方的传播　/ 004
　　二、正念减压的诞生　/ 005
　　三、正念与认知行为治疗的结合　/ 007
　　四、正念在西方的流行　/ 008
　　五、正念研究在中国的兴起　/ 010

第一章　正念是什么　/ 013

第一节　正念的概念　/ 014
　　一、卡巴金的正念操作性定义　/ 014

　　二、特质正念、状态正念和正念干预　　／016

第二节　正念的成分与测量　　／017
　　一、单因素模型　　／017
　　二、两因素模型　　／018
　　三、三因素模型　　／022
　　四、多因素模型　　／023
　　五、正念的测量工具　　／025

第三节　正念与其他形式干预的区别　　／028
　　一、正念与超觉冥想　　／028
　　二、正念与瑜伽　　／030
　　三、正念与催眠　　／031
　　四、正念与肌肉放松　　／033

第四节　正念到底是什么：疑惑和争议　　／034
　　一、正念的本质是什么　　／034
　　二、正念的成分包括什么　　／036
　　三、正念的测评如何完美实现　　／037
　　四、正念概念如何介入非临床范畴　　／038

第二章　正念干预　／041

第一节　正念减压　　／042
　　一、正念减压及相关机构的历史变革　　／042
　　二、正念减压的设置　　／042
　　三、正念减压的练习方式　　／043
　　四、正念减压的总体方案　　／052
　　五、正念减压练习需秉持的态度　　／053

第二节	正念认知疗法	/ 056
	正念认知疗法的整体干预框架	/ 056
第三节	其他正念相关干预	/ 063
	一、接纳承诺疗法	/ 063
	二、辩证行为疗法	/ 068

第三章 正念的心理机制 / 073

第一节	正念的理论模型	/ 074
	一、正念的结构性模型	/ 074
	二、正念应对模型	/ 074
	三、上升螺旋模型	/ 076
	四、正念意义理论	/ 078
	五、正念情绪调节模型	/ 081
	六、执行控制与情绪调节模型	/ 084
第二节	正念的其他心理机制	/ 085
	一、正念能力的提升	/ 086
	二、重复性消极思维的减少	/ 086
	三、自我关怀的提升	/ 088
	四、心智游移的减少	/ 089
	五、再感知	/ 090
	六、正念作用机制的新思考：认知暴露	/ 093
第三节	正念心理机制探索的困境	/ 098
	一、共识性的机制仍然缺乏	/ 098
	二、特异性机制阐述较少	/ 099
	三、正念机制在取向上的分歧	/ 101

四、解释正念机制与理论的语境　　　　　　　　　　　　/ 102

第四章 正念的神经生理机制 / 105

第一节　正念与大脑功能和结构的变化　　　　　　　　　/ 106
　　一、大脑活动的偏侧化　　　　　　　　　　　　　　/ 106
　　二、大脑活动的变化　　　　　　　　　　　　　　　/ 107
　　三、大脑结构的改变　　　　　　　　　　　　　　　/ 111
　　四、正念的心理机制与脑机制的综合性阐述　　　　　/ 111

第二节　正念引起激素的变化　　　　　　　　　　　　　/ 114
　　一、正念与皮质醇　　　　　　　　　　　　　　　　/ 114
　　二、正念与性激素　　　　　　　　　　　　　　　　/ 117
　　三、正念与5-羟色胺　　　　　　　　　　　　　　　/ 118

第三节　正念与细胞调节　　　　　　　　　　　　　　　/ 119
　　一、正念对自然杀伤细胞的作用　　　　　　　　　　/ 120
　　二、正念对染色体端粒的作用　　　　　　　　　　　/ 123

第五章 正念在临床领域的应用 / 125

第一节　正念对躯体症状患者的效果　　　　　　　　　　/ 126
　　一、正念对躯体症状患者的作用　　　　　　　　　　/ 127
　　二、正念对躯体疾病患者的干预机制　　　　　　　　/ 130
　　三、正念对躯体疾病患者的干预方案　　　　　　　　/ 133

第二节　正念对负性情绪的改善　　　　　　　　　　　　/ 138
　　一、正念干预负性情绪的应用　　　　　　　　　　　/ 139
　　二、正念改善情绪问题的效果　　　　　　　　　　　/ 140

三、正念改善负性情绪的作用机制　　/ 141

　　四、针对情绪问题的正念干预方案——情绪困扰正念
　　　　干预　　/ 143

第三节　正念治疗成瘾行为　　/ 144

　　一、何谓成瘾　　/ 145

　　二、正念治疗成瘾的效果　　/ 147

　　三、正念的治疗机制　　/ 149

　　四、正念治疗成瘾的争议　　/ 152

　　五、基于正念的复发预防（MBRP）干预方案介绍　　/ 153

第四节　正念缓解心理创伤　　/ 156

　　一、什么是心理创伤　　/ 157

　　二、正念对于心理创伤的作用　　/ 157

　　三、正念治疗心理创伤的作用机制　　/ 161

　　四、正念治疗创伤问题的特别之处　　/ 164

　　五、如何采用正念治疗心理创伤　　/ 165

第五节　正念缓解进食问题　　/ 168

　　一、进食问题　　/ 169

　　二、正念干预进食问题的效果　　/ 171

　　三、正念干预缓解进食问题的机制　　/ 172

　　四、如何进行正念进食　　/ 176

　　五、正念进食方案　　/ 177

第六节　正念对睡眠的作用　　/ 182

　　一、睡眠及睡眠问题　　/ 183

　　二、正念干预的应用及效果　　/ 185

　　三、正念干预睡眠质量的机制　　/ 187

　　四、正念干预睡眠的实际运用　　/ 189

第六章 正念在非临床领域的应用 / 193

第一节	正念提升领导力	/ 194
	一、正念领导力	/ 195
	二、正念领导力的作用	/ 196
	三、正念领导力的作用机制	/ 197
	四、正念领导力的干预方法	/ 203
第二节	体育运动领域的正念干预	/ 205
	一、正念训练在运动领域的干预效果	/ 207
	二、正念训练的起效机制	/ 210
	三、运动领域的正念训练的方案	/ 212
第三节	正念提升幸福感	/ 215
	一、幸福感概述	/ 216
	二、正念训练提升幸福感的效果	/ 219
	三、正念训练提升幸福感的机制	/ 221
	四、正念训练提升幸福感的方法——慈心冥想	/ 224
第四节	在爱情中更加接纳：正念与浪漫关系	/ 226
	一、正念与浪漫关系	/ 227
	二、正念与浪漫关系的理论模型	/ 228
	三、正念对浪漫关系作用的 A 面 B 面	/ 231
	四、提升浪漫关系的正念干预方案——正念关系习惯	/ 233
第五节	正念在特殊职业中的应用	/ 239
	一、提升消防员的情绪调节能力	/ 239
	二、改善医务人员的职业倦怠	/ 244
	三、缓解警察应激水平	/ 248

　　　　四、缓解飞行员的疲劳和心理压力、提升飞行员的注意力
　　　　　　品质　　　　　　　　　　　　　　　　　　　　　　/ 251
　第六节　正念与儿童青少年发展　　　　　　　　　　　　　/ 256
　　　　一、面向儿童青少年的正念　　　　　　　　　　　　/ 257
　　　　二、正念教养　　　　　　　　　　　　　　　　　　/ 269

第七章　正念练习的潜在风险　/ 283

　第一节　治疗中的风险　　　　　　　　　　　　　　　　　/ 286
　第二节　正念冥想可能带来的伤害　　　　　　　　　　　　/ 288
　第三节　正念的潜在风险来源　　　　　　　　　　　　　　/ 290
　　　　一、正念练习因素　　　　　　　　　　　　　　　　/ 291
　　　　二、参与者因素　　　　　　　　　　　　　　　　　/ 292
　　　　三、指导者因素　　　　　　　　　　　　　　　　　/ 292
　第四节　正念参与者/来访者的应对建议　　　　　　　　　　/ 293

　参考文献　　　　　　　　　　　　　　　　　　　　　　　/ 295

绪论

正念的起源与发展

　　学习和了解正念，首先需要对正念的起源及发展过程有一个大致的认识。总体来说，正念源于佛学冥想，是一种调节身心的方法。后来被西方学者去除其宗教化的元素，并采用科学实证主义的方法进行探索，使正念迈入心理学和身心医学领域，并逐步受到主流社会的认可。

第一节　正念起源：人类内省实践的孕育成果

一般来说，正念的练习是以安静的内省的方式进行的。然而，正念既不是最早也不是最新发展出来的内省方式。纵观人类的发展史，在不同文化的不同阶段，基于各自的目的，人类采用过多种多样的内省法来探索内心。了解人类内省的历史，我们可以在更为广阔的时空了解正念诞生的历史背景，以及在众多内省法中了解正念的独特之处。

早在心智发展进化成熟伊始，我们人类就对自身内心运作的规律产生了浓厚的兴趣。我们为什么会产生害怕、恐惧的情绪？我们如何来控制自己的精神状态？我们的内心活动与外部世界有什么联系？我们的身体状态是否能够通过心灵来调节？这些当代人热衷探索的话题，其实在数千年前就已经展开了。在科学远未企及的时期，内省是人类独有的探索内心的能力。它既质朴又神秘，与早期的宗教元素混合在一起，散发出独特的文化魅力。

瑜伽是早期人类内省的方式，主要的形式是静坐、冥想、苦修。有关瑜伽的历史最远可以追溯到约公元前 3000 年，远远早于古印度佛教诞生的岁月。在当时，瑜伽作为追求解脱的修炼手段，当然也涉及浓厚的宗教色彩。南亚次大陆上孕育出了一批人类早期的修行者，其中发展出的古印度婆罗门体系中的冥想传统更是为佛教修行提供了方法学的土壤。

在我国，古人也通过内省、静坐的方式来探索自己的内心。相传 5000 年前，黄帝曾问广成子长寿之法，广成子答"无视无听，抱神以静，形将自正。必静必清，无劳汝形，无摇汝精，乃可以长生"。这段故事被记载在《庄子》中。《庄子》一书中还特别提出了一种叫"坐忘"的静坐方法。

另一道家典籍《道德经》中也多处提及类似观点，如"致虚极，守静笃，万物并作，吾以观复""归根曰静，静曰复命"。在追求无为而治的道家文化中，内省是主要的生活方式之一，其对身心调整的见解与正念有异曲同工之妙。此外，我国儒家也强调自我反思，即通过反省自己的言行来完善自身品性。其中《论语》一书中就提到孔子的"吾日三省吾身"。儒学代表人物孟子、曾子也极为强调通过内省来提升道德修养。另外，白居易、苏轼、陆游、王阳明、曾国藩等诸多名人都有静坐修行的习惯。应该说，对于生活节奏比较慢的古人，在相当长的时间里，内省、静坐都是比较流行的修养身心的方式。当然，佛教于两汉时期传入中国以后，佛学成为中国人处世哲学的重要成分。因此，可以推测，那时中国古人的静坐中已经包含了正念的元素。

据记载，在西方，一些著名的哲人也有内省的习惯。比如，苏格拉底会经常性地进入一种冥思的状态，他将这种过程形容为"聆听神秘的声音"。而犹太教中存在基于冥想的修行传统。古希腊犹太哲学家费洛发明了某种涉及注意力的精神练习。另外，在基督教世界中，静坐的传统也是较为常见的。然而，静坐的内容以祷告为主，对内心的观察的操作相对少见。后来，科学心理学在西方出现，其诞生之时，构造主义学者采用内省法观察自身、探究心理元素，试图了解内心运作的规律。虽然从科学心理学的角度来评价，内省法存在很大的主观性，但是不得不承认，这种朴素的方法为早期心理学理论和实证的发展做出了重要贡献。

相比之下，最为系统和细致地采用内省的方式探究内心的尝试当属佛学冥想。佛教自诞生起就以解脱内心痛苦为终极目的，在内省的道路上进行了数千年的尝试。而正念，正是佛学冥想探索中出现的重要成果。正念的核心概念可追溯到《四念处经》等经典文献。然而，对普通民众而言，认可佛学正念对生命和世界本质的哲学解读，存在一定难度。因此，浓厚的宗教色彩难以被普罗大众接受，原始版本的正念一直无法真正进入公众视野。

第二节　正念的发展：由佛学跨入心理学视域

佛教成立后的 2000 多年来，其影响力主要在亚洲范围内传播（如印度、中国、日本和东南亚诸国等）。直到 20 世纪后半叶，伴随着大量亚洲人移民西方国家以及欧美"二战"后的民权运动与文化思潮，佛教思想在西方世界开始盛行。有一批西方学者用世俗化的语言将正念脱离佛教语境，直接促进了正念从佛学向心理学视域的发展。

一、佛学冥想在西方的传播

20 世纪中叶，美国先后废除排华法案并开启移民政策的改革，大量的亚洲人前往美国工作和生活。其中，一部分佛教禅修人士也远渡重洋，在美国传播佛教思想。特别是在诸多赴美的佛教僧人中，越南僧人一行禅师的影响不容忽视。在越南遭受流放后，他来到美国广泛宣传佛学冥想，采用民众能够理解的方式深入浅出地讲解佛学书籍，受到美国民众的欢迎。一行禅师认为，正念是佛教文化中极其重要的成分之一，是佛学冥想的核心。在他的推动下，正念的概念开始在西方深入人心。

与此同时，进入 20 世纪 60 年代后，伴随着美国民权运动的发展和越南战争带来的争论，西方社会开始对以往的价值观产生怀疑，于是开始寻求思想上的创新与突破，使"嬉皮士"文化开始盛行。这是一种反主流文化运动，人们批评西方国家中产阶级的价值观，反对西方传统的宗教文化。而正是这种反西方主流的思想促使西方人对东方文化产生了浓厚的兴趣。佛教和佛学思想开始进入年轻人的视野，有很多欧美人士对佛教产生兴趣，部分有经验的修行者在美国成立冥想中心，其中约瑟夫·戈德斯坦、杰克·康菲尔德和莎伦·萨尔茨堡是其中的代表人物。为了易于美国民众理解，他们不仅同一行禅师一样，有意识地淡化佛教中的涉及仪式化和神秘学的成分，而且融合了西方心理学和心理疗法的元素，用美国人易于理解的方式阐述佛理。在他们的课程和书籍中，正念也是他们所教授的佛教冥想中的重要内容。

上述人物对正念在欧美的传播起到了重要的推动作用。而公认的真正将正念进行系统操作化，并将其迈入实证科学大门的人物，是乔恩·卡巴金博士。

二、正念减压的诞生

乔恩·卡巴金（Jon Kabat-Zinn），1964年毕业于哈佛大学，1971年获麻省理工学院分子生物学博士学位。其父亲也是一位分子生物学家，母亲喜爱作画，因此卡巴金从小就接受科学与艺术的熏陶，并一直向往着从事兼具科学和艺术属性的事业。

1966年，在就读麻省理工学院期间，卡巴金接触到了佛学冥想，并被其深深吸引，开始了为期13年的系统学习。在卡巴金修习的过程中，他一直寻求从事某项事业，能够实现将其分子生物学家的科学属性和禅修者的佛学属性相结合。这种持续性的内在探索，促使他内心最终生发出具体可行的想法。那是在1979年春天的一次冥想的过程中，卡巴金脑中突然出现了一个念头，短短的几秒钟，激发出对自己未来从事工作的全新规划，他马上捕捉到这难得的灵光乍现。半年后，卡巴金在美国麻省大学医学中心开设减压诊所。

在这家减压诊所里面，卡巴金创造性地将佛教禅修的内容提炼出来，去除其宗教色彩，将其翻译成易于普通人能理解的可操作的语言。在具体的禅修技巧方面，卡巴金主要借鉴了内观禅修的方法，并融合了他过往修习多种佛学流派的技巧。通过摸索、尝试，一个逐步完善的减压课程日渐形成。数年之后，卡巴金将正念作为其减压课程的核心，并将其课程命名为"正念减压"（Mindfulness-based Stress Reduction，MBSR）。

麻省大学医学院的医学研究中心每天都会收治大量的病人，而且主诉大都是躯体疾病。对于中心接待的各类"疑难杂症"，或者医学手段难以继续产生效果的情况（如癌症晚期病人、慢性疼痛病人等），医生们通常会在进行常规治疗的同时，还推荐这些病人去卡巴金的减压诊所。所以，这些病人成了第一批正念减压的课程参与者。在课程中，卡巴金尽量弱化佛学宗教思想，更多的是教授正念技能，并基于正念冥想的体验，帮助患者处理自己与身体病痛的关系，以及如何在身体存在痛苦的前提下保证生活质量。

值得赞赏的是，卡巴金没有对自己所做的事情大肆宣传，而是采用实证的方式开展随机对照科学研究。随后，卡巴金发表了一系列科学论文，表明正念减压在一些疾病的康复过程中，尤其是在心理症状的改善、生活质量的提高方面效果显著。正是这些研究数据的支撑，大大促进了美国社会和美国民众对正念的认可，也肯定了卡巴金本人的卓有成效的工作。

卡巴金所创立的正念减压对正念心理学的发展具有跨时代的作用。直到现在，正念减压都是全球最具影响力的正念干预方法。正是因为卡巴金基于科学家的精神，采用彻底实证的视角来研究正念，才使得正念实现了从佛学到心理学的跨越。虽然卡巴金本人并没有取得心理学的学位，但是正念减压中的诸多概念和操作充满了心理学的色彩。更重要的是，卡巴金的工作吸引了众多临床与健康心理学专业人员的注意。大量的临床心理学家、心理治疗师前往麻省大学医学院的减压诊所学习，催生出正念在更为广阔领域的应用，甚至推动了心理治疗理念的革新。

三、正念与认知行为治疗的结合

前文提到，卡巴金发展出来的正念减压是首个实证科学视角的以正念为基础的干预方案，但其工作范畴并没有限定在心理学领域。卡巴金本人更多的是从解脱痛苦这个更为普适性的出发点来开展工作的。而真正比较明确地将正念与心理治疗结合，并且将正念作为心理治疗核心成分的代表人物是以下三位学者：多伦多大学的津德尔·西格尔（Zindel Segal），牛津大学的马克·威廉姆斯（Mark Williams）和剑桥大学的约翰·蒂斯代尔（John Teasdale），他们发展出来的基于正念的心理干预被称为正念认知疗法（Mindfulness-based Cognitive Therapy，MBCT）。

西格尔、威廉姆斯和蒂斯代尔都是认知行为治疗方面的专家。20世纪90年代，三人正在合作开发更加有效的针对抑郁症的认知行为治疗方案。针对抑郁症，认知行为治疗此前已经被证明可以媲美药物治疗效果。但当时面临的一个难题是，不管是药物治疗还是认知行为治疗，在阻止抑郁症反复发作方面都存在一定局限。当三人一筹莫展时正好遇到辩证行为疗法创始人玛莎·莱恩汉，辩证行为疗法中也融入了一部分正念的理念，并且针对边缘型人格障碍患者效果显著。莱恩汉提议他们可以从卡巴金的正念减压中学习经验、寻找思路。

经过和卡巴金的一番沟通，三位学者最终选择亲身体验卡巴金的正念减压课程。三位从未体验过冥想的科学家初次参加正念减压时，内心受到了很大的震撼，似乎找到了突破目前研究工作困境的新解法。通过多次参加课程以后，他们逐渐发现正念练习可以帮助个体的内心处于一种全新的存在模式，在这种模式下个体更多地和当下的经验（包括想法、情绪、身体感觉）相联系，而不再沉湎于反思过去或计划未来，这从根本上更有助于摆脱引发抑郁症反复发作的反刍思维。

结合自身的体验和理论上的探讨，三位学者最终决定彻底更改原有的认知行为治疗方案，将正念练习作为核心要素。他们以正念减压八周课程为框架，并根据抑郁症的特点进行有针对性的调整。主要是添加了认知行为治疗中的心理教育成分，重点阐述抑郁症的反刍机制，以及正念如何帮助患者摆脱反刍、回到当下的原理。另外，认知行为治疗中的家庭作业的设置在新的方案中也予以保留，只不过家庭作业的内容变成了正念练习感受的记录。这种将正念和认知行为治疗结合的团体干预方案被命名为正念认知疗法。

2000 年，三位学者在权威期刊《咨询与临床心理学杂志》（Journal of Consulting and Clinical Psychology）发表了实证研究论文，表明正念认知疗法对预防抑郁症反复发作存在显著效果。正念认知疗法由此被英国国家卫生与临床优化研究所推荐为预防抑郁症反复发作的指南性疗法。由于思维反刍在很多心理障碍中都存在，因此正念认知疗法后来被发现不仅可用于预防抑郁症复发，而且在诸多心理障碍中都具有不同程度的疗效。由于正念认知疗法的显著效果和其治疗思路和形式上的革新，它被公认为行为主义治疗中继行为治疗、认知行为治疗后"第三浪潮"的代表性疗法。

四、正念在西方的流行

得益于卡巴金的创造性贡献，自从他正式将正念操作去宗教化、科学化以来，以正念为基础的干预在西方世界开始流行，且近 20 年更是传播迅猛。以正念减压为例，在美国每个州以及全球 50 多个国家都设有正念减压中心，经认证的正念减压师资人数超过千人。

更值得一提的是，伴随着正念减压和正念认知疗法的创立，越来越多的研究者和治疗师受到启发，使得更多的基于正念的大大小小的干预方案开始在心理学和身心医学领域进行实践探索，并获得了实证支持。例如，在临床领域，正念应用于癌症、焦虑障碍、抑郁障碍、创伤后应激障碍、成瘾行为、冲动行为、进食障碍、睡眠障碍等多种身心问题。在非临床领域，正念可用于激发创新能力、提升领导力、改善运动竞技状态、增强幸福感、促进人际及亲密关系等。此外，正念还被用于提升亲子教养、学校教育质量等方面（以上部分内容会在后文进行详细介绍）。应该说，凡涉及心理层面的内容，大都会有正念尝试的足迹。

而正念的心理和认知神经机制研究也有了大量的进展，不管是主观报告数据，还是基于行为的、反应时数据，抑或涉及脑电、皮肤电和脑成像的数据，都有佐证正念干预确实给人带来心理功能的改善，甚至是大脑的功能和结构的持久变化。而每年以正念为关键词的学术研究论文更是呈指数级增长，仅2022年，在科学网（Web of Science）核心数据库收录的以正念为关键词的实证研究和综述论文就超过了3000篇。

而正念应用的步伐甚至走在了研究的前列。麦肯锡、高盛、谷歌、脸书等知名公司定期为员工开设正念冥想课程。西方众多名人，如乔布斯、比尔·盖茨、科比·布莱恩特等的冥想习惯更是引领了大众参与正念的潮流。更有甚者，在2018年，卡巴金在英国议会举办了一次正念政治会议，吸引了全球众多政要参加。由此可见，正念已经被当今西方主流社会接受，成为一种时尚的减压手段乃至生活方式。

随着移动互联网的发展，正念的练习方式也开始变得多样化。类似于卡巴金正念减压的地面课程开展的同时，线上的、自助的正念练习方式更是得到风靡。苹果手机在其健康数据板块内置了正念训练的内容，方便用户记录正念冥想的情况。此后，基于手机应用的冥想程序大量开发，目前已经达1000多个，涉及各种场景、不同形式的练习，大大增加了正念练习的自主性。而更有部分科技公司开发出可穿戴设备（如腕表），结合个体的生理数据来指导冥想练习，使得正念练习可以更为细致地融入人们的日常生活中，更有针对性地调节身心。

正念的流行也催生出巨大的冥想经济市场。目前，在美国已经有超过2450个冥想工作室，创造的收入达 6.6 亿美元。而书本、杂志、光盘等则占据了大约 1 亿美元的市场份额。美国亚马逊网站上售卖的书籍中，超过 3 万本书的标题中包含正念一词。同时，线上和移动端的正念课程每年营收达到 1 亿美元以上，而部分正念冥想的手机应用程序的估值高达数亿美元。基于正念冥想的经济产业日趋成熟。

由此可见，不论是在科学研究、临床干预，还是在生活应用等方面，正念在西方已经彻底底地流行起来。

五、正念研究在中国的兴起

中国作为佛学文化重要的传承地之一，对正念的学术研究起步却相对较晚。在卡巴金创立正念减压之后的 30 年里，西方对正念研究的热潮迟迟未能波及我国，国内学者大都没有对正念产生足够的重视。直到 2008 年，以刘兴华为代表的心理学研究者通过访学的机会才窥见正念在心理咨询与治疗领域的潜力，并着手将操作化的正念干预方案引入中国。

在国内研究初期，学界对 mindfulness 的中文翻译意见存在过分歧。曾经出现过"内观""觉知""心智觉知"等翻译。后来学界仍然尊重历史事实，沿用古人的传统译法（巴利文 Sati，在中国古籍中的翻译均为正念，而其英文翻译为 mindfulness），逐渐达成了将 mindfulness 译为"正念"的共识。

心理学视域的正念引入中国之初，国内研究以综述为主，旨在总结国外研究涉及的正念概念的探索、认知神经机制的发现以及在心理和医学领域中的应用。刘兴华团队最早开始国内的正念干预实证研究，是针对强迫症、抑郁症、肾病进行个案干预，在之后开展对健康人群的随机对照团体干预。此后，国内其他学者也陆续开展正念相关研究，主要领域为心理治疗、运动竞技、毒瘾戒断、行为矫正等。同时，正念在我国医学领域的研究也开展起来，研究对象以癌症病人的心理康复为主，另有医学团队对正念在医护职业倦怠的预防和孕产妇身心健康的维护方面产生兴趣。近年来，国内研究开始较多关注正念在亲子教育和儿童发展方面的潜力，以及自我慈悲在正念干预中的作用。

另外，越来越多脑科学领域的学者开始涉足正念研究，相信未来国内在探索正念的心理和认知神经机制方面会有更多发现。在正念的应用研究方面，基于日常生活经验的动态评估方法由于其具备较高生态效度等优点，在国外正念研究中早已成流行趋势。而最近几年，国内也知晓这一动向，并开始逐步展开针对正念的动态评估研究。总之，国内的正念研究正在逐步赶上国际水平，往深度和广度方面继续迈进。

伴随着正念研究的推进，研究者意识到，国内亟须成立相应的学术组织来进一步凝聚研究力量，发挥团队优势。因此，2015年，正念心理学研究者在中国心理学会临床与咨询心理学专业委员会下成立了正念学组，随后在中国心理卫生协会认知行为治疗专业委员会下成立了正念学组。正念学组聚集了全国60多名正念研究学者，来自全国各大高校、医院、研究所等学术机构。研究领域涉及心理学、医学、体育竞技等方面。正念学组每两年举办一次全国正念冥想学术研讨会（2015年首都师范大学、2017年南京大学、2019年中国科学院心理研究所，2021年线上，2023年北京大学），并发布中国《正念干预专家共识》。2020年，正念学组为广大医护、患者和居家隔离者提供正念干预线上服务及正念指导音视频。2021年，经正念学组学者的努力争取，终于通过中国心理学会常务理事会决议，成立中国心理学会正念心理学专业委员会，作为中国心理学会的第39个专业分支机构，并于次年转正。正念学组和正念心理学专业委员会的成立，有力地推动了我国正念的科学研究及实践的专业化发展。

笔者于2010年攻读研究生学位时就开始从事正念方面的研究实践，参加工作以后将正念列为自己主要的研究领域。具体方向包括正念的效果及机制，涉及儿童、青少年、大学生、老年人、创伤经历者、肿瘤患者等群体，尤其关心结合动态评估和追踪研究考察正念在日常生活情境中和长远发展中的近端和远端机制。部分研究成果将结合本书的叙述进行呈现。另外，笔者自 2017 年起担任正念学组秘书长，此后又担任正念心理学专业委员会副主任委员和秘书长，可以说是我国正念研究和学术组织发展的见证人和参与者之一。相信在各位同道的努力下，中国正念研究和实践一定会有一个美好而灿烂的明天！

第一章

正念是什么

正念究竟是何方神圣？它是一种状态，一种能力，还是某种心理调节的方法呢？在心理学视域下回答正念的概念，是本章阐述的重要内容。弄清楚正念是什么，并对其进行科学界定，是开展正念相关学术研究的前提。

本章首先从正念的定义说起，其次提及不同学者对正念成分的观点并介绍相应的正念测量手段，再次谈及正念干预与其他干预的区别，最后就正念的概念目前所存在的疑惑进行阐述。

第一节　正念的概念

正念的概念是一个广泛的说法，如对于正念的成分的解读，其实也属于概念的范畴。但本节我们只是对正念的本身进行探讨，这是正念最核心的内容。事实上，众多学者梳理历史文献也好，相互讨论借鉴也罢，他们对正念给出过多种定义，虽然这些定义相互之间没有大相径庭，但也存在不同的侧重和细微差异。为了就正念给出一个共识性的概念，我们仍从正念减压的创始人卡巴金的观点出发，来阐述正念的定义。卡巴金作为最早系统科学研究正念的学者，引领了正念研究与实践的风潮。他对正念的理解，对此后大多数的正念研究者都具有借鉴作用。

一、卡巴金的正念操作性定义

卡巴金为了更加规范化其正念减压的流程，结合科学实证主义的思路为正念下了一个操作性定义：正念是通过有目的地、非评判地注意当下而升起的觉知（Kabat-Zinn, 2003）。此后对正念的概念，其他学者也提出过各自的见解，但是可以认为这些概念追根溯源还是大都来自卡巴金的这一表述，并且原则上与卡巴金给出的定义不存在根本性的冲突。

事实上，下节阐述正念成分时提及的三因素模型对卡巴金的概念进行了详细的解读（见本章第二节）。为了不引起过多重复，这里对卡巴金给出的定义进行简要阐述。

卡巴金认为，他对正念给出的定义是偏操作性的，即更多的是讲述"如何达到正念的状态"。从定义内容上我们可以看到，正念的近义词是觉知，这也是此前国内研究者将 mindfulness 译为觉知、心智觉知的原因。而从本质上来看，卡巴金认为，正念是一种注意，需要注意资源的参与，进一步地，卡巴金对正念所指代的注意进行了更为细致的界定。一是需要有目的性，即正念的注意练习需要存在特定的目的。这一目的因人而异，但是对每个人而言，则需要非常明确。学者认为，目的是正念练习能够持久的前提。二是正念的注意是针对此时此刻、当下的，所以注意指向的均是此刻的经验，而非对过往或未来进行思考。三是正念的注意是不带评判的，不管是什么样的注意对象，带来什么样的主观体验，都需要尽量以其本来面目进行觉察。更重要的是，对内心升起的负面感受，作为正念练习时注意的对象，也要保持不带评判的态度。如果能够遵照上述的方式进行注意就可以认为，这种注意带有了正念的特点，是一种正念练习。

还需要注意的是，我们所提及的正念，和埃伦·兰格（Ellen Langer）提出的专念（英文名也为 mindfulness）是有区别的。兰格所提出的专念，形式上和正念类似，但是更强调对事物细节进行区分，关注事物所属情境，注重多视角看待问题，鼓励开放创新，当然，也强调对当下的专注。兰格所开发的基于专念的干预通常涉及教授参与者从多个角度或在新的语境中考虑它们所面对的信息或情境，以提高学习效果或创造力。虽然兰格和卡巴金的概念都强调对当下的灵活觉察力，但兰格的专念通常涉及对外部材料进行处理，如要学习或加工外部信息，并且通常包括主动的、以目标为导向的认知任务，如解决某些问题等。相比之下，卡巴金的正念往往是针对个体的内心体验（如思想、情绪），强调非目标导向的、非批判性的觉察。兰格本人也提到，不能无端地将她的专念和正念相提并论，并且指出它们来自不同的历史和文化背景。因此，在这里特别提出，我们全书所讲述的正念，除做特殊说明外，都与兰格的专念概念存在明显区别。

二、特质正念、状态正念和正念干预

在卡巴金的正念定义的前提下，我们通常会用正念指代多个形式的具体概念，这也是读者甚至学者非常容易混淆的地方。在此特别需要注意的是三个概念：特质正念、状态正念和正念干预。它们很多时候都可以用正念来简称，但是相互之间存在形式上的区别。虽然其核心概念没有差异，但是如果不进行区分，仍然会给我们带来一些困扰。

特质正念（dispositional mindfulness，trait mindfulness）是将正念看作类似于人格一样相对稳定的心理结构，是指一个人总体上所具备的对当下不评判的觉察力。另外，需要特别提出的是，由于人天生就具有一定程度的觉察力，因此特质正念是每个人生来就具备的，并不需要经过正念冥想练习来额外获得。然而，长期、系统的正念冥想练习可以提升特质正念水平。

状态正念（state mindfulness）是指将正念看作一种状态性的存在。从研究角度来看，它分为两种情况：一种是与特质正念直接对应的，就是将状态正念看作每个人都具备的但是同时又存在情境性的、可变的心理结构。在一些研究中通过直接询问个体的某种状态来测量。另一种是将状态正念看作经过正念冥想练习以后激发出来的特殊的意识状态。例如，有些研究中对正念的测量是个体需要经过正念练习之后来进行评估，没有学习过正念的人难以理解相应表述的含义。不管是何种情况，都认同状态正念的可变性，只是前者不强调其因干预所激发的特殊性。状态正念和特质正念是存在紧密关联的，特质正念高的人其状态正念虽然也会浮动，但总体上会处于比较高的水平。也有学者提出，相比起特质正念，状态正念更能直接影响个体的心理健康。也许这也是强调日常生活中保持正念的意义所在。

正念干预（mindfulness interventions），或者正念训练（mindfulness training）、正念冥想（mindfulness meditation），都是指基于正念的练习，如觉察呼吸、身

体扫描、正念行走等。所以正念干预涉及了具体的练习行为，是旨在改善身心状态的具体手段。

在厘清了这些具体的概念之后，我们就能够区分在一些语境中的正念代表什么了。例如，"正念改善心理健康"，这里的正念更多的是指代正念干预。若是讲道"大学生正念对心理弹性的影响"，这里的正念更倾向于指代特质正念。而"激发正念以后情绪的变化"这种表达中的正念则指代的是状态正念。不同的概念主要涉及研究方法、范式的区别，但是三种概念所涉及的核心成分——对当下有意地、不评判地觉察并不存在差别。

第二节　正念的成分与测量

正念是由什么组成的，它包含哪些要素？关于这一个问题众说纷纭，很多研究者基于自己的理解做出了各种各样的解读，然后结合实证的方法得出了不同的正念结构模型。这些模型与正念的核心观点一致，但在涉及的成分内容上存在差异。本节对正念结构模型进行梳理，有助于我们从不同的角度理解正念。另外，研究者开发出诸多根据其各自结构模型所对应的正念量表，成为后续研究中被广泛运用的正念测量工具。

一、单因素模型

在探索正念成分的早期研究中，部分研究者将正念看作单维的结构（Brown & Ryan, 2003）。也就是说，他们认为，正念只包含一个单独的成分。持这种观点的学者主要是将正念作为意识（consciousness）的特殊属性来看待。

意识是个体对环境及自我的觉察与关注程度。意识与其他心理过程，如认知、情感、动机不同。后者都是意识的内容和对象。研究者认为，正念最核心的成分是注意（attention）和觉知（awareness），而这两者恰恰是意识的重要内容。其中，觉知就像是意识的雷达，持续监控个体内、外部环境；而注意是将意识针对的某些体验进行集中，并提升意识敏感性的过程。虽然从表述上可以作出区分，但注意和觉知在意识的过程中往往是交织在一起、同时发生的。正念的特殊性在于，它是对当下经验现实觉知的一种增强型注意。更加通俗来讲，正念就是对当下开放性的注意与觉知，这是单因素模型提出者所认为的正念核心特征。

因此，基于这种核心特征，正念可以帮助人更多地将思维投注到此刻的经验上。一个正念能力高的人在自己衣食住行中都对当下有更多的注意和觉察。而正念的反面，是对当下经验的回避和不认同，从而将思维更多指向非当下的过去或未来，典型的非正念的思维状态包括反刍、计划、幻想等。

单因素模型提出者认为，只需要抓住这一核心便可测量正念水平，而其他的特征，如接纳、信任、仁慈都是和正念相关的概念，但并不属于正念本身。以后续多数研究者推崇的接纳为例，单因素模型提出者认为，对此刻开放的觉察本身已经包含了接纳，无须再将接纳进一步重复提出。

根据单因素模型所开发的正念量表得到了大量的实证支持。但是此后越来越多的研究者认为，单因素模型对正念的解读过于概括化，不太利于在正念干预时进行细致的操作，也不利于更进一步清晰地分析正念的具体机制和作用。有的研究者认为，单因素模型只能代表正念的觉知维度。总之，在此后的研究中，单因素模型较少作为独立整体的概念来解释正念，而包含了和态度相关维度的其他模型则更为人们所接受。

二、两因素模型

关于正念的两因素模型，先后出现过两个，分别是来自加拿大多伦多大学和美国卡耐基-梅隆大学的研究团队提出，两个模型在内容上存在相似性，但是对正念作用的具体解释有所不同。

第一个两因素模型，是来自以多伦多大学为主的多所机构的学者于2004年左右召开的一系列研讨会后所达成的共识性定义，他们也将其称作为正念的操作性定义（Bishop et al., 2004）。这些学者认为，对正念的定义进行剖析后所阐述的内容，就可以称之为两因素模型。

该模型认为，正念的练习涉及个体复杂的注意力的操控过程，因此正念的第一个因素是注意力的自我调节。这个因素具体又包含三个方面：第一个方面是对当下经验的持续注意（sustained attention）。个体可以较长时间地将注意资源投注到当下的体验之中（如呼吸之中）以保持觉知。只有在具备一定时长的持续注意的前提下，才有可能在意识的川流中探测到想法和感受的升起。第二个方面是觉察到心智游移后注意力向目标对象的转移（switching）。个体在觉察到思维被想法和感受带走时能够回到对当下经验（如呼吸）的注意上，是注意灵活性的表现。第三个方面是对意识精细加工的抑制（inhibition of elaborative processing）。人对于一些感知觉信息存在精细加工、反刍的倾向。例如，我们在某次演讲上的表现不好，可能会在事后不由自主地对某个信息进行不必要的、反复的、自动化的加工（如反复地想自己为什么那么紧张、回忆场面有多么尴尬等），这往往会将我们的思维带离当下。而正念将这些心理活动均视为观察的对象，从而抑制了继发性精细加工的思维过程，使个体拥有更多的认知资源来处理当下相关的信息。

正念的第二个因素是对经验开放的态度。个体只是对经验保持好奇，不管是什么刺激使自己产生心智游移，只是好奇地观察与之相应的心理活动，而不去做出改变此刻状态或促使自己放松之类的努力。在这种状态下，会升起对经验的接纳的态度，更加主动地让个体的感受和想法如其所是地呈现。

总之，对当下经验注意力的自我调节和开放的态度是正念的两个重要因素。此外，两因素模型还强调正念有类特质的特点，即存在时间稳定性（总体上保持某个水平不变）和情境差异性（在特殊的情况下会存在一定范围内的波动）。但模型提出者更强调情境和状态的作用，将正念视作心理过程。当个体的注意力被有意识地调节到此刻经验上时，正念被保持；当个体的注意力不再时，正念消失。所以，通过持续的正念冥想练习可以逐步提升个体的正念能力。

另一个两因素模型，是两位美国学者于2017年根据以往大量实证研究结果所提出的正念的监控与接纳理论（Monitoring and Acceptance Theory；Lindsay & Creswell，2017）。

监控与接纳理论认为，正念包含两个方面的内容：一个是注意监控，即对当下感知觉经验的持续觉察；另一个是接纳，即对个体内外体验的不评判、开放、接受和平心静气的心理态度。从内容上看，监控与接纳理论和上一个两因素模型似乎差别不大，都包含了注意和态度两部分内容。但是，监控与接纳理论在对正念作用的解释上，与前者存在较大差别。

首先，监控与接纳理论认为，注意监控是正念的基本成分，这也是基于正念的操作性定义决定的。虽然注意监控和接纳都是正念的要素，但是就正念的概念而言，注意监控的权重是高于接纳的。诚然，从心理状态的角度而言，注意监控和接纳都可以独立存在，然而独立的接纳却无法构成正念的要素。这反映在正念的实践上，我们就会发现，正念练习中几乎没有纯粹的接纳练习，接纳必须与觉察练习配合起来进行。

其次，监控与接纳理论中的注意监控是一把"双刃剑"。该理论认为，注意监控可以增强对此刻的觉察，在中性的情境下，确实能够改善认知功能，但这是单独的注意监控能在改善认知方面发挥适应性作用的唯一前提。在涉及情绪方面，注意监控能放大个体对于情绪体验和反应的感知，而这种情绪既可以是积极情绪，又可以是消极情绪。也就是说，注意监控会同时加深个体的积极和消极体验。因此，单独的注意监控无法完成较好的情绪调节任务，尤其是在应激或负性情境下，反而可能会增大消极感受。

最后，监控与接纳理论认为，只有将注意监控与接纳同时结合起来，才能更好地调节情绪、改善认知、减少负性情绪、克制一味追寻积极体验的欲求，并达到缓解压力的效果。监控与接纳理论的提出者总结了前人研究，分别就单独的注意监控本身以及注意监控结合接纳两种情形下涉及情绪、认知的结果进行了梳理，认为注意监控主要是增强个体的体验深度，而接纳则可以促进个体对所有体验产生适应性反应。注意监控与接纳紧密配合，方能使正念发挥出最积极的效果。

上述的两个两因素模型都承认了正念包含涉及注意和态度的成分。但是因为监控与接纳理论观点的提出比前者晚了十余年，有了大量新研究作为依据，其观点相对更加细致。尤其是对纯粹的注意监控的正负双重作用的阐述，是至今都比较新颖的观点，在此前的正念理论模型中较少关注。事实上，监控与接纳理论由于细致讲解了注意监控和接纳相互作用对心理功能的影响，它既可以看作正念的成分模型，也可以被认为是对正念机制（正念如何发挥作用）的解释。

两因素模型对于如何更高效、科学地进行正念练习有较强的指导作用。一方面，基于以往正念实践，我们会发现，多数情况下带领者仅强调觉察和注意的作用，但是对接纳、非评判的态度的培养相对忽视。在此种情形下，个体在产生心理游移、困倦、不耐烦、生理不适等种种体验时，往往会对自身的能力和正念的效果产生怀疑，造成练习动机的削弱而难以长期坚持。另一方面，个体在产生某些平静、专注、愉悦等积极感受以后，又会在之后的练习中刻意寻求这类感受，进而也容易产生困扰。这些练习的误区，大都是练习者对于正念的非评判的态度成分没有足够重视所致。因此，深刻理解两因素模型，有助于通过中道而顺畅的练习来培养正念能力。

三、三因素模型

三因素模型是美国学者依据卡巴金对正念的定义所总结出来的正念结构与机制模型（Shapiro et al., 2006）。顾名思义，三因素模型认为，正念包含三个成分：意图（intention）、注意（attention）和态度（attitude）。后两者（注意和态度）所涉及的意义和两因素模型所提及的对应概念相似，尤其是和上文中所描述的第一个两因素模型基本一致。事实上，三因素模型的主要提出者也是两因素模型的提出者之一。因此，对于注意和态度的解读，这里不再赘述。

三因素模型的独特之处在于将意图正式看作正念的要素，这是其他模型所没有提及之处。在介绍卡巴金对正念的界定时，有初步提到过正念练习需要有目的性。而这里的意图即正念练习的目的。在练习正念时，要铭记自己练习的目的。对一个从来没有接触正念的人来说，练习伊始很可能存在不适应的过程，那么他能否坚持练习并从中获益，除了此前提到的不评判地接纳以外，练习的意图也起到了重要的决定作用。尤其对临床病人来说更是如此，他们经受着各种各样的身心困扰，不管是紧张压力、抑郁、睡眠问题、疼痛还是高血压，为了摆脱这些痛苦，他们参与正念有着明确的意图。而对没有这类困扰的人来说，他们或许带着尝鲜的心态，或者为了寻求一些神秘的体验等不切实际的目的，并不存在坚实而合理的意图。因此，临床病人练习正念相对更有依从性、更能坚持。元分析也表明，临床病人相比于健康人群能从正念中得到更多的收益。

所以，每个练习正念的人都需要有各自明确的意图，这是他们能够参与并坚持的基础。需要说明的是，意图并不是固定不变的。伴随着练习的深入以及对自我和正念的理解的升华，正念练习的意图也处在动态变化之中。比如，有的人最初可能是为了缓解压力，后来逐渐上升为增强情绪调节能力，随着进一步的正念练习，有可能会生发出对自我探索的诉求，甚至寻求自我解放。但不管是什么样的意图，都需要和正念可及的作用效果相一致。

另外，需要注意的是，正念练习的意图是一个概括化的大目标，这一目标须基于一段时间的练习才可能达到。正念产生作用是一个螺旋上升的过程，单次的正念练习并不会带来明显的改善。因此，不宜对每一次练习单独设立目标。关于这部分内容，会在此后正念的"放下"态度中详细阐述。

四、多因素模型

关于正念成分的模型还有多因素模型。这里主要介绍来自美国肯塔基大学研究团队的成果，这个研究团队为了开发出一套有无冥想经历者都可以使用的正念测量工具，开展了对正念成分的研究。

对没有冥想经历的个体而言，正念中过于专业的语言或者过多涉及冥想体验本身的描述，可能让他们难以理解。因此，需要转变工作思路，不再拘泥于对正念冥想状态的考察，而改用平实、可理解的语言来描述正念。这方面的工作，辩证行为治疗是其中的表率。辩证行为治疗中也包含大量的正念元素，但是该疗法不严格要求来访者进行规律的正念冥想，而是用语言对来访者进行针对正念的"心理教育"。基于辩证行为治疗中涉及正念相关内容的阐述，肯塔基大学研究团队提出了正念的四因素模型（Baer et al., 2004）。

四因素模型将正念能力划分为四个维度。一是观察（observing），指对身心现象（身体感受、认知、情绪等）和外部现象（声音、气味等）的注意。个体要细致地留意诸如刺激感受的位置、强度、时长等。这和此前模型中的注意、觉察等成分类似。二是描述（describing），即用简单的字词（"悲伤""思索"等）或短语（"担心工作""我在愤怒"等）来表述当下的心理活动。四因素模型认为，虽然有一些正念指导者提倡不加标签地观察，但对多数普通练习者（尤其是初学者）而言，不带分析地纯粹描述对于正念练习是有益的。通过简短的描述，正念练习者可以将自己和内心活动区分开来，并继续投入对当下目标的注意当中。三是觉知的行动（acting with awareness），这是针对我们日常生活中的"自动导引"模式提出的，是指做事情的时候将注意力投注到事情本身，不去思索和当下事情无关的内容。觉知的行动鼓励个体在细微的生活中（如洗脸、刷牙、洗澡）尝试练习正念、念念分明。四是非评判的接纳（accepting without judgment），即对当下此刻的经验的开放态度，与此前模型中的接纳、非评判、开放成分相一致。非评判的接纳可以帮助练习者从有关好坏、对错、有无意义等判断中解脱出来，让所觉察的对象如实呈现，而不对其进行回避、逃离或改变。四因素模型认为，正念的四种成分相互有机配合，才能确保较好地开展正念练习。另外，虽然四因素模型强调的是正念技能，但是相关的表述也适用于完全没有经历过正念练习的个体，这也和多位学者秉承的"正念是每个人天然具备的能力"的观点是一致的。

四因素模型提出之后的两年，肯塔基大学研究团队进一步综合以往大量对正念结构的研究成果，提出了正念的五因素模型（Baer et al., 2006）。五因素模型将正念分为观察、描述、觉知的行动、不评判、不反应。相比起四因素模型我们可以看出，五因素模型与其非常相似，只是将四因素模型中非评判的接纳拆分成了不评判和不反应。其中，不反应主要是指在行为层面上对于某些刺激不产生冲动行为。四因素和五因素模型提出后，研究者发现其观察维度和其余维度相关性不理想，甚至出现了负相关的结果。基于此，肯塔基大学研究团队联合牛津大学研究团队对有冥想经验的群体再次进行了研究，发现针对有冥想经验的个体，正念的观察维度和其他维度的正向关联明显增强。这一研究结果说明，正念的多因素模型在有冥想经验的个体中存在更为完美的契合度。

五、正念的测量工具

基于对于正念成分的多个理论模型，研究者开发出了各式各样的正念测量工具，且绝大多数是以自陈量表的形式进行的。接下来，笔者将依据正念的维度来简要介绍目前应用比较广泛的几类正念测量工具。

将正念看作单维的测量工具的代表是正念注意觉知量表（Mindful Attention and Awareness Scale，MAAS），这是单因素模型提出者开发出的15题的自陈正念量表。这一量表采用6级评分，分数越高代表正念水平越高。通过在临床、非临床样本中采用的横断、干预以及经验取样研究，发现MAAS有着良好的信度和效度，并和心理健康存在紧密的联系。在一段时间内，MAAS都是应用最为广泛的正念量表之一。后来，在学者提出正念的多维观点后，MAAS则被多数人用来测量正念的觉知维度。

目前应用较多的正念二维量表，一个是基于两因素模型而编制的多伦多正念量表（Toronto Mindfulness Scale，TMS）。该量表总共13道题，按5级评分。TMS包含两个维度，其中"好奇"维度指对经验的开放态度，而"去中心化"维度则强调与经验保持距离且不投入其中的觉察。值得注意的是，TMS主要用来测量状态正念，而且受测者需要有一定的正念练习经验，才能比较好地理解量表条目所表达的含义。另一个是费城正念量表（Philadelphia Mindfulness Scale，PHLMS），该量表总共20题，按5级评分，包含觉察和接纳两个维度，这与监控与接纳理论比较相似。PHLMS在临床与非临床样本中都进行了验证，其信度、效度良好。另外，PHLMS不需要受试者有正念冥想经验。值得注意的是，PHLMS的觉察和接纳维度之间不存在关联，因此其开发者认为，觉察和接纳是正念两个相互独立的成分，并建议尽量分开使用这两个维度。

涉及正念多维问卷方面，主要是肯塔基大学研究团队的贡献，根据四因素模型，他们开发出了肯塔基正念技能问卷（Kentucky Inventory of Mindfulness Skills，KIMS），该问卷包含39道题，按5级评分，包含观察、描述、觉知的行动、非评判的接纳四个维度。此后，肯塔基大学研究团队总结了以往四个正念问卷的内容，重新进行题目的整合，开发出五因素正念问卷（Five Facet Mindfulness Questionnaire，FFMQ），总共39道题，按5级评分，包含观察、描述、觉知的行动、不判断、不反应五个维度。由于FFMQ最具有综合性且区分出最多的维度，因此是目前被使用得较多的多维正念测量工具之一。

当然，还有一些正念自陈量表，如弗赖堡正念量表（Freiburg Mindfulness Inventory，FMI）、南安普敦正念问卷（Southampton Mindfulness Questionnaire，SMQ）、体验问卷（Experiences Questionnaire，EQ）等也多次在一些研究中被使用，它们对正念在理解上与此前的某类问卷存在一定的相似性，在此不再详述。

需要留意的是，正念的研究目前存在某种趋势，就是为了提升研究的生态效度而在日常生活情境中进行研究，收集受试者生活中的心理、行为，乃至生理指标，考察其随着时间和情境的变化与相应变量之间的动态关系。这种研究中收集数据的方法被称为动态评估（ambulatory assessment），类似的概念包括经验取样法（experience sampling method）、生态瞬时评估（ecological momentary assessment）、日记法（daily diary）等。动态评估需要在生活中密集采样，因此会持续、多次地对一些变量进行测量方能体现其动态变化的特点。而动态评估应用于正念研究领域时，往往需要测量受试者日常生活中的正念水平（状态正念）。由于是在生活情境中的施测，为了尽量不干扰受试者的生活，施测的问题不宜过多，且需要有代表性。此时，通常会选取上述正念问卷中的某些代表性的问题，如将FFMQ的五个维度各抽取一题，将表述稍作修改以反映当时个体的状态，用于测量个体的日常生活中的状态正念水平。

虽然对于正念的测量大都以主观报告为主，但是由于正念在某种程度上反映注意品质的特点，使得有部分研究者考虑用行为学的指标来测量正念。

来自加拿大西安大略大学的研究者根据正念所涉及的注意特点，开发出一种探测正念水平的方法，被称为冥想呼吸注意分数（Meditation Breathing Attention Score，MBAS；Frewen et al., 2008）。受试者需在安静的环境下按照指导语进行持续 15 分钟的觉察呼吸练习。每隔三分钟，会出现提示音（如钟声），当受试者听到提示音时，如果其注意力仍然在呼吸上，则可以通过举手或按计数器的方式标记 1 分，如果受试者处于心智游移的状态，则其听到提示音后不反应且标记 0 分。总共出现 5 次提示音，总分越高代表正念水平越高。

MBAS 主要测量的是持续注意的能力，从操作上看，更加偏向于正念的觉察甚至是专注成分。MBAS 属于一种探测性质的测量，其背后的假设原理是个体的持续注意能力总体是稳定的，那么抽取其中的时间点来进行评估，能够从一定程度上反映出整体的能力。通过系列研究发现，MBAS 与 FFMQ 的觉知的行动存在正相关，但与多伦多正念量表得分没有显著关联。另外，MBAS 得分存在一定的稳定性，而通过系统的正念冥想练习则可以显著提升得分。因此，MBAS 从某种程度上可以作为测量正念能力的行为指标。诚然，这一手段也存在诸如受试者心理预期、虚报的局限，但是相比自我报告方法，其客观性大大增强。然而，值得注意的是，MBAS 只能测量正念的某些方面，而涉及其他的成分，尤其是关于开放、接纳、不评判的态度，MBAS 目前无法测量。所以，在研究中通常将 MBAS 作为测量正念注意的辅助性指标。

从正念的测量工具手段的多样性可以发现，对于正念核心成分和本质属性的理解，会决定具体采用什么样的方式来对正念能力进行评估。然而，正念的成分和测量方面仍然存在明显的局限，未来有很大的空间来完善正念能力的测评工作，这一部分的内容，将在本章第四节具体阐述。

第三节　正念与其他形式干预的区别

初次练习正念的人往往有各种各样的思考，也不可避免地存在认识上的偏差，其中最常见的是将正念和其他形式的练习相混淆。诚然，正念的练习形式（如静坐、闭目、呼吸放松）看似与某些干预具备相似性，但当我们了解了正念的概念和内涵之后，亦不难将其与其他形式的干预进行区分。

一、正念与超觉冥想

正念初学者最多的疑问之一是正念和其他形式的冥想[①]的区别。在提及正念和超觉冥想的差异时，需要首先厘清正念（mindfulness）和冥想（meditation）的区别。

目前没有发现系统的学术研究来探讨正念和冥想的区别，在此也仅做一些初步讨论。正念和冥想两个词都有其内涵和外延的成分，也可以认为是狭义的和广义的概念。从广义上看二者有交叉，但是不存在严格的从属关系。

正念是对此刻不评判地、有意地觉察。而冥想没有共识性的概念，大致也是注意力训练乃至集中的方式。所以正念作为注意力训练的一种，从

[①] 冥想本身由于涵盖广泛，因此对其定义没有达成共识。然而，具体的冥想方式的操作性定义是明确的，而且关于各类冥想的研究已经非常丰富，仍然属于学术语境的范畴，因此本书只做学术探究。对于未经实证研究的某些类似冥想的状态和练习方式，不属于本书讨论的范畴，也建议读者对此保持谨慎。

注意力的操作上来看，是被涵盖于冥想之中的。从心理操作的角度看，正念属于冥想的一种，这也是多数研究者秉持的观点。我们常说的"正念冥想"，即以正念操作为基础的冥想，则更是隐含了这种观点。

但是从形式上看，正念似乎包含了比冥想更广泛的练习方式。冥想基本上是以静坐、闭目这种安静的形式进行，但是正念除此之外，还包括行走、进食以及日常生活活动中的练习。只要是不评判地觉察当下，任何方式都可尝试进行正念练习。更有甚者，按照接纳承诺疗法和辩证行为疗法的观点，正念是可以"非冥想化"的，仅仅是解释正念的原理进行心理教育，让来访者领会，不需要冥想练习，也可以达到一定程度的心理治疗的效果。

然而，在最狭义的概念上，正念和冥想极为相似。因为正念的主要练习形式是静坐，而冥想中涉及注意力的操控仍是以觉察呼吸为主。因此，在某些语境下，正念甚至可以等同于冥想。

有了对正念和冥想之间的区别和联系的认识，我们就能比较好地区分正念和超觉冥想了。

超觉冥想（Transcendental Meditation，TM）是指通过默念音节或颂词（mantra）的方式对当下保持觉知。超觉冥想是除了正念冥想之外，另一类较为常见的冥想练习。应该说，超觉冥想是此前提到的注意聚焦（focus attention）冥想的代表，而正念冥想则是开放监控（open monitoring）冥想的代表。超觉冥想和正念都强调安住此刻，而且研究也证实了超觉冥想在情绪调节方面存在积极的作用。

两者的区别在于练习的侧重点不同，超觉冥想更注重注意力的集中、排除杂念，因此超觉冥想有特定的咒语音节需要颂持，在默念的前提下达到注意力全然投放在默念对象上的专注状态。而正念练习没有专门制造某种注意力集中的载体，而是将注意力放在相对客观的存在上，如身体的感觉、呼吸的过程、声音的属性、食物的味道等。另外，正念虽然专注于当下，但不强调注意力的集中,而是更注重觉察的状态,在觉察的前提下注意力可以集中,也完全可以不集中。尤其是注意力分散出现了心智游移,及时觉察到内心的活动,再有意识地将注意力温和带回,这些过程更能凸显正念练习的特点。此外,正念也不去评判练习中的状态,如当注意力涣散、分神严重,或者很久都没能觉察到心智游移的情况时,正念对此并不进行好坏的评价,而是视作此刻个体真实的状态,并留意个体处在和预期不同的状态时的情绪感受和内心活动。

二、正念与瑜伽

有过瑜伽经验的人在接触正念练习时,会觉得正念与瑜伽比较相似。确实,正念与瑜伽在练习形式上存在相似之处,二者对身体和心理都存在调节作用。甚至,在正念练习的方法体系中,正念的主要练习形式——正念伸展练习(也叫正念瑜伽)借鉴了瑜伽的形式。然而,尽管二者存在诸多相似,也不宜将其视为等同。

一方面是形式上的差异,现代瑜伽练习通常会播放背景音乐帮助练习者达到放松的状态,而常规的正念练习在多数情况下没有背景音乐。正念所关注的对象通常是以自身的身心活动为主,即使是听声音练习,也只是听周围的自然声响,而不播放特定音乐来进行练习。在具体练习时,瑜伽有特定的身体姿势的要求,而正念虽然也有一些建议的姿势,如身体扫描采用躺卧式,觉察呼吸采用坐式,但是不做严格的限定。

另一方面现代正念和瑜伽对心理的操作也存在不同。瑜伽练习里虽也有接受内心感受的提法,但更多时候以排除想法、保持专注的要求为主。而正念则更多的是强调觉察内心活动,对想法和念头的内容和状态等本身不做控制,只是留意、观察它们,不被其牵制即可。

即便是正念练习中借鉴了瑜伽动作的正念伸展练习,和现代瑜伽在练习的目的上也有明显不同。正念伸展仅仅是借鉴了瑜伽动作这种形式，但内核还是正念觉知。所以在练习时，正念伸展对动作、姿势的精准程度不似瑜伽那样做严格要求，只是建议尽可能地去做，重点在于做的过程中留意身体感觉。另外，现代人们参与瑜伽练习，多数以塑形、减肥、保持良好体态为主，更多地将瑜伽视作健身的范畴。而正念练习则是基于注意力的心理训练。瑜伽练习所涉及的形体方面的效果，单纯的正念练习通常难以达到。

三、正念与催眠

有很多练习者会以为正念和催眠相似。尤其是一些初学者在进行正念练习的时候发现自己比较容易入睡，更加容易产生这种想法。

这里有几点需要澄清。首先，催眠和助眠不同，催眠不是人们想当然地认为是让一个人睡着，催眠状态和睡眠状态有着非常大的差异。

催眠主要是指在心理咨询或治疗的过程中，催眠师向来访者提供暗示，使其处于意识狭窄的状态，以唤醒被催眠者的某些特殊经历和特定行为，并借助暗示性语言，以消除病理心理和躯体障碍的一种心理治疗方法。所以催眠状态是一种特殊的意识状态，在这个状态下，被催眠者没有睡着，而是和催眠师处于一种特殊的关系框架之中。一个人能否进入催眠状态，和其受暗示性存在密切相关。有一部分个体，不管催眠师技艺如何高超，都无法将他们催眠。因此，催眠和助眠没有实际的关联。

那么，就催眠和正念的直接对比而言，也存在诸多差异。从形式上看，催眠一般需要有催眠师和被催眠者，且两者存在信任的关系，而正念则是在多数情况下独自进行的。催眠通常需要催眠师念指导语，正念练习者在初期需要听指导语，但是熟练以后，通常建议不听指导语而自行指导。从意识状态来看，催眠中的个体虽然仍然是醒着的，但是清醒程度较低，意识相对狭窄，而正念则是追求清醒地觉察，并尽可能保持对当下持续全然地觉知，尤其对可能将注意力带离当下的心理活动保持留意。从思维操作上来看，催眠涉及大量的想象和回忆，如想象自己处于某个特殊的场景，回忆小时候让自己感到挫折，甚至创伤的经历。而正念在多数情况下没有想象的成分（部分正念干预方法中涉及身体扫描的指导语允许有轻微的想象，慈心冥想也存在一定想象），更不会去回忆过往经历。正念强调的是对此刻如实地觉察，注意力放在当下的活动之中，觉察到什么感受就是什么感受。从心理干预的流派来看，催眠属于精神分析治疗，而正念被多数学者认为是认知行为治疗的范畴，因此对于心理问题形成与解决的看法也存在差异，在此亦不详述。

这里需要进一步提及正念初学者容易睡着的情况，严格意义上说，这不是正念改善睡眠的原因。这只是对初学者而言，在进行正念练习时，由于其心智模式对觉察当下的心理操作和心理状态不适应，出现了无聊、厌烦和心理回避的感受，且未能及时觉察，则出现心智游移、白日梦，进而昏昏欲睡（想想我们在看自己不喜欢、不感兴趣的电视节目时容易睡着，原因同此类似）；又或者因为身体没有得到足够休息，更容易产生疲惫感而入睡。从本质上讲，这不是正念练习追求的状态。正念改善睡眠的真正原因，主要在于通过长期的练习，使个体繁杂的思维更加清晰，不再对未来担忧、对过往纠结，内心更加平静。这样，在入睡时个体能够更为自主地调整身心状态，同时亦对入睡的预期保持开放的态度，则困扰自身的念头会减少，不再思前想后，辗转反侧，自然能够顺利进入睡眠。当然，初学者在练习正念时容易犯困入睡，亦不妨把这当作正念助眠的手段。但需要注意的是，随着练习经验增多，通常一次正念练习结束后，个体的状态会更加清醒。因此，对有经验的练习者来说，一般不建议在入睡前进行正念练习。

四、正念与肌肉放松

另一种可能与正念产生混淆的调节方式是肌肉放松。肌肉放松一般以渐进式放松为主，是个体有序地（如自上而下地）放松身体的各个部位，而在放松之前需先使肌肉收缩，继而进行放松。渐进式放松训练可以有效消除身体和心理的紧张状态，提高健康水平，还可作为治疗心理障碍（如焦虑障碍）的辅助手段。

肌肉放松和正念的相似之处在于，两者都存在对身体不同部位进行有序觉察的操作。然而，具体的操作方法存在显著差异。正念的身体觉察的练习主要包括身体扫描和正念伸展。其中身体扫描练习只是将注意力投放在相应的身体部位，并不对肌肉进行收缩和放松的控制，仅仅去觉知身体的感觉，就算没有感觉也无须通过控制肌肉来制造感觉。而如果觉察到某一部分（如脖颈、肩膀）出现了紧绷，可以只是感受紧绷的状态，也可以选择在觉知的前提下调整姿势放松，并留意调整过程中的身体和内心感受。而正念伸展则是进行一些缓慢的身体活动（如抬手、踮脚等），感受伴随着活动时肌肉、呼吸甚至心跳的感觉，也感受运动状态和静止状态、运动的部位和静止的部位在身体感觉上的差异。正念伸展只是觉察伴随运动相应部位肌肉自然收缩或放松的感觉，而没有肌肉放松中有规律地对某些部位进行刻意收缩与放松的操作。由此可见，正念与肌肉放松都能够达到放松的效果，但是在如何操控身体和觉察身体方面采用了不同的方式。

需要注意的是，正念和肌肉放松在练习目的上也存在差异。肌肉放松练习的目的当然是放松肌肉、调节身心紧张状态。而正念练习的目的，在本章阐述正念的"意图"元素时有所提及。简单来说，正念练习者需要设立一个总体性的、长期的目的，但是单次练习并不存在其他目的，只是不评判地觉察此刻的内在经验和外部环境。单次正念练习所产生的放松状态，通常会被视作正念练习的"副产品",而不应被视作练习的直接目标。个体练习正念每次的体验和身心状态都有差异,放松状态也存在波动,甚至有时达不到放松。如果以放松作为练习本身的目的,个体可能会产生困惑、沮丧,不利于正念练习的长期坚持。即使以缓解压力、放松身心作为练习目的的个体,亦不建议每次练习后均检验放松效果。一种可行的替代方法是,在持续的正念练习一个月、两个月后,再评估身心整体的放松状态。

将正念和上述各种干预形式进行区分,并不是要比较正念和其他干预的优劣,更没有将正念置于更为高级的干预的目的(这种态度本身与正念相左)。各种练习均有其产生的历史背景,也有其特定的适用人群、效果范围。但是任何一种干预形式也都有其自成体系的理论,在干预过程中需要时刻遵从。将正念和其他干预进行区分,是为了帮助练习者更深刻地理解正念的本质,减少内心的困惑和行为的混淆,并且在练习实践中能够始终在正念的概念框架内进行操作,以保证练习的规范性,并收获更好的练习效果。

第四节 正念到底是什么:疑惑和争议

到目前为止,我们可以看到各种学者从自身的角度来对正念给出各自的定义,提出各自的结构,并都得到了一定程度的验证,与此同时,正念的研究已呈井喷式增长,并涉及心理学的方方面面。但是回归到正念本身,我们再次问这样一个问题:正念到底是什么?我们仍然存在一些疑惑。

一、正念的本质是什么

第一个疑惑是,正念的本质是什么。我国学者总结前人的研究,发现人们在对正念进行解读时，会存在不同的取向，如将正念看作一种需要练习才能提升的状态，是一种特有的思维认知，是一种特定的可以训练的能力，或是一种与生俱来的特质。不同的取向使得人们对正念的理解存在差异，对正念的测量也出现了分歧。

除在取向上的分歧外，学界对正念的核心理解仍然没有达成绝对的共识。国外研究者总结不同的观点，发现和正念有关的能力涉及注意、觉察、忆念、保持、接纳、辨别。但如果用科学的概念来界定，到底什么是正念？事实上，还没有公认的权威结论。诚如卡巴金最早给出的定义，更多的是偏操作性的，即"通过有意地不评判地对当下的注意带来的觉知"，他更多的是从"练习"的角度来提及如何培育正念。那么正念本身是什么样的？觉知或觉察（awareness）能否进一步界定？我们从这一概念不得而知。而且卡巴金本人也承认，他的概念是基于西方人所易于理解的语境和语言而给出的，有"方便"理解的意味。从这个角度看，正念的概念，抛开从干预和练习的角度来看，它自身到底又涉及什么样的特质、如何描述，有进一步完善的空间。诸多学者逐渐认识到，正念可能和意识的特殊性存在关联，为了对正念给出更为完整科学的定义，一方面我们也许需要重新从涉及正念起源的佛学典籍中汲取灵感，另一方面也要摆脱宗教的限定，以跨文化的、人类普遍适用的心理特点的视角来进行界定，同时还要结合认知神经科学对于冥想和意识研究的证据，帮助正念完成彻底的科学化。只有对正念有了一个权威科学的概念，对正念本质有了一个公认的共识，才能够规范不同的研究方法，才能够让研究之间存在借鉴性和可比性，才能够在尽量相同的语境下讨论正念相关的科学问题，才能够批判性地吸收不同学者的研究成果和结论以开发出更易操作化的适用于提升意识品质的心智训练方法。

二、正念的成分包括什么

第二个疑惑是，正念的成分和结构到底是怎样的？通过此前阐述我们可知，关于正念的结构有单因素、两因素、三因素、多因素模型等。虽然这些模型各有各的道理，也得到了一些研究结果的支持，但是终究在解释上不能够彼此融洽，且在自身的模型验证方面不够完美。以两因素模型为例，费城正念量表的觉察与接纳维度彼此并不存在任何相关性，开发者的解释是觉察和接纳是正念的两个独立的成分。但是细细思索，如果两个成分相互独立，那将其归为一个概念是否合适呢？还是说觉察和接纳在本质上有各自的概念范畴？更有部分研究中觉察和接纳出现了负相关的结果，这似乎意味着正念的不同成分不是正向关联、相互促进的，而是相互独立甚至相互抑制的。在这样的情况下，如何看待正念这一整体概念呢？与之相似的是正念的多因素模型，在肯塔基正念技能问卷和五因素正念问卷中，观察维度和其中的不评判等维度出现了负相关，说明正念的内在成分之间仍然存在互斥的关系，解释起来亦会出现困难。尽管后来问卷开发者在有冥想经验的样本中进行研究，发现观察维度和其他维度重回了正相关，看似解决了正念成分内部存在冲突的矛盾，但仍然留下了疑惑。如果正念是人与生俱来的特质或能力，那么它的结构和成分在大多数群体之中应该是类似的，而为何在没有冥想经验和存在冥想经验的个体之中，其结构存在如此大的差异呢？这种差异的改变，是经过冥想而自然生成的，还是因为参加了正念的课程，经过了带领者的施教而发生的变化？如果是后者，即正念是需要经过教育才形成内部相互促进的心理结构，那么未经正念练习、接受正念相关心理教育的个体身上所测出的正念水平又意味着什么？

似乎单因素模型可以解决这些矛盾，因为单因素模型的开发者提出的观点是，正念的唯一的核心就是注意觉察，而接纳等元素只是和正念有关的概念，并且单纯的觉察必定是接纳的，因为如果将态度作为觉察对象，那么内心的评判、反感、不耐烦等心理活动都会因为受到个体的觉察而不被其牵绊，剩下的只有开放和好奇。正因如此，依据单因素模型所开发的正念觉察注意量表（MAAS）没有不评判或接纳的维度。有意思的是，有研究发现MAAS和接纳本身存在正向关联。从这一点看，维度之间的冲突似乎得到了避免。然而，单因素的视角更加偏向于东方的一元思想，即以简单的概念界定，而不去生发其他概念而使问题复杂化。但是在正念的练习实践中，单纯强调觉察是远远不够的，尤其是对初学者来说，他们往往会因为觉察不够而陷入评判之中，因而在实践的适应性方面，多因素比单因素模型更有优势。总之，目前没有一个普适性的正念模型来解决正念在结构和成分方面的疑惑，需要未来研究者进行更加深入细致的工作来建立完备的正念结构理论模型。

三、正念的测评如何完美实现

第三个疑惑是，正念在测评上的悖论如何解决？正念涉及一个人的觉察程度，那么对觉察的评估对个体本身就存在自知力方面的要求。首先从自评问卷的角度来讲。如果一个人不知道自己是没有觉察力的，那么即使他日常生活中常常出现心智游移（也就是我们说的走神），他也可能会觉得自己"没有不专注当下"，在做测评时会在某些题项上给自己评估为高分。相反，如果一个人是高度觉察的，那么他就有可能知晓自己不专注的状态，从而在一些题项上给自己评估为低分。在正念相关的态度评估上也存在相似的情形，如果一个人觉察到自己的评判，和一个人没有觉察到自己的评判，它们在量表的打分上也许也不会如我们预想中的显示出其真实的正念水平。另外，在采用行为检测法测量正念水平方面，同样存在悖论的可能性。我们心中理想的情形，是高正念水平个体的注意力全然在呼吸上，低正念水平个体频繁出现心智游移，从而出现高低正念水平个体在得分上的显著差异。然而，如果一个正念水平较高的人，他虽然没有非常专注（毕竟专注本身不是正念的要求），但是他可以频繁觉察到自己的心智游移，那么可以想象这个人在冥想呼吸专注的得分并不会很高。而一个正念水平低的人可能都没有意识到自己已经心智游移了，因此也许又会在测量时给出虚高的得分。这样一来，正念水平高和低的两类人在得分上出现了混淆甚至反转。从这些角度来讲，当前的正念测评工具就正念本身能否真实测出方面，仍然存在局限。

究其原因，还是在于一个人对自己的状态不可能真正了解，这是所有心理测量遇到的困境，但是这一困境在正念的测量方面尤甚，因为正念测量的内容反映出的正是一个人对自己状态的了知程度。只要采用主观报告的形式（目前行为测量正念的方法严格意义上也是主观报告），就不可避免地存在正念测量的悖论。未来对正念的测量，需要有方法学上的革新。遗憾的是，虽然认知神经科学近年来飞速发展，脑电、脑成像等认知神经科学技术越发成熟，但人类对意识状态的探测仍然大多是黑箱状态。我们只能大致知晓一个人的大脑的觉醒程度、情绪状态、某一区域大脑的血氧含量，但是对每一次心智游移、对注意力具体的分配、转移、散乱无法探测。更进一步说，或许我们永远也无法完全探知个体的意识状态，正念测量的悖论可能永远无法消除。但是，未来我们也许可以从某些方面，更加依赖阈下反应和内隐测量的结果，尽可能地回避主观报告出现的偏差。

四、正念概念如何介入非临床范畴

目前，正念的研究和实践已经在非临床心理学领域开展了许久。尽管如此，学界仍然存在的一个问题是，正念概念的"转化"。卡巴金对正念的定义是基于临床设置的，其目的是让参加正念减压课程的人更好地理解正念。因此，其正念定义本身就隐含着临床语境。而且前文也曾提及，该定义更加偏操作性，旨在更好地教授正念减压课程参与者通过规范化的练习来提升正念水平。但是，当正念进入非临床领域时，如亲子养育、运动竞技、组织管理等，这一临床语境下的定义可能在适应新的研究情境方面出现困难，针对特定领域的正念水平的测量上也需要有所调整。所以，如何在非临床范畴中对正念的概念进行科学界定，在让正念的核心元素保留的前提下能够适应新的研究领域，是各分支领域研究者需要继续钻研的课题。

  自20世纪80年代卡巴金创立正念减压以来，正念在实证的道路上走过了近40年的时间，人们对关于什么是正念这一问题有了长足的探索，并且由此产生了大量的学术研究成果。然而，我们需要承认，对于正念的认识远远没有到达终点，关于正念本身的模型和理论还亟待完善，一些分歧和争论还会继续存在，未来仍需要更多更深入的工作继续推进。尽管如此，我们也不妨保持乐观的态度，因为真理越辩越明，将正念纳入科学实证的体系下进行探索，能让我们对正念的认识越发客观。实证主义对正念干预的发展和完善是有益的，未来应该继续坚持在研究正念时采用科学的方法论。相信有着来自不同文化和专业背景的学者的持续探索，正念在未来将会为人类摆脱痛苦、提升心智水平做出更大贡献。

第二章

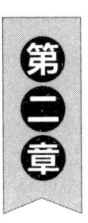

正念干预

此前，我们提及了正念干预的内容。狭义上的正念干预，是基于正念的心理干预，其中正念练习是干预的主要内容；广义上的正念干预，还可以包括不涉及规律正念练习、仅仅涉及正念相关理念教育的干预，这部分我们称之为正念相关干预。本章将重点介绍目前普适性较高、应用最广泛的正念干预方案。而其余特异性较高、针对具体能力的提升或症状改善的正念干预内容，将在此后的有关章节中详细介绍。

第一节　正念减压

卡巴金创立正念减压（Mindfulness-Based Stress Reduction，MBSR）是正念实证科学的开端（Kabat-Zinn et al., 1990），引领了正念学术研究的蓬勃发展。正念减压是较早形成的系统化且得到大量实证研究支持的正念干预之一。我们此前大致了解了正念减压诞生的历史背景及其影响。那么，正念减压是一个什么样的干预方案，包含哪些内容、程序，有何注意事项，又适用于哪些人群呢？这些问题，是本节主要阐述的内容。

一、正念减压及相关机构的历史变革

1979年，卡巴金于美国麻省大学医学中心建立减压门诊，并开设减压课程，原名为"减压与放松课程"（Stress Reduction and Relaxation Program，SR-RP）。课程参与者均为临床个体，他们患有不同程度的生理或心理疾病。此后，课程名称更换为正念减压，确立了正念在课程中的基础地位。1995年，减压门诊更名为正念医学、保健、社会研究中心（Center for Mindfulness in Medicine, Health Care and Society，CFM）。CFM不仅收治病人，也开展与正念相关的医学研究，为麻省大学医学院的学生开课，还为医护人员、心理学工作者、教育工作者提供正念减压培训，并进行正念减压师资认证，颁发相关师资证书。

二、正念减压的设置

正念减压（Kabat-Zinn et al., 1990）通常以团体课程的形式进行，人数可达 30 人。正念减压持续时间是 8 周到 10 周（通常为 8 周），其内容包括每周一次时长为 2.5 个小时左右的团体课程。在团体课程中，指导者会教授参与者如何进行正念练习，并带领参与者讨论如何在生活中培育正念，如何运用正念应对日常生活中的具体挑战，也针对此前练习中出现的疑惑进行解答。此外，正念减压还包括每周 6 天、每天 45 分钟左右的家庭正念练习，并鼓励参与者在日常生活中进行各种形式的非正式练习。另外，大概在第六个周末，会有附加一天（持续 7 个到 8 个小时）的集体止语密集正念练习。

三、正念减压的练习方式

与其说正念减压是一种团体心理治疗，不如说它更倾向于是一门课程。因为其效果的关键不在于团体动力、人际支持，而在于正念的教育和练习本身。所以，正念减压的核心内容就是通过各种方式的练习来培育正念能力。正念减压的具体练习方式包括正念呼吸、身体扫描、静坐冥想、正念行走、正念瑜伽、正念进食以及日常生活中的正念练习等。各种各样的练习方式都是旨在通过关注当下的活动，将心念投入其中来觉察此刻的身心，进而保持正念状态，提升正念水平。

1. 正念呼吸

正念呼吸就是将呼吸作为正念觉察对象的练习。人从出生直到生命的终结都不会忘掉自己的呼吸，而且呼吸总是此时此刻的，因此，呼吸是一个非常好的将注意力带回当下的觉知对象。如果将我们内心比喻成海面上漂泊不定的船，那么呼吸就像是一个锚，将散乱的心念安住到当下。另外，呼吸和一个人的身心状态紧密相关。当人内心慌乱时，呼吸急促；当人紧张焦虑时，呼吸会不时出现阻塞或停顿；当人安宁平静时，呼吸缓慢绵长。因此，觉察我们的呼吸也会帮助我们更好地觉察和了知此刻的情绪，并提供自我调节的时间窗口。

在正念减压的课程中,正念呼吸练习有两种形式。第一种是正式的练习,在一天中留出特定的时间,停止手头的活动,静坐或躺卧着将注意力投入每次的吸气和呼气中。建议这种正式的正念呼吸练习每次持续15分钟左右。有如下指导语作为参考。

你可以坐着或躺着,如果是坐着,尽量保持后背挺直,放松双肩,体现庄重的感觉……如果可以,请慢慢闭上眼睛……将注意力放在你的胸部或腹部。吸气时,感受胸部或腹部的隆起;呼气时,感受它们的收缩……或者将注意力放在与呼吸有关的感受上,如鼻孔、喉咙伴随着呼吸的感觉……如果你发现自己的心念没有在呼吸上,留意一下内心刚才去了哪里,然后温和而坚定地将注意力带回到呼吸上面来……无论你的注意力被分心带走了多少次,有多频繁,你需要做的就是留意自己内心的状态,再简单地将它带回到呼吸上。

第二种是非正式的正念呼吸练习,就是尽可能地在日常生活的细节中觉察呼吸,对呼吸保持正念,让正念融入日常呼吸中,以更好地帮助培育和保持正念。可以以下列指导语作为参考。

此时,关注你的呼吸,感觉胸部或腹部的起伏……觉察你脑中的念头和情绪,只是友善地觉察,不对此进行任何评判……留意一下,当你关注呼吸时,看待事物和看待自己的方式有没有发生变化……继续仔细地留意,你的觉知力还存不存在,自己有没有被想法或感受的内容所淹没。

正念减压认为,在正念各个练习之中,正念呼吸是其核心内容,在静坐冥想、身体扫描、正念瑜伽、正念行走等练习中,都会涉及正念呼吸的内容。因此，参与者在正念减压练习的诸多方式中，首先应该做的就是"学会"呼吸。

2. 身体扫描

身体扫描是正念减压中所教授的第一个时长较长且练习频率较高的正念练习。顾名思义，身体扫描就是将身体作为觉知对象，像扫描仪一样细致地感知身体的各个部位。同呼吸一样，身体也是一个客观、当下的存在，身体的感觉也能够从某种程度上反映出个体的状态。进行身体扫描练习，可以帮助我们将注意力放在此刻，还能够将念头和身体合为一处，即所谓的"与自己待在一起"。因此，身体扫描在培育正念水平的同时，更能够帮助知晓自己的身心状态，更了解自己，也可以更好地照顾和调节自己的感受。

身体扫描常常采用躺卧式，并与正念呼吸同时进行。值得注意的是，在正念减压中，身体扫描具有一定的观想成分。具体来说，就是在进行身体扫描时，想象吸气时气息进入扫描的部位，再在呼气时该部位的气体也随之排出。客观上来说，气体无法直接进入身体的具体部位（如脚趾、手臂等）。即使从生理层面上，气体经肺泡进入血液，经由红细胞进入组织，所以气体确实以某种方式进入身体的部位，再以某种方式将身体组织的二氧化碳经由循环系统进入肺部排出，但这一过程是无法被个体感知到的。而我们在体会气体进入身体部位时，通常会简化这一过程，带有很多的想象成分而不能反映真实的情况。此外，对于中国的练习者而言，这种对气的运动的观想更容易引发涉及气功之类的联想。因此，即使存在气体随着血液到达身体各部位的事实，这一部分的练习仍然应视作以想象的方式进行。

练习者也需要知道这是一种想象操作，而不是真实的情况。为何要采用这种想象的方式？其中一个原因可能在于，对很多初学者而言，当身体没有感觉时，注意力比较难以放在相应的身体部位上，从而造成操作上的疑惑，而想象呼吸的参与则能够帮助初学者更好地稳定注意力。另一个原因则有可能是因为正念减压的开发最初是针对临床病人，其中多数人存在不同程度的躯体症状、慢性疼痛。当疼痛存在时，通过想象经由呼吸带动气息进出疼痛部位，可以客观上产生消除疲惫、缓解疼痛（至少缓解心理痛苦）的效果。因此，卡巴金这里的想象操作是为了个体更好地进行练习。当然，在练习的过程中，也可以不进行想象，而直接觉察身体的相应感受，或者"没有感受的感受"，并觉察在感受身体部位时内心升起的其他想法、情绪，然后像正念呼吸的操作一样，捕捉这些其他内心活动的内容，然后再回到对身体部位的觉察之中。可参考如下指导语。

请选择一个安静、舒适的地方，在瑜伽垫或床上，仰卧下来。请确保自己不会着凉，如果感到冷可以盖上衣服或毛毯……轻轻闭上眼睛，如果感觉到困倦，可以微微张开眼睛保持清醒……将注意力放在腹部，感受伴随着呼吸腹部的起伏……将身体作为整体来感受，感受身体和床垫接触的感觉……将注意力放在左脚脚趾上，觉察左脚趾是什么感受，想象你的呼吸通过鼻子、肺部，再经过躯干、左腿而到达左脚趾，呼气时气体再反向呼出……感受左脚趾的感觉，如果实在没有感觉也不用强求，让自己处于没有感觉的状态……如果你的注意力没有在你觉察的左脚趾上，留意一下你的内心刚才去了哪里，再温和而坚定地把注意力放回到左脚趾上……接下来，释放对左脚趾的注意，将注意力转移到左脚脚掌上……（类似操作依次对左脚掌、左脚跟、左脚背、左脚踝、左小腿、左膝盖、左大腿、右腿相应部位、臀部、腰部、背部、腹部、胸部、肩膀、手臂、脖颈、后脑勺、头顶、额头、眉毛、眼睛、鼻子、嘴巴、牙齿、脸颊进行觉察）。

卡巴金提到，正念减压的身体扫描由于涉及对身体部位的觉察，有些部位可能会引发个体比较强烈的反应。例如，某个身体部位感到强烈的疼痛，那么扫描的时候可能难以将注意力从这一疼痛部位转移，针对这种情况，参与者可以选择针对该部位疼痛的觉察，感知疼痛本身，如疼痛的强度、范围、变化，以及伴随着疼痛知觉的心理活动，如情绪上的厌恶、不适、急躁、焦虑、痛苦，想法上的回避、不耐烦、担忧等。可以以开放的态度和疼痛相处，不去试图改变，也不去转移注意力，伴随着呼吸的想象来觉察它。这样的练习可以帮助练习者适应疼痛，减弱疼痛对自身心理的影响，对某些病患（如癌症、神经痛、慢性疼痛）而言，可以带着疼痛并保持一定的社会功能、过较高质量的生活。

还有一种情况，则是如果身体某个部位和以往的特殊经历有关，如被侵犯、虐待的创伤经历，在身体扫描时可能引发强烈的情绪反应。如果是这样，在医院或是在心理治疗的情境下，应优先处理创伤经历，直到情绪平复到可以保证正常的练习。并在练习中教授创伤经历者以温柔的态度照顾和安抚自己的身体，将这一挑战视作治疗的机会，寻求治愈的转化。当然，如果在练习的过程中仍然有持续的与创伤相关的侵入性思维，在没有精神卫生背景的专业人员指导的前提下，应该谨慎练习，可以选择其他形式的正念练习方式。

身体扫描的练习每次持续 45 分钟，是整个正念减压中单次持续时间最长的练习方式。因此，练习的过程可能会让参与者存在疲惫、困倦的挑战（尤其是躺着练习更容易让人产生困意）。为了培养觉知力，参与者应该尽量保持清醒，将注意力一次次地从心智游移甚至是白日梦中带回到身体的觉察上。当然，如果不小心入睡，也无须在意与苛责，这是初学者练习中常常出现的情况，随着练习的持续，自然而然地会在身体扫描中保持清醒的觉知而完成整个练习过程。

3. 静坐冥想

静坐冥想是以静坐的方式进行的各类正念冥想练习的总称。因此，静坐冥想存在对不同的活动对象的觉察，其中正念呼吸是最基础的部分。由于静坐冥想需要较长时间地端坐，练习者会不可避免地出现不同程度的不适感、不安感，与这些身心感受共同存在是练习者的重要"功课"。静坐冥想的练习大体包括以呼吸、声音、想法等作为觉察对象的练习，也涉及不包含特定对象的无拣择觉知练习。

觉察呼吸除了此前正念呼吸的操作以外，还可以尝试将呼吸和身体作为一个整体来觉察，以扩展觉知力。

觉察声音练习，主要以静坐的方式，将能够聆听到的声音作为觉察的对象，把声音当作声音本身去聆听，而不去进行评判或思考，只是去听声音的音调、响度、音色，声响的规律，以及留意声音与声音之间的静默。此外，还可以在播放音乐等背景音的情形下进行正念觉察练习。

觉察想法的练习，是以内心活动作为觉察对象的正念练习。在进行此类练习时，一般先以正念呼吸作为开始，让注意力稳定在呼吸上，然后释放对呼吸的专注，去留意脑中出现的任何念头。当念头出现时，以觉察身体和呼吸的方式去觉察这个念头，觉察念头的升起、逗留、消失。如果沉浸在想法之中并进行了分析、想象，及时发现这种情况，简单留意一下刚才自己的内心活动，再重新回到对念头的觉察上来。尤其要注意头脑中出现的关于自我、过去或将来、有关喜欢和厌恶的念头，这些心理活动往往比较容易将内心带走，及时地留意它们的出现，以及出现时对自己身心状态的细微影响，并在觉察时告知自己这些都是内心的想法，想法并不是事实。觉察想法的练习在操作上存在一定难度，需要练习者有一定的稳定的注意力和觉察力，否则会难以觉察到念头本身或长时间陷入念头中。因此，一般来说，觉察想法的练习需要以较为熟练的正念呼吸为前提。

无拣择的觉知练习，是以静坐的形式，对进入自己感官思维的任何刺激作为觉察对象的练习。在练习时保持全然开放的态度，留意进入觉知视野的任何存在，如呼吸、声音、身体的感受、内心的想法，但是不固着于某一对象。如声音进入注意范围，就觉察声音，随着时间推移，声音本身会消失或者声音逐渐形成觉知的背景。此时有新的刺激进入觉知视野，如某个想法，则以想法作为觉察对象。当想法在觉察过程中消失后，则以任一新进入注意范围的刺激作为觉察对象。

4. 正念瑜伽

正念瑜伽，就是以简单的瑜伽动作的形式进行正念练习。它是正念减压中的第一个以"运动"为基础的正式练习。经过此前的以坐、躺等安静的形式进行正念练习后，进行正念瑜伽练习往往会给参与者不一样的体验。由于身体扫描、静坐冥想使得觉察力初步提升，因此参与者更能感受到运动过程中身体的细微感觉，而且运动的形式使得身体可以自如地调节，使得正念瑜伽的练习往往伴随着积极的感受。正念减压的课程方案中会提供两组简要的瑜伽动作，参与者根据指导语进行缓慢的练习即可。与常规的现代瑜伽不同的地方在于，正念瑜伽对动作不做要求，通常是以较温和的态度去试探和接近身体伸展的基线，体验接近极限的感受。简言之，正念瑜伽更多的是强调以瑜伽的形式进行正念觉察，觉察练习中的呼吸、身体肌肉的紧张与放松、重心的变化与调整以及内心的念头等。

在正念减压中，正念瑜伽不仅注意对呼吸的感受，也要求伴随着身体的运动，对呼吸进行相应的调整。比如，在进行身体舒张的动作时，伴随着的是吸气的动作，而身体收缩时往往是呼气的动作。这样的配合可以帮助呼吸与动作之间相互更加协调。正念瑜伽的前提是练习者本身具备基本的运动机能，且身体能够负担基本的运动。正念瑜伽中间有一些姿势对于年长者、行动不便者或者身体某些部位存在障碍的患者来说并不太适合，练习者应该根据自己身体的状态进行选择和取舍，并不需要所有动作都完成。

5. 正念行走

另一个以运动的形式进行正念练习的方式是正念行走。虽然行走对我们来说是习以为常的事，但很少有机会能够以正念觉察的方式进行。行走作为一种人类习得以后便自动化的动作，几乎不需要认知资源的参与，因此在行走的过程中，人们总是会思考与行走无关的问题。然而，行走这一动作本身往往是单独进行的，人们在行走时多数情况下没有需要即刻处理的其他事情。因此，正念行走是一种非常有效地将正念融入日常生活中的练习。当作为一种非正式练习时，我们只需要记得从日常的某一段行走的路程中选择一段进行正念练习即可。在行走的过程中，将注意力放在和行走相关的身体动作上，如脚底接触地面的感受，手臂的摆动，重心的移动，身体对平衡的调节等，而不需要降低行走的速度。

正念行走也可以作为正式练习来进行。此时，选取一个安全空旷的场所，可以尽量缓慢的速度前行，从而更加细致地体验行走本身的感觉。如刚开始直立时，感受地面的支撑，行走之前觉察想要行走的冲动，缓慢抬脚的感觉，脚前移、接触地面的感受。甚至可以默念行走的每一个动作，帮助我们更加处在行走的当下。同样，当行走时出现了心智游移，也只是简单留意头脑中出现的内心活动，再继续将注意力带回到行走中。

6. 正念日

在正念减压的方案中，大概在第六周的周末会进行一次"正念日"的练习。正念日，顾名思义，就是利用一天的白天时间（6个小时）集体进行正念练习。在这个时间段内，练习者要求上交所有通信设备，止语（除非安排时间讨论），进行各种正式和非正式的正念练习。练习的内容包括身体扫描、正念呼吸、静坐冥想、正念行走、正念瑜伽等。由于需要待一整天，因此午餐也会在练习室进行，进而有了一个专门的正念进食的机会。正念日作为一种全身心长时间沉浸正念的练习形式，对于参与者如何在自己的日常生活中投入正念，将起到很大的参考作用。

除了此前介绍的练习方式之外，正念日还会有一些其他形式的练习，其中一个被称为"山峦冥想"。这个练习需要想象自己坐着的时候像一座大山，其中手臂是山坡，头是山峰。想象自己永远雄伟地扎根在大地上，不为任何环境变化所动。这样的练习会让参与者更加深刻地感受到活在当下的状态和力量。

另一个需要提出的练习是"慈心冥想",这也是在正念日的活动中才会练习的方式。慈心冥想旨在唤醒参与者的仁慈、宽恕和善意的内心。在练习时,首先觉察呼吸,其次有意识地升起对自身的慈爱和善意,通常来说,会默念"愿我免受来自内在与外在的伤害,愿我能够获得快乐、健康,生活轻松自在"。此后,将善意指向亲近的人或内心在意的人,默念相同的语句,只是将对象指向想象的人。最后以类似的方式将善意指向自己讨厌的人,甚至是伤害过自己的人,此时也是默念相似的语句。慈心冥想的练习旨在刻意培养参与者柔软的内心和对自己与世界的友善态度。在一些其他的正念或非正念干预方案中,慈心冥想的重要性会提高,甚至成为某些干预中的主要练习形式。

值得注意的是,上述两个练习并非每日都要进行的常规正念练习,而且在操作上面存在诸多想象成分,和正念的此刻觉察的核心并没有直接关联。从正念减压看来,这些练习可以在某种程度上增强参与者对与正念相关的某些概念的认识。从时间上来看,将这些练习放在正念日,此时参与者对正念的概念、操作有了比较深入的了解,专注能力也由此前的练习得到了初步的保证,在这一时间段进行山峦冥想和慈心冥想练习,也许不会妨碍参与者对正念原先操作的混淆。

7. 非正式练习

正念减压除了强调上述的正式练习形式之外,也非常注重非正式的正念练习。总的来说,就是鼓励参与者在日常生活中尽量地融入正念觉察,与当下联结,积极地采用正念的策略调节自己的身心状态。非正式练习旨在通过日常的细节浸润来改变个体的心智模式,改变自己和手头事情的关系,改变自己的处事态度。

除了此前提到的行走、进食的非正式练习之外,可选择的非正式练习内容非常丰富,如做饭、打扫房间、洗澡、倒垃圾、刷牙、穿衣服、洗衣服、与人沟通、和亲密爱人相处等。非正式练习由于非常日常与细微，它有很大的可能性从其他的角度获得个体对正念的领域，进而对自己、对生活的真谛和实质产生新的认识。持续地进行非正式练习，可以有效地提升生活品质和内心的平静与从容。

四、正念减压的总体方案

正念减压通常是持续八周，每一周都有相应的练习方式，基本上遵从循序渐进的练习规律。

第一周和第二周以身体扫描练习为主，听指导语录音进行的身体扫描练习会持续 45 分钟，尽量保持清醒，防止入睡（因为入睡以后意识无法掌控，实质上就不是在练习了）。除此之外，每天进行大约 10 分钟的正念呼吸练习。另外，每天至少以每一个活动为对象进行非正式的正念练习。

第三周和第四周开始进行身体扫描和正念瑜伽的交替练习。每日仍然进行正念呼吸练习，且时间逐渐延长到 30 分钟。在非正式练习方面，开始觉察愉悦事件，记录自己的体验及身心感受。

第五周和第六周的正式练习以静坐冥想和正念瑜伽的交替练习为主。静坐冥想的练习可以以呼吸、声音、想法作为对象，也可以进行无拣择的觉知练习，并进行正念行走的练习。在非正式练习方面，可以根据自身的偏好来选择练习的对象、时长、频率等。周末进行正念日的密集集中止语练习。

第七周的练习开始尝试摆脱指导语的引导，自行每日投入 45 分钟进行正式练习，可以在这个时间段内做一个独立的练习，也可以在此时间段内进行两个组合的小练习。

第八周不再限制是否听指导语进行练习，除建议进行两次身体扫描练习外，本周的正式和非正式练习的形式进一步放开，更加随心所欲地制定符合自身的练习方案。

在正念减压的末尾，正念指导者鼓励参与者不要将八周课程视为结束，而是将其视为新的开始，并为自己未来的正念练习进行简单的规划，指导者为参与者提供备选方案。

五、正念减压练习需秉持的态度

在正念减压的练习过程中，参与者会被反复要求保持一些基本的态度，这些态度是能够坚持正念练习的关键。甚至可以说，正念练习的态度和练习本身同等重要。

1. 非评判

非评判的态度在前文阐述正念的成分时已经有过较为详细的阐述。在日常生活中，我们总是对事物、体验附加上"好"或"不好"的评判。而在正念的练习中，对练习过程的评判更是无处不在，而且多数时候以负性的评判为主。正念提倡个体练习时觉察评判性质的念头，并搁置评判，将评判当作内心活动继续观察。需要注意的是，所谓"搁置评判"，是指如果发现自己在评判之后只是觉察，并不是要修改或要求自己停止评判，因为这样会陷入对评判的评判，起到相反的效果。

2. 耐心

保持耐心是正念练习所需的另一个态度。一方面，正念练习的过程对于初学者来说是相对漫长的，可能产生不耐烦的情绪，需要用耐心的态度来应对；另一方面，正念产生作用的过程也是缓慢的，如果急于求成，也会损耗掉练习的动力。因此，耐心也是持续进行练习的保证。至于如何保持耐心，可以将内心的体验和想法视作生命的一部分来对待，并与其他态度运用有机结合。

3. 初心

所谓初心，就是看待事物时以初学者的心态来面对。对于每一次体验，都是以第一次接触时的态度来对待。事实上，没有某一个时刻是和别的时刻完全相同的，类似的体验之间也存在细微差异。但是人们会简单地将相似的体验归成一类从而先入为主，失去了深入探索体验本身的可能。如某一次吃青椒的不愉快体验，让自己对青椒贴上难吃的标签，导致其以后不会再进食青椒，即使再次吃它，也会因为此前的经验而给青椒以难吃的预设。而初心则要求个体对体验保持开放、好奇的态度，在正念的正式和非正式练习中，都如好奇的婴儿般去探寻练习带来的各种体验。保持初心有助于个体打破固着思维，看到事物的本来面目。

4. 信任

这里所提及的信任，是指正念的练习要充分相信自身的感受，以及真正相信正念的力量。这里并不是说要遵从某个权威指导师的指引，而是要练习者在正念练习中听从自身身心体验本身的指引。在练习正念时，每个人的体验都会存在差异，有时候甚至会大相径庭。信任自身的感受可以让我们直视真实的体验，找寻真正适合自身的身心调节方式。只有以自身的感受作为觉察基础，才能够切实从正念练习中获益。

5. 无为

正念练习所追求的无为是指练习的过程中不要过度努力。练习本身除了培育正念以外，没有其他意图，没有自己需要到达的一个目的地或者特殊状态。练习中唯一需要做的心理动作就是觉察，不管是什么体验，觉察就可以，除此之外不需要进行额外的操作，不需要改变什么。

6. 接纳

正念中的接纳和此前提到的非评判类似，只是接纳是一种更加具有主动性的态度。接纳意味着认同事物按照其本来面目来呈现。在正念练习中，接纳对于练习的保证以及练习效果的促进具有重要的作用。对于所有的体验，很多时候我们也许并不认同，甚至会产生相应的负性情绪，此时，觉察到内心的这些反应，并接纳体验本身的属性，也接纳自己产生情绪和评判的思维过程。甚至，在练习的过程中，需要注重培养接纳的态度，随着练习的增加，接纳能力也会越来越强。个体对于外界和他人会更加宽容，而对自己本身也更加认同，内心更加统合，产生所谓的自我接纳和自我怜悯的品质，这两者对于维护和促进身心健康都具有积极的作用。另外，接纳并不意味着不改变，相反，在面临切实的问题时，接纳反倒会让个体对问题本身有深刻而全面的认识，从而有助于找到更多的解决方式，进而采取更加明智而富有智慧的应对方式——当然，不急于改变也是面临问题时的可选项。

7. 放下

放下的态度是正念中看似略带悖论，但是又具有东方哲学智慧的态度。在进行每一次正念练习时，我们需要放下心中的目标，和当下的自己处在一起，体验每一刻的感受。如果我们心中急切存在一些对正念效果的预期，如放松、促进睡眠、缓解焦虑，那么练习本身就变成了一个执取的过程，此时反倒会影响练习本身的效果，也不是一种正念的态度。在心理层面上，我们往往越想达到某些状态，就越发觉难以实现，因为我们的心智有自己的运行模式，这种模式我们往往很难自主控制。想要实现心理层面的目的，一个明智的方式就是放下对这个目标的执念。如睡觉时，越想催促自己入睡，往往越会心神不宁、思绪万千难以入眠，而当我们不再纠结于快速入睡本身时，反倒能够自然而顺利地进入梦乡。正念练习也是如此，我们常常发现正念练习之后会带来放松的感受，但是放松不能成为我们练习的直接目标，只能视作练习的副产品，因为每一次练习并不会总是带来放松的感觉。如果总是怀着这样的练习目的，那么我们可能在练习中忽视掉觉察的重要性。因此，虽然每个人选择练习正念，本身存在一些实际的诉求（如缓解压力、焦虑、管理疼痛、促进睡眠等），但是在每一次正念练习时，秉承着放下的态度，暂时不要理会这些实际的目的，只是觉察此刻。只有当真正放下对目的的追求时，我们会很神奇地发现，通过纯粹的、持续的正念练习，这些目的和状态会在不经意中达到。

以上是正念减压中所推荐练习的主要态度，当然这些态度本身之间可能存在重叠交织，正念也不只存在以上的态度。只要经过系统、规范、长期的正念练习，伴随着正念觉察能力的提升，这些态度能力也会随之提升，并和觉察一起共同滋养身心、提升心智状态。

第二节　正念认知疗法

正念认知疗法是继正念减压之后的另一重要的基于正念的心理干预方案，正念认知疗法创立的初衷是预防抑郁症反复发作，并极大程度上借鉴了正念减压的既有课程方案（Segal et al., 2002）。如果亲身体验正念减压和正念认知疗法的干预，会发现二者存在诸多相似之处。因此，在本节的介绍中，对于与正念减压相同或相似的干预形式与内容则不再重复介绍。

正念认知疗法的整体干预框架

正念认知疗法的干预也是一个持续八周的方案，每周有一次团体授课集中练习，其余时段每天进行家庭练习。第一周正式练习的内容为身体扫描，此外也进行生活中的非正式正念练习。第二周仍然进行身体扫描的正式练习。另外，还需要记录生活中的愉快事件，并进行十分钟的觉察呼吸练习。第三周的正式练习开始变为正念瑜伽和静坐冥想，每日需记录生活中的不愉快事件，并且从这一周到团体结束都要每天进行三分钟呼吸空间练习。第四周的练习内容仍然为正念瑜伽和静坐冥想，并每日觉察愉快或不愉快的情绪。第五周主要练习静坐冥想，并对一些生活中的困境进行刻意的冥想练习。第六周开始对身体、声音和想法进行正念练习。第七周和第八周的练习内容则开始变得更加具有灵活性，可以在某一时间组合不同的练习形式，也可以选择某一种形式。同正念减压一样，在干预结束的时候需要充分讨论并让参与者认识到这只是认识正念的开始，并提供其他条件鼓励之后在生活中继续练习正念。

正念认知疗法的整体方案与正念减压非常类似，主要区别在于正念认知疗法并没有正念日的设置，也没有慈心冥想、山峦冥想的练习内容。在课程结构上，因为正念认知疗法最初是针对抑郁症缓解期的病人开发的方案，所以在每周一次的团体上，带领者会讲授抑郁症的发病机制作为心理教育的内容，并解释正念对于抑郁症的防治会起到怎样的作用。在其他的练习内容方面，正念认知疗法的静坐冥想的内容更加纯粹，只是涉及对身体和呼吸的觉察。而在之后则单独地将觉察想法列出来，作为第六周的重点练习内容教授。此外，正念认知疗法将觉察呼吸的形式多样化，创立了三分钟呼吸空间这一短时正念练习，并鼓励参与者以此方法来应对生活中遇到的具体困境。接下来，将介绍正念认知疗法中有别于正念减压的独特成分。

1. 抑郁症的发病机制及正念认知疗法的原理

约12%的男性和20%的女性在一生中的某个阶段都会出现抑郁症状，不论是在东方还是西方，都有着大量的抑郁症人群。在抑郁症的发病和维持的原理方面，认知行为理论的解释占据主流。

认知行为理论认为，抑郁症包含情绪、思维、身体感受和行为等多个层面。在情绪方面，抑郁症患者长期心情低落、伤心、痛苦、沮丧等。在身体感受方面，抑郁会导致饮食不规律、体重暴增或暴减、睡眠紊乱、精神状态不稳定甚至是身体疼痛等。在行为层面，抑郁会使得人们对多数活动都失去兴趣，意志消沉，并让人感觉精力减退。在思维方面，抑郁症的一个重要特点就是出现负性自动思维，这种思维通常是负向的、快速的，涉及对自身的消极评价（如我是无价值的、不可爱的、不胜任的）。其中，负性思维最典型的一个模式是思维反刍，也就是对过往的事件过程及其原因进行重复性的回想。例如，当某件事让抑郁症患者心情低落时，他就有可能对事情进行反刍，反复回想导致自己难过的原因和过程，回想自己当时的糟糕应对，进而对自身产生很低的评价。这种思维反刍会持续进行，让患者更加抑郁，陷入恶性循环。患者越想找出让自己抑郁的原因，反而更深地陷入了思维反刍的陷阱，加重自己的抑郁症状。

正念认知疗法对于抑郁的缓解，主要原理在于对思维反刍的阻止。首先，个体在陷入反刍时常常是不自知、没有觉察的，而且很长时间无法走出。而正念的练习会让个体对自身的情绪、身体状态和思维模式保持足够的敏感，一旦出现抑郁发作的线索（如情绪低落、身体不适）或是出现思维反刍的迹象，则有机会及时觉察，进行调整，让自己不陷入思维反刍的恶性循环中。正念水平越高，则越有可能在抑郁思维的苗头阶段及时调整。其次，正念练习保持对经验的不评判，在练习过程中对于不太舒适的感受保有宽容的空间，这有助于改善个体对外在体验和自身的负性评价，更加接纳自己和宽容他人，从而逐渐纠正思维的极端负性。此外，正念练习不去追寻思维的源头和原因，只是注意当下的感受，每当出现心智游移（这是思维反刍的前提），正念会帮助个体将注意力重回当下，而不再在反刍思维中循环往复。最后，正念练习会帮助个体更加清晰地觉察自己的思维，通过长期的练习，个体可以观察到思维内容的产生、发展和消失，从而知晓思维活动本身只是一个想法，它们并不代表事实。所以，即使内心出现一些负性的评价、预期，正念练习者也会清楚这只是一种想法，不一定能反映出真实的情况，也不需要对此做出情绪上的极端反应。因此，正念认知疗法认为，正念练习可以从思维层面上对以往的心智模式进行调整，减少反刍，进而降低抑郁发作的可能性。

2. 行动模式和存在模式

在进行心理教育时，除了讲述抑郁症的发病和治疗原理以外，正念认知疗法通常还会运用"行动模式"和"存在模式"这两个术语来解释我们的心智运作规律及对身心状态的影响。

所谓的行动模式，即心智按照特定的可预期的模式来运作。行动模式涉及三个概念：一是当前的状态；二是预期的目标；三是希望避免的结果。当处于行动模式时，个体会像计算机一样寻求当前状态和预期目标之间的差异，并试图缩小这一差异，同时尽量避免不想要的结果出现。行动模式是人类心智进化的产物，是为了保证个体的生存而发展出的一套心理行为运作系统。但是，在现代社会，随着科技发展和生活情境的迅速改变，原有的心智模式往往不再适应当前时代的生活模式。因此，在行动模式下，个体的行为虽然非常有效，但是通常会带来糟糕的体验以及情绪上的痛苦。对某些易感人群而言，正是行动模式导致他们产生了心理困扰甚至精神疾病。

处理行动模式带来的负性后果的一种途径就是将该模式更换成另一种心智模式——存在模式。当个体处在存在模式时，行为不再是自动化的，而是有意识、有觉察的，更多地处在当下，对于一些以往不想要的结果也不采取刻意回避的态度，允许事物如其所是地存在等。在存在模式下，个体对经验保持开放，不再像计算机一样总是要达到某种特定的目的，而是更加注重品味此刻的体验。因此，存在模式可以有效地缓解因为行动模式带来的内心困扰。将心智模式转化为存在模式的一种重要的途径就是正念练习。

3. 三分钟呼吸空间

正念认知疗法为了更好地帮助参与者进行情绪调节，开发出了一种迷你的冥想技术：三分钟呼吸空间。三分钟呼吸空间既可以作为日常练习的形式（每日三次），也可以作为处理困难情境和负性情绪的应对方法。

三分钟呼吸空间总共需要花费三分钟，包含三个步骤，每个步骤花费一分钟左右。在熟悉练习的步骤以后，练习者可以根据实际情况调整每次练习的时长。三分钟呼吸空间的第一步是进入觉察状态。用挺拔的坐姿，闭上眼睛体验内部的体验，包括脑海中的想法、内心的情绪和身体的感受。第二步是将注意力集中在呼吸上来，感受呼吸带来的生理上体验的变化。第三步是将觉察的范围从呼吸逐渐扩展到全身，包括身体整体的感受和具体的感受，同时也保持将呼吸作为背景继续觉察。三分钟呼吸空间是正念中少有的"工具"性的技术。它作为一种可以随时使用的冥想技术，可以在面临压力和困难情境时练习，帮助个体缓解此刻的情绪强度、重新将散乱、愤怒、漂流的内心安住在当下的身体和呼吸之中，提醒个体从行动模式转化为存在模式。

4. 觉察想法

由于负性的、反刍的想法和思维是维持抑郁的重要因素，因此针对抑郁症的正念认知疗法将觉察想法视作很重要的练习方式。在进行觉察想法的练习时，练习者需要事先熟悉正念呼吸和身体扫描。当练习者较好地掌握了这两种方式的心理操作后，就可以达到相对平静的状态。在此基础上，练习者可以尝试进行觉察想法的练习。

觉察想法的正念练习并不是直接开始观察想法，而是先对一种外部刺激——声音进行觉察。将声音仅仅知觉为声音本身，包括声音的音调、音色、响度和时长等，而不去对声音做评价（如这是悦耳的声音，这是嘈杂的声音）。每当出现心智游移，则同正念呼吸类似，简单注意思维去向，再将注意力放到对声音的觉察上。之所以选择先觉察声音，是因为觉察声音对觉察想法有帮助。想法也像声音一样，有其出现、停留和消失的规律，觉察声音有助于练习者理解这一过程。

在对声音的觉察处于一个清醒而稳定的状态后，练习者放下对声音的关注，将觉察的对象指向内心的想法。不要刻意让想法出现和消失，让其自然来去。如果练习者因为没有想法而产生一种无所适从感，留意到这本身可能也包含了需要觉察的思维过程。对于初学者，正念认知疗法提供了一些比喻，如把大脑比作电影屏幕，而想法就是屏幕上出现的影像，我们只是观众，去看屏幕上想法的样子。我们也可以把内心比作广阔的天空，把想法比喻成云朵，我们可以任由想法如云朵般来去，并坐看伴随着云朵出现的狂风暴雨。在这个过程中，时刻留意自己有没有被卷入想法之中，并被想法带走了很远（这很容易发生）。当我们并不处于觉察状态时，要有意识地将注意力从"沉浸"于想法的状态转变为"观察"想法的状态。另外，伴随着想法产生，也有可能会出现情绪情感的变化，它们往往也会诱导我们被想法的内容牵绊。因此，情绪和情感也是练习过程中需要觉察的内心活动。

觉察想法是正念认知疗法中很重要的一环，通过觉察想法的练习可以有效地帮助个体识别和觉察自身固有的思维模式，而持续地在练习中从想法中抽离则能够帮助个体（尤其是有抑郁情绪的人）摆脱长期自我否定的反刍思维，重建适应性的思维模式。当然，觉察想法对个体的觉察力有一定要求，如果不能够及时分辨想法、识别想法，不能够清晰地观察想法，就失去了练习的基础前提。因此，觉察想法的练习需要在有一定的正念经验之后进行。如果在觉察想法时发现存在明显的困难，练习者应暂时回到对身体和呼吸等相对客观、稳定的对象的觉察练习上来。

5. 应对困难的练习

正念认知疗法中还有一个比较有特色的内容是应对生活中的困难、与困难共处的练习。这种练习仍然采用静坐的形式，但是在注意力的操作上存在差别。在进行应对困难的练习之前，练习者需要熟悉对身体扫描和正念呼吸的操作。

常规的正念练习通常有相应的注意力的锚点，如呼吸、身体的部位等，在练习时出现心智游移时，在简单看一下走神的内容之后，练习者应回到这一锚点上来。然而，应对困难的练习则采用了一种不同的回应方式，即把注意力继续停留在让自己痛苦的想法和情绪上，同时觉察，这些痛苦的想法和感受给身体带来了什么样的感觉，将注意力进一步走近身体感觉最强烈的部位，伴随着呼吸的节奏调整注意力的强弱。

当内心没有负性的想法时，练习者可以刻意地、有意识地想象生活中正在面临的或是经历过的一些困境，让某个事件进入意识范围当中。然后去感受当自己想起这件事时，身体产生的相应反应。如果某个身体部位产生了比较强烈的反应，则将注意力带到那个部位，并用温和、欢迎、友善的态度去觉察它。去感受伴随着呼吸的节奏，这个部位的感受是否会发生相应的变化。

如果这个部位的感受引起自身强烈的身心反应，不要试图回避这种感受，继续保持觉察，默默地告诉自己"它已经在这里了，没关系，我向它敞开"，并且伴随着温柔和友善的觉察，和这个感觉待在一起。

应对困难的练习与三分钟呼吸空间都属于工具性的冥想练习。在进行此项练习时，当与困难和痛苦的感受相处时，我们的思维模式已然和之前的回避、逃离进行了区分，并且改变了自己和感受、想法的关系。这种在练习中观察到想法所带来的身体感受的变化，让我们更清晰地认识到思维本身的影响，有助于我们和自己的内心活动保持距离。而用接纳、友善的态度去觉察，则会减弱我们对困难事件本身的应激反应，从而生发出多视角客观看待事件本身的可能性。

正念认知疗法最初是针对抑郁症反复发作的情况量身定做的基于正念的干预，其效果得到了大量实证的检验，尤其是有很强的证据表明正念认知疗法在多次抑郁症发作的患者身上的效果更加明显。随着研究的进一步深入和正念实践的进一步拓展，人们发现正念认知疗法对其他的心理障碍，如强迫症、焦虑障碍、创伤后应激障碍等都具有显著的效果。很快，正念认知疗法成为继正念减压之后又一权威的基于正念的心理干预治疗方案。

第三节 其他正念相关干预

伴随着正念减压与正念认知疗法的兴起,许多其他与正念相关的心理干预也产生了。这些干预大多是针对某类特定的心理问题。由于后文会针对具体心理问题在正念方面的相关干预方案进行详细阐述,在此则不再列出。在本节中,将介绍两种极具影响力的正念相关干预方案——接纳承诺疗法和辩证行为疗法。之所以介绍这两种干预,是因为在行为主义治疗体系之下,接纳承诺疗法、辩证行为疗法同此前提到的正念认知疗法都被公认为行为主义治疗的"第三浪潮"。它们带来了循证心理治疗的理念和方法上的革命,更加强调治疗中的体验性、情境主义、认知灵活性,强调正念和接纳的作用,并且都在某种程度上包含着东方哲学的色彩。

一、接纳承诺疗法

接纳承诺疗法(Acceptance and Commitment Therapy,ACT)由美国临床心理学家史蒂芬·海斯(Steven Hayes)于20世纪90年代创立,其最为常用的治疗对象是心境障碍(Hayes et al., 2009)。此后研究发现,接纳承诺疗法对其他类型的精神障碍(如强迫症、焦虑症、创伤后应激障碍等)和躯体症状(如糖尿病、慢性疼痛、艾滋病、癌症等)的辅助治疗也存在不错的效果。

1. 关系框架理论——接纳承诺疗法的理论基础

接纳承诺疗法有一套自身的完整理论基础,被称为关系框架理论(Relational Frame Theory,RFT)。近些年,该理论得到了大量实证研究的验证。关系框架理论是一种用于解释人类认知和语言的本质及其关系的综合性理论，所包含内容非常丰富。总的来说，关系框架理论认为，人类在分析刺激物以及整合刺激物之间的联系方面具有非常强的能力。除了依靠生物性的条件反射建立刺激物的联系之外，人类也能够通过抽象意义的建构来建立事物之间的联系，而语言在这个过程中起到了非常关键的作用。这种联系是非常高级的、复杂的、网状的，可以视作一种关系框架，其本身又非常容易受到情境的影响。

关系框架具备三个特征：首先是相互推衍，即人类会知晓两个刺激物之间的关系是双向作用的；其次是联合推衍，即刺激物之间的两两相互关系会因为其中某些刺激物处于交界重叠的位置而将与之相关的刺激物的关系全数关联起来；最后是刺激功能转换，即某些事件因为情境的不同，其功能会发生变化。总之，关系框架揭示了人类思维是如何看待世界、关联世界的。由于关系框架的存在，人类可以理解更为高级复杂的关系和事件的多重意义，并且由此进行类比、隐喻、建立规则等，使人类可以通过间接的形式来学习，乃至形成某些必须遵从的社会规范等。关系框架是智慧生物才具备的高级思维形态，对人类发展具有重要意义。

与此同时，由于关系框架的存在，人类在享受语言所提供的便利时，也深受语言所带来的痛苦。这主要体现在，首先，由于语言在人类行为中的优势地位，使得语言可以主导事件之间的关系，在此基础上，一些非理性的联系也会同时建立起来，使得一些原本中性的刺激物引发个体的悲伤、痛苦。其次，人类用语言概括刺激物的属性，使得语言所界定的特征替代了原本需要感官接触来获得的体验，从而让个体对焦虑、危险的判定产生泛化。最后，基于语言所构建的规则，人类可能会过度地、僵化地遵从，即使这些规则不再适应情境，个体也比较难以发觉并进行调整，从而引发行为等方面的问题。

2. 六边形的心理病理模型与治疗模型

接纳承诺疗法用六边形的形式来阐述造成人类痛苦的心理问题的过

程，同时也用一个相似的六边形来阐述解决心理问题的途径。六边形模型的每一个角都代表一个问题性过程，它们相互作用，最终导致一个核心问题。从治疗上看，也是对这六个过程进行改善，并进一步修正核心问题。

（1）心理僵化对心理灵活性

从病理模型的角度来看，人类心理痛苦的核心问题，也就是六边形的中心是心理僵化。这种僵化是由于人类遵从语言规则所带来的，人类过度依赖语言和概念来理解和看待世界，进而形成了僵化的思维和心智系统。那么，与之相对的是心理灵活性，这是个体有意识地充分体验此时此刻，从而可以在行动上做出改变来实现个人的价值和目的。提升心理灵活性这一心理技能是接纳承诺疗法的最终目标，也是接纳承诺疗法能够改善人类痛苦、避免心理病理的重要途径。接下来将介绍六边形模型所涉及的具体心理过程。

（2）经验性回避对接纳

心理病理六边形模型的其中一个角所代表的人类产生痛苦的心理过程是经验性回避，即个体有一种试图改变自身不愉快的想法、情绪、感受等心理属性的倾向，使得人们总是对负性刺激体验产生回避。比如，当众演讲带来的痛苦体验会使个体为了逃避这种体验，不在公众场合进行任何发言。经验性回避使得人们不再去体验事件或刺激本身的属性，这进一步强化了语言所构建的刺激物之间的非理性联结，使得回避性行为增加，同时也会由于回避而加大对负性体验的恐惧和焦虑。

与经验性回避相对应的治疗模型的心理过程被称为接纳，是指对个体所经历的事件和体验的一种积极的、非评判的容纳。不去刻意逃避痛苦的感受、冲动的情绪和行为，给予其存在的空间去体验与觉察。通过对接纳的提升，给人们提供了一条不同的应对负性刺激的途径，进而有效地减少经验性回避的可能性，也改变了人与内外部刺激、体验之间趋利避害的僵化关系。

（3）认知融合对去认知融合

心理病理六边形模型的第二个角所指代的心理过程是认知融合，是指人类由于关系框架的存在，其行为受限于思维内容本身，使得个体将思维、语言和事情本身混淆在一起。简单来说，就是将讲法和事件混为一谈，认为所思所想就是事实。比如，当一个人不自信的时候，他会觉得对自己的消极的评价是完全正确的，认为自己就是一个非常差劲的人，从而变得更加沮丧。在认知融合的驱使下，一些负性的想法、评价会被个体视作真实的存在，从而无法看到想法本身只是心理活动，最终被想法牵制。

接纳承诺疗法中改善认知融合的心理过程被称为去认知融合（cognitive defusion），具体来说，就是将自我从个体的思想、评价、记忆中分离出来，进而客观地观察思维活动，将想法仅仅视作想法，从而达到个体从负性的想法和评价中解脱。

（4）脱离当下对体验当下

在经验性回避和认知融合的作用下，个体很容易脱离当下。一方面，经验性回避使个体对当下体验的感知能力变弱。另一方面，认知融合让个体活在概念化的想法之中，失去了接触真实经验的机会。当个体脱离了与当下经验的连接，就会将注意力放在对过去的后悔和对未来的忧虑之中，进一步沉溺于心理痛苦无法自拔。

对此，接纳承诺疗法鼓励个体体验当下，回到对当下的感知之中，将注意力放在正在发生的事情上，而不是回忆过去或思虑未来。

（5）概念化自我对观察性自我

接纳承诺疗法的心理病理模型认为，过度依赖于语言、概念的思维模式会导致个体形成概念化自我，即个体用一些和自我相关的分类、解释、评价和期望等将自己限制起来（如"我是差劲的""我是自私的""我是不被别人喜欢的"），对自我的认识变得僵化，行为方面也变得缺乏灵活性。

在接纳承诺疗法的治疗模型中，与概念化自我相对的是观察性自我。

具体来说，就是将自我当作觉察的背景，将自我视作心理事件的载体。通过这样的视角，个体不再将自我限制在固定的概念化描述中，并更愿意以接纳的态度和当下产生联结，也能够帮助个体更好地消除认知融合。

（6）价值观不清对澄清价值观

接纳承诺疗法的心理病理模型认为，心理痛苦的个体本身存在缺乏清晰的价值观的问题。由于个体不能够充分地体验当下的生活、认识真实的自我，则无法知晓自己向往的生活方式，也不清楚自己想要成为什么样的人，随时容易被外界评价影响自身的观念，没有稳固、清晰的价值观。

为了改善这一问题，接纳承诺疗法的一个重要的治疗过程就是帮助个体澄清价值观，使个体认清自我，可以选择自己喜欢的生活方式与状态，能够基于自身的价值观来行动，而不是纯粹因趋利避害而行动。

（7）无效行动对承诺行动

六边形心理病理模型最后一个角所代表的是个体行动上的无效。由于此前提出的种种问题性的心理过程，个体无法基于自身的价值观来产生有效的行动，其行动要么是回避的，要么是冲动性的。这些无效的行动可能在短期内可以帮助个体回避痛苦、降低负性反应，但是从长远看会积累问题行为，损害生活质量。

而六边形治疗模型的最后一角则是与之对应的承诺行动。接纳承诺疗法帮助个体去选择更具建设性、治疗性的行为模式，帮助个体真正基于价值观做出有效的行为改变。

总之，接纳承诺疗法是以改善心理僵化、提升心理灵活性为目的的一套心理干预方案，其干预的心理过程包括接纳、去认知融合、体验当下、观察性自我、澄清价值观以及承诺行动六个方面。这个六边形通常会作为一个整体来发挥作用，并且存在相互重叠和相互促进的关系。

3. 接纳承诺疗法中的正念

海斯提出，接纳承诺疗法的六个治疗关键心理过程又可以分为两组，其中一组被称为接纳与正念技术，包含接纳、去认知融合、体验当下、观察性自我这四个过程；另一组则被称为承诺与行为改变技术，包含体验当下、观察性自我、澄清价值观和承诺行动四个过程。接纳承诺疗法的命名，正是将这两组技术的核心结合在一起，形成一个有机的整体。

值得注意的是，在接纳承诺疗法的治疗过程中，具体的心理过程的改善步骤并不是遵从某个固定的顺序，而是根据来访者的实际情况来选择或调整。另外，体验当下是贯穿于全程的，它也是正念的一种直接性的体现。此外，接纳、去认知融合、观察性自我这三个过程和传统的基于正念的心理干预也相当一致。然而，接纳承诺疗法并不强调采用有规律的冥想的方式来培养正念水平（鼓励冥想但不是必选项），而是建议来访者在实际生活中面对情境时运用体验当下等正念技术。这是接纳承诺疗法和其他基于正念的干预（如正念减压和正念认知疗法）在干预形式上的最大差别。此外，接纳承诺疗法善于利用语言、大量使用类比的方式来帮助来访者更好地理解心理问题的本质，创新性地帮助来访者摆脱固有的思维困境。

二、辩证行为疗法

辩证行为疗法（Dialectical Behavior Therapy，DBT）是另一项与正念相关且具有较大影响力的干预方法。辩证行为疗法由美国华盛顿州立大学玛莎·莱恩汉（Martha Linehan）于20世纪90年代创立，最初用于对边缘型人格障碍的治疗，以弥补传统的认知行为治疗在这一类人格障碍方面的局限（Linehan，1993）。此后更多的研究发现，辩证行为疗法针对进食障碍、物质滥用、其他人格障碍以及创伤后应激障碍等众多精神障碍都具有一定的效果。

1. 辩证行为疗法的理念及治疗原理

辩证行为疗法认同传统认知行为治疗中思维、情绪、行为之间的关系，进一步采纳了辩证的世界观，以生物社会理论和辩证法为基础，并且借鉴了东方禅宗思想，强调个体通过在"改变"和"接受"之间寻找平衡来改善自己的情绪和行为。

生物社会理论将人格障碍的产生视作个人因为不认可环境而导致的生物学倾向的情绪化。在莱恩汉看来，以边缘型人格障碍为代表的一类心理障碍患者存在系统性的功能失调，其核心问题在于情绪调节困难。这种功能失调是患者先天在情绪方面的脆弱性和后天表现的情绪调节困难共同作用的后果。此外，系统性的功能失调是患者与环境的相互作用过程中产生的一种无效、不良的应对负性情绪的方式。失调所引发的激烈的负性情绪又会进一步恶化不良应对，而不良应对也会导致更多的、剧烈的负性情绪，陷入恶性循环。而辩证行为疗法则帮助患者认识并接受自身的先天特点和应对模式，提高患者参与治疗以及产生改变的内在动机，并通过一系列技能训练来帮助患者从情绪失调和行为紊乱中找寻相对稳定和平衡的状态、促进积极改变，建立更好的人际关系和更完善的生存环境，逐步恢复社会功能。

2. 辩证行为疗法的治疗模式

辩证行为治疗涉及多个治疗模式，各个模式都需要充分顾及才能保证在一个有效的设置前提下治疗师帮助患者产生长足的治疗效果。

（1）个体治疗。个体咨询或治疗是辩证行为治疗的核心，和其他普通的个体咨询或治疗设置类似，治疗师每周和患者会谈一次（治疗初期或危机干预时期可以增加到每周两次），持续时间约一个小时。通过一对一会谈，治疗师与患者在一个信任的环境中建立良好的治疗关系，治疗师应用链形分析，帮助患者识别和改良适应不良的行为和思维方式。

（2）技能训练。包括个人技能训练和团体技能训练。通常先进行个人技能训练，等到掌握相应技能之后，再采用团体的形式进行训练。训练内容包括正念技能、情绪调节技能、痛苦忍受技能和人际效能技能。其中，正念技能教授患者正念的概念和练习方式，帮助患者不评判地描述觉察的事物，将注意力聚焦于当下，提升对自身的接纳和认识程度。情绪调节技能帮助患者识别和观察自身感受和情绪，采用非对抗性的方式调节情绪，采用合适的方式表达情绪，增加正性情绪，减少情感脆弱性。痛苦忍受技能采用诸如转移注意力、放松、积极自我安抚、辩证看待问题的方式应对当前困境，缓和痛苦情绪和消极影响。人际效能技能则帮助患者传授诸如倾听、表达、协商等人际交往的能力，以维护患者基本的社会关系、尊重他人，提升自信。

（3）电话咨询。与传统的个体咨询不同，辩证行为治疗师允许患者在治疗期间同治疗师进行电话沟通。因为治疗对象往往在情绪调节方面存在困难，容易出现危机情境，因此患者可以在出现危机时与治疗师通话，以帮助其应对问题、平复情绪。但是，电话咨询有严格的时长和频率的限制，患者不能够无休止地联络治疗师而干扰治疗师的工作和生活。

（4）集体治疗团队。这个模式类似于朋辈督导的设置，由于患者的问题相对极端且具有挑战性，治疗师之间也往往需要相互帮助。因此，辩证行为治疗会组建集体治疗的团队来进行互助，形成一个每周一次的会诊团来分析案例、相互指导、相互鼓励支持，从而舒缓治疗师本身的压力，保证治疗的持续进行。

3. 辩证行为疗法的治疗阶段

作为一种相对结构化的治疗流派，辩证行为疗法有其特定的治疗阶段。大体来说，分为五个阶段。

（1）治疗前的承诺与认同阶段。在这一阶段，治疗师与患者建立良好的治疗与协作关系，治疗师的能力与人格得到了患者的初步认可，治疗师要求患者承诺承担完成治疗所需要的义务。

（2）基本能力获取阶段。在此阶段，治疗师帮助患者减少创伤和负性情绪体验，控制和稳定患者的极端行为（如自杀、自伤、妨碍干扰治疗等），回归合理生活状态。

（3）创伤后应激缓解阶段。这一阶段，治疗师通过诸如暴露等方式，减少某些创伤性事件对患者的影响，教授患者运用辩证的方式合理化自身的情绪反应，接受创伤事实，减少耻辱感，增强自我认同。

（4）解决问题及提高自尊阶段。在这一阶段，治疗师帮助患者解决生活中其他尚未被患者接受的问题，提升患者的自我效能感、自尊，增强患者接受一定程度的社会批评的能力。

（5）获得持续愉悦能力的阶段。在此阶段，治疗师指导患者进一步处理和克服自我的不完整感，提高生活质量，并获取持续保持积极情绪的能力。

4. 辩证行为疗法的治疗策略

辩证行为疗法相较于其他的治疗方法，有其独特的治疗策略，这些策略颇具辩证思维，能够帮助患者跳脱原有的思维模式，获得新的洞察，对于极端心理症状和行为往往有较好的效果。

（1）辩证法策略。指强调相互对立的某一面反而有助于另一面的发展变化。辩证法策略包含一系列的小策略，如治疗师通常会将患者带入矛盾状态，迫使患者找出问题所在，从而推动治疗，这种策略被称为自相矛盾。治疗师会借用比喻的方式去讨论某些对患者而言敏感的话题，这种策略被称为隐喻。治疗师故意夸大负性后果的严重程度，这种策略被称为扩展。治疗师有时会提出极端的观点，与患者进行辩论，这种策略被称为魔王辩护者。治疗师帮助患者从痛苦的经历中发现有益的东西或意义，这种策略被称为从柠檬中提取柠檬汁。治疗师让患者认识到人生的某些变化是自然的过程，这种策略被称为允许自然变化。治疗师帮助患者发现自己好的一面，将患者理性和感性思维整合，这种策略被称为引发灵智思维。

（2）合理认同化策略。这一策略和传统的认知行为治疗存在很大区别，不再刻意强调自身情绪、认知和行为的非理性特征，而是将其合理化，让患者能够观察和识别自身的情绪、认知和行为，并理解其存在的意义。合理认同化策略分为情绪合理化认同策略、行为合理化认同策略和认知合理化认同策略。

（3）交流风格策略。辩证行为治疗师和患者的沟通会依据情境不同而采用不同的交流风格。在与患者进行关系建立时，为了得到患者的信任并给予其支持，治疗师往往采用热情、真诚、鼓励、自我袒露这种互动式沟通。而当对患者治疗出现困境，患者出现停滞时，治疗师也会采用强硬式的沟通。这两种交流风格需要灵活平衡地运用，才能最大限度地推动治疗进程。

辩证行为疗法由传统的认知行为治疗发展而来，秉承了传统认知行为治疗的高度结构化特征，尤其是相对固定的工作设置及模式。与此同时，辩证行为疗法吸收了东方禅宗哲学和辩证法的思想，强调在接纳的基础上改变，接纳可以推动个体发生改变，而改变也能促进个体的接纳。这对于治疗边缘型人格障碍、自杀自伤等极端情绪反应和自我认识破碎的患者有着优于其他疗法的作用。而正念元素在辩证行为疗法的提升自我接纳、聚焦当下、觉察容忍和调节情绪等方面发挥着重要的作用。

第三章

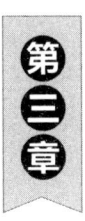

正念的心理机制

  正念为什么会产生作用？这是正念研究者非常关注的研究议题之一。知悉正念的作用机制，可以锚定正念产生效果的关键元素与过程，从而优化正念干预方案，提升正念干预效果，也有助于对处于不同身心状况的人群有针对性地实施特异性的正念干预。摆脱了佛教的哲学框架后，学者们试图用心理学的语言来阐述正念的机制。结合理论探索和实证研究，这些年来，关于正念心理机制的认识有了初步的进展。

  由于针对正念机制介绍存在较多学术语言，对于非心理学背景的读者来说可能在理解上存在挑战。但是作为介绍正念的专业书籍，本书仍然试图帮助读者理解正念产生作用的途径。为了尽可能帮助理解，在介绍本章的正式内容之前，不妨假想有一个叫"小念"的20多岁的年轻人，他从小生活在一个缺乏关爱的家庭，在成长的过程中经历了不少挫折、打击，现在的他受到抑郁和焦虑情绪的困扰。因此，小念参加了一个正念课程，并开始进行系统规律的正念练习。在本章接下来的机制阐述中，笔者会结合小念这个案例，来更清晰直观地阐述正念发挥作用的心理原因。

第一节 正念的理论模型

部分学者为了阐述正念如何发挥作用,发展出了较为完整的正念相关理论模型,这些模型是解释正念机制的重要组成部分。

一、正念的结构性模型

有相当一部分正念相关的理论模型涉及对正念的组成、结构、元素进行分析与解读。例如,正念的注意觉察单维模型、正念的三因素模型、正念的监控与接纳理论、正念的五维模型等。这些模型主要旨在分析正念的关键性成分,如注意觉察、接纳的态度等。当然,在分析正念构成成分的同时,也解释了各个成分所产生的具体作用。因此,可以认为这些正念的结构性模型代表了学者对正念机制的重要探索。有关这一部分的内容在第一章"正念是什么"的相关章节已经进行了详述,在此不再赘述。

二、正念应对模型

正念应对模型是由来自北卡罗来纳大学教堂山分校的学者于2009年以压力评估与应对作为基本框架所提出的正念的过程性机制模型(Garland et al., 2009)。根据前人经典压力相关理论,压力评估是压力应对的核心,对刺激的初级评估和次级评估决定了个体面对压力环境的躯体和心理反应,而且这一评估过程会根据压力与环境相关信息的改变而发生动态变化,导致压力重评的反复出现。针对小念的情形,他在遇到一些压力事件的时候（如考试），会在身体上感到紧张。这种紧张会促使他进一步在心理上产生焦虑的感受，而这种焦虑情绪又会反过来加重身体的紧张感。所以在初级和次级评估的循环往复下，小念越发觉得考试是天大的困难，对自己没有信心。可想而知，小念考试的成绩表现也不容乐观。

正念作为一种元认知水平的能力，通过对刺激的去中心化（将自我与经验分离）和再感知（在第二节会详细介绍），促使个体对压力刺激产生积极的重新评价。因此，根据正念应对模型（见图3-1），当对事件或刺激评估为超出自身能力的威胁、伤害或丧失时，个体可以通过将压力评估转换为正念模式来产生更为适宜的回应。小念通过正念练习，在进行次级评估而引发出面临考试的焦虑情绪时，他很快觉察到了自己的压力反应的存在，并迅速采用正念的方式"介入"，阻止了初级评价和次级评价之间的恶性循环。在这种正念模式中，个体会关注意识的动态过程本身而不是意识的内容，进而增加了注意的灵活性并扩展了意识范围。因此，小念不再把注意力放在自己担忧的内容上，而是觉察自己整体的情绪状态和内心活动。由于不再深陷担忧的泥潭，小念的思绪可以抽出更多的空间去关注其他的信息。

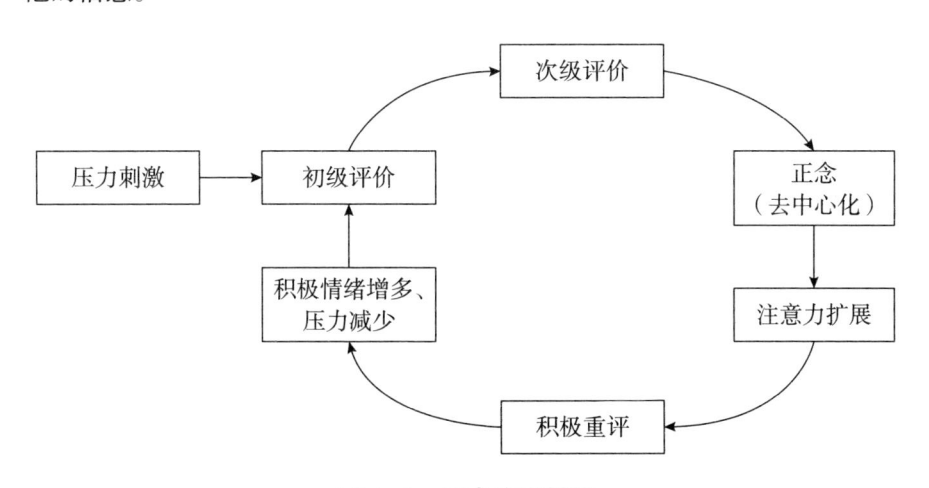

图 3-1　正念应对模型

意识范围一旦扩大，人们就可以有多余的认知资源来赋予事件新的含义，进而以一种积极的方式重新评估压力刺激。这种新的归因过程既可能通过有意识的反思过程实现，也有可能基于自发的洞察力以更自动化的过程完成。在小念的注意力不再陷入对考试的担忧之后，他很自然地意识到参加考试的积极意义（如考试可以促进自己对知识的梳理与巩固，考试也是了解自己知识体系是否健全，甚至是证明自己的机会），那么原来对考试的负性想法（如"我肯定考不好，一定会失败"）对他的影响就会减少。另外，对事件的积极重评会产生积极效价的情绪，如同情心、信任感、自信心、平静感，这些情绪可以缓解压力的负性刺激，也能够影响对压力的初级评价和次级评价。小念通过正念练习之后，产生了积极重评，能够相对专心地投入知识的复习当中。在复习期间，他对知识点越发熟悉，从而增加了自信心，内心更加平静，甚至隐隐之中有种跃跃欲试地自我挑战的欲望。终于，小念对考试不再害怕，考试也不会引起他内心过分的焦虑和压力。

三、上升螺旋模型

结合正念应对模型和积极情绪扩展和建设理论，研究者提出了一个动态式地解释正念如何产生积极转化的理论——上升螺旋模型（Garland et al., 2010），该模型属于解释积极情绪和消极情绪作用机制的分支理论。研究者认为，一些心理病理症状（如抑郁、焦虑、精神分裂症）本身存在对消极刺激敏感化的认知特点以及快感缺失、意志缺乏等行为动机缺陷，导致其引发螺旋式下降的过程。即注意范围的窄化引起压力评估的夸大，引发更多的消极情绪和压力知觉，使得个体对于威胁刺激更为敏感，进而进一步占用了有限的注意资源，产生恶性的下降螺旋，从而让症状更加严重。例如，当小念参加完面试，收到未被录用的通知时，他瞬间感觉天都要塌了，脑子里想的全都是面试失败的事情，这种注意范围的窄化让小念越发觉得面试失败是一件特别糟糕的事，进一步使得他的注意资源更加受限。小念在这种恶性螺旋中产生了强烈的抑郁情绪。

研究者认为，积极情绪可以从某种程度上抵消下降螺旋的影响，他们将其称为积极情绪的上升螺旋作用（见图3-2），而正念状态则是个体产生上升螺旋的关键因素。基于扩展和建设理论的视角，正念状态是帮助个体扩展认知的有效形式。通过培养正念状态的练习，个体可以扩展注意力范围，增强注意力过程，生成灵活的思维模式，增进积极重评，进而引发积极情绪。例如，小念通过正念练习，激发出正念状态以后，他的注意点不再完全沉溺在面试失败这件事上面，这样一来小念的思维变得更加灵活了，他可以找寻一些面试经历的积极意义（如面试的经历可以帮助他更加了解这一过程，从而为之后的面试积攒经验），甚至产生了一些积极情绪（如小念回想起面试过程中的一些有意思的见闻和趣事），沮丧的心情有所缓解。而积极情绪的产生则会缓解压力感知，进一步促进积极的压力重评，推动正念状态的进一步作用，形成了上升螺旋。小念通过不断的正念练习，面试失败的结果对他的影响日渐减少，他的积极感受逐渐增多，这又进一步促进他的注意更加开放，思维更加灵活，状态更为正念。

在这种日常经验的正念状态和积极情绪的积累过程中，长此以往，个体能够形成高水平的特质正念和积极心理品质。从这个意义上讲，正念状态可能是上升螺旋中一个内在和核心要素，它有助于个体进入元认知状态，削弱与事件相关的语义评估，产生积极重评，将压力事件重新解释为良性、有价值或有益的，促成个体产生一种与改善心理和身体健康状况相适应的应对策略。例如，系统的正念练习在帮助小念激发正念状态的同时，逐渐提升了他整体的特质正念水平，他的情绪和思维更为积极，在应对困难时更加得心应手，身心状态也调整到了最佳水平。

总体来说，基于正念和积极情绪产生的上升螺旋可以有效减弱下降螺旋的消极影响，帮助个体摆脱适应不良的应对模式、扭曲的认知和习得性无助的状态，甚至打破原有的下降螺旋的心理模式，形成持久的、自我成长的良性循环。

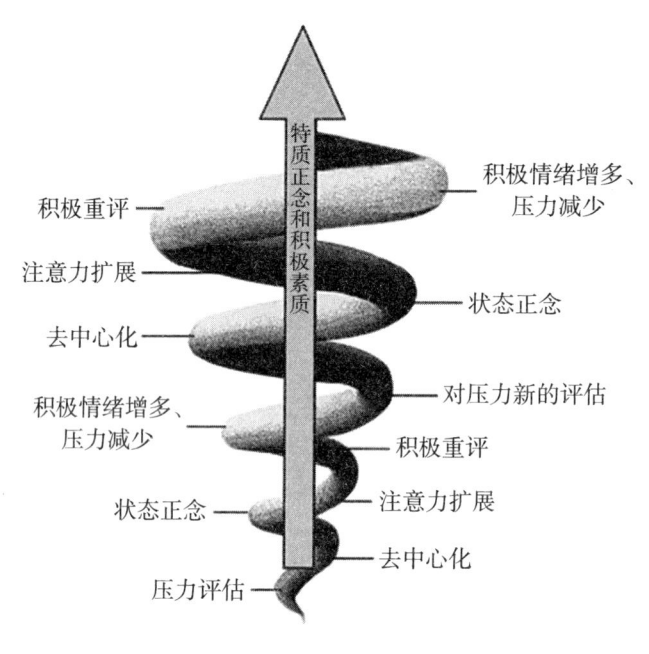

图 3-2 上升螺旋模型

四、正念意义理论

正念意义理论是基于正念应对模型和上升螺旋模型而发展出的一个从意义重建的角度阐述正念的"过程性机制"的模型，这些模型都是试图说明正念如何通过促进积极重评来改善压力应对，从而提升顺应性的适应以及对自我和世界观的重构（Garland et al., 2015）。而正念意义理论则在之前的理论基础上进行了扩展，不仅阐述正念促进压力应对的能力，而且跨越性地提出了正念与生命终极意义联结的机制——重评与品味。该理论包含两个基本假设：第一，正念通过重评来促进意义的产生（正念重评假设）。

此前的例子中多次提及小念对压力和消极事件的看法通过正念练习发生了一些积极的转变，这些对消极事件看法的积极转变，也就是积极重评，可以帮助小念在面临多数不愉快的事情时建构事件对自己的积极意义，从而感受到自己的成长和生命的价值。第二，正念通过品味来促进意义的产生（正念品味假设）。所谓品味，是指注意到愉悦的事物或者事物的美好方面，并保持和延长这种感受。研究者强调，正念并不等同于品味，亦不能和重评画等号，但是正念的练习能够促进个体产生更多的认知重评和品味。这其中的一个重要途径就是正念作为一种元认知觉察，能够扩展个体的意识范围，从而留意到此前未觉察的情境数据，进而帮助个体进行意义建构。此前提及小念注意到面试过程中的趣事就是正念品味的一个小例子。正念练习可以帮助小念即使在面临困难和压力的情形下仍然可以"苦中作乐"，关注到生活中的美好之处，这对于小念成功应对困难发挥着看似细微实则不可忽视的作用。

正念意义理论的提出者更为具体地解释了正念的具体作用。

首先，正念可以促进工作记忆中认知结构的重构。具体来说，正念会分解工作记忆中原有的信息结构及其形成的认知图式，重新组建工作记忆中的信息组合模式，以实现功能适应和目标达成，将消极的评估转化为积极的重评。通过图3-3可以看到，在评估之前，生活事件中既存在积极的信息，也存在消极的信息，而焦虑烦躁性的注意和评估模式则由于注意范围的窄化和负性的注意偏向，使得个体只关注消极事件，形成负性的语义网络，产生对自我和世界的否定。而正念可以通过去中心化和注意扩展来打散固有的语义网络，使个体注意到生活事件中更多的积极信息，催生出对积极信息的关注和积极重评，从而形成新的叙事模式。在这种新模式中，不仅仅包含了负性的信息，也纳入了更多此前被忽视的积极信息。随着新的信息节点之间的联系加强，新的语义网络连接则有可能整合到长期的自传记忆中，进而增强个体的幸福感。

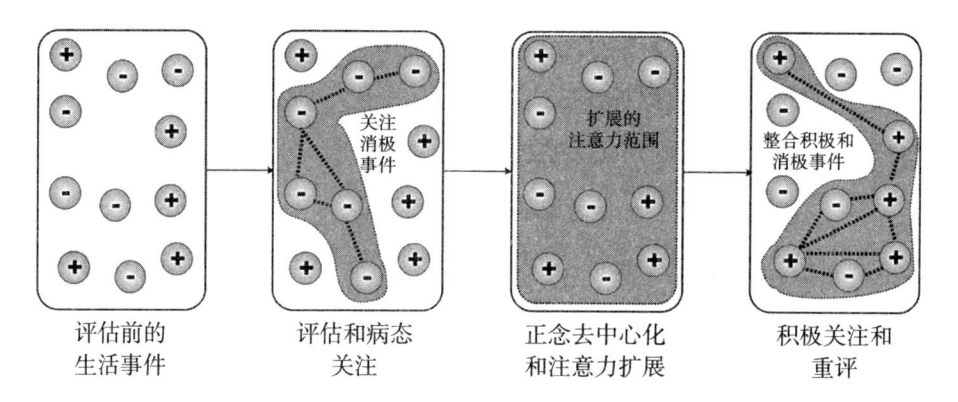

图 3-3　正念的设定转换功能重构工作记忆中的认知结构

（图示从左至右：评估前的生活事件；评估和病态关注；正念去中心化和注意力扩展；积极关注和重评）

其次，注意和接纳是正念促进品味的机制。正念中的注意监控成分可以帮助个体调节情绪，而接纳的态度成分则有助于个体从初始信息刺激中产生积极的情感反应，从而提升品味的质量，放大积极情感体验。

最后，正念是促进情绪调节灵活性的通用资源。正念的练习可以促进个体重构现象学经验、提高注意力分配的灵活性，使个体的目标和行为保持一致。正念也可以提升个体有益的认知情绪调节策略。正念是通过自上而下的作用机制来使得个体调整自身的认知与行为模式，并从中受益。

另外，在谈及意义的时候，研究者毫不避讳地提出了灵性的目标，如看待事物的空性、自我的无常性。研究者提出，正念有助于个体实现自我的觉醒。该部分内容涉及对终极意义的宗教性的探索，心理学家试图通过心理学或认知科学的语言来解释灵性的内容，让其成为可知的部分。

值得指出的是，正念意义理论的提出者对其适用条件进行了严谨的说明。该理论在解释正念干预一些负性体验较多的心理障碍（如物质使用障碍）时，得到了较好的验证。因此，正念意义理论更多的是用于解释正念如何在压力性的生活环境中促进积极的情绪调节。另外，该理论只在正念觉察能力可以得到稳定保持的前提下才能适用。

五、正念情绪调节模型

正念情绪调节模型从情绪调节的视角解释了正念的作用机制,尤其是在具体的情绪调节过程和策略方面,对正念和主流心理学所涉及的情绪调节之间的区别进行了详述(Chambers et al., 2009)。

情绪调节是调节个体的情绪体验或情绪反应的过程,既涉及主观体验,也包括相应的行为反应以及生理和认知的内外变化。不良的情绪调节会引起许多不利的生理和心理后果。情绪调节如果出现缺陷,很有可能引发相应的心理失调乃至精神病性症状。因此,在以认知行为治疗、辩证行为治疗等为代表的心理治疗过程中,情绪调节策略和能力的训练是治疗的重要内容。

常见的具有代表性的情绪调节策略是认知重评和表达抑制。认知重评是以积极的方式重新解释情绪刺激以改变情绪的作用,是一种相对有效的改善负性情绪的调节策略。此前介绍的理论和小念的案例当中对认知重评也有了一些阐述。研究者认为,认知重评发生于情绪反应倾向被完全激活之前,因此可以改变随后的情绪发展轨迹,并且不会有明显的生理上的影响,而且还会增强个体的意义感。表达抑制是指在情绪激动时有意识地抑制情绪表达的过程,表达抑制策略发生于情绪过程的后端,此时情绪已经在很大程度上被激活。比如,小念在一次聚会当中感觉被朋友忽视甚至被冒犯以后,产生了很低落的情绪,但是他并没有在脸上和行为上表现出来,而是克制住这种情绪,继续看似如常地留在聚会场所。表达抑制从某种程度上能够促进顺畅的社交互动(小念的克制避免了聚会中的尴尬),但是更多的研究却发现其可能会产生适应不良,甚至还可能会对免疫和心血管系统造成负面影响。许多证据表明,表达抑制和抑郁症的发病率存在正向的关联。

尽管正念情绪调节和传统意义上的情绪调节策略存在联系，但是仍然有本质上的区别。例如，研究发现，正念可以改善情绪调节策略，使个体更多地采用适应性的调节策略，但是这并不意味着正念等同于主流心理学所提倡的积极情绪调节策略。以认知重评为例，研究发现，正念和认知重评存在紧密的关联，但是正念从根本上不同于认知重评。比如，认知重评的目的是改善情绪，因此这一策略会产生经验回避，以消除沮丧的负性情绪，但是这种避免不愉快的经验回避最终会对个体的心理机能造成损害。而正念干预则教导个体不回避经验，鼓励个体去接受任何的积极和消极的情绪体验。所以，通过正念练习，小念不仅仅是把消极事情往积极的方向思考和评价这么简单，而是同时承认消极情绪的合理性，不去否认和回避难过的感觉。

相较于以往的情绪调节策略，正念情绪调节改变了个体对情绪本质的认识和对情绪的态度。在传统的情绪调节策略中，对情绪的评价、反应是一个重要的部分。而正念则认为所有的心理现象（包括认知、情感等）都只是心理事件，因此不需要采取实质性的行动，而是简单地允许这些心理事件来来去去。在这一基础上，个体可以有意识地选择执行那些对个体切实有益的想法和行为，而不去认同无用的想法与行为。先前案例中，小念产生的诸如"我考不好""我会失败"的思维和面对考试与面试产生的焦虑、抑郁情绪，都是小念的心理事件，事实上在正念练习中，小念对这些内心活动的唯一操作是持续而不断地觉察，仅仅是觉察这一个心理动作就能够指引小念在未来的行动中做出理性、建设性的选择。

正念和传统情绪调节理念的另一个区别是，在诸如认知行为治疗中有一个基本假设，即想法先于情绪产生，而且想法和情绪之间似乎存在意义上的分离。在治疗过程中，对想法的工作通常优先于对情绪的直接工作。然而，没有文献能够强有力地支持想法先于情绪的观点，而且神经生理学研究也发现，大脑的情绪中枢也牵涉到认知加工的方方面面。与认知行为治疗不同的是，正念没有将想法看作超越情绪的存在，而是平等地将其与情绪共同视作内心活动的成分。

此外，正念和传统情绪调节理念的又一个主要区别在于，正念并不强调概念上的理解，而是更多地鼓励直接体验。认知心理学中经常涉及对输入刺激评估的概念，这种评估是自动产生的，并且产生出愉悦的、不悦的或中性的判断，由此产生了积极的、消极的和中性的情绪。而正念则将对刺激的评估过程和由此产生的好恶判断和对应情绪视为一种干扰（即使情绪是积极的）。这种干扰性质的情绪会影响个体此刻觉察的能力，因此正念情绪调节强调情绪在发生时不投入其中。这主要包括两种方式：一种是有意识地观察内心的心理活动（想法、感受等），并留意产生评判的趋势，有意识地不参与这些过程；另一种是直接关注意识本身，觉察意识范围内出现的任何景象，放下对所有内心活动的标签和评判。后者比前者对经验的觉察更为直观和彻底。正念情绪调节的理论认为，当个体从经验上认识到感知觉发生在意识范围内，而无论其效价或强度如何都不会改变或损害该意识时，自然会在任何情况下变得越来越舒适。同样，由于所有感官现象都无须评估就可以体验，因此自然会产生一种满足感，因为个体不再被迫对刺激做出任何反应。所以，基于正念情绪调节模型，小念并不需要经历此前介绍正念理论中涉及的一系列诸如积极重评、注意扩展等认知情绪有关过程而产生变化，而是通过深入而不回避地觉察所有的内心活动（想法、情绪）的本质属性以及对自己的内心状态同时保持高度觉察，这一看似简单但是不容易的动作就能直接带来情绪调节方式和能力的显著改善。

与之前的模型不同，正念情绪调节模型更多地借鉴了佛学对心理现象的解释，并且对某些心理活动的以往固有认识进行了解构，提出了一种新的人与内心活动的关系以及二者相互接触的途径。这使得正念对情绪的调节机制与传统的情绪调节策略产生了本质上的差异。

六、执行控制与情绪调节模型

虽然正念情绪调节模型将正念的机制跳脱出了传统情绪调节的范畴，但是并不代表其他理论都秉持这样的观点。多伦多大学的学者提出的正念的执行控制与情绪调节模型，虽然也是涉及正念改善情绪调节的模型，但仍然是在认知心理学的框架下对正念的机制进行的阐述。

与上一模型的观点相反，该模型认为，情绪作为进化的产物，是具有适应性功能的，情绪包含的信息赋予了个体生存优势。心智健全的个体在面临情绪产生时，会及时关注情绪所传递的信息，采取有效的应对方式，从而产生高效的情绪调节。而从意识中抽取有效的信息、抑制干扰信息进行处理，恰恰就是执行控制的重要功能。执行控制不仅对情绪调节影响重大，在人们生活的诸多领域，如学业表现、健康饮食方面都起着至关重要的作用。

正念则可以促进个体的执行控制能力。一方面，正念中对此刻的注意觉察可以帮助个体更好地提炼对激发控制执行的关键感官线索的注意力，进而提升个体的冲突监控能力。另一方面，正念中的接纳可以使得个体对情感线索保持不评判的开放态度。据此，学者提出了正念的执行控制和情绪调节模型。

这一模型（见图3-4）认为，正念可以改善个体的执行控制能力，因为正念可以培养个体对此刻的觉察力，这是一种对情绪状态细微变化的关注能力，也包括对躯体感觉和唤醒水平的阶段性变化的关注。另外，正念还可以培养接纳能力，这是一种对感知觉和经验的不评判的开放态度。觉察和接纳这两种能力可以相互迭代地工作。具体而言，觉察可以通过高效地检测那些后来被接纳的情绪线索来促进接纳能力，而这种开放的心态的培养允许个体监测到更多的线索，从而促进觉察能力。因此，正念可以通过强化个体对瞬时情绪的注意和体验来提升执行控制能力。例如，小念面临愤怒情绪的困扰，如果他通过正念练习提升了自己的觉察能力，就可以在愤怒情绪刚刚产生时捕捉到相应的线索（如心跳加快），从而尽早地进行调节，这就提供了充足的机会让他可以尽快地、高效地利用心理资源进行调节和应对。当愤怒情绪得到顺利调节或缓解，小念就会对情绪的产生更加接纳，这又可以进一步让小念对情绪体验更加开放和敏锐，进而更加觉察。这种对注意的有效操纵就是执行控制能力强的体现。因此，正念可以通过改善个体的执行控制来增强情绪调节能力。此外，这一模型还认为，执行控制也有可能是正念产生其他积极效果的中介因素。

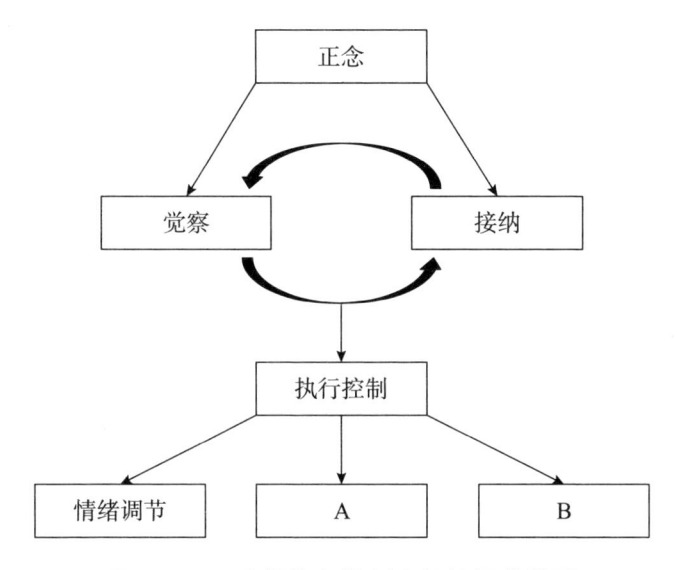

图 3-4 正念的执行控制和情绪调节模型

第二节 正念的其他心理机制

除了以往提出的正念的结构模型和正念产生作用的过程模型之外，还有众多学者从某一些关键概念入手，并结合研究证据，对正念的机制提出了各种不同的见解。

一、正念能力的提升

正念练习为什么能够给小念带来身心益处？因为正念练习提升了小念的正念水平。正念是通过正念能力的提升来产生作用的，这句话听起来似乎令人费解，有多此一举的感觉。然而，从研究的角度来说，这是一个非常值得探讨的基本问题。因为正念干预从外在形式来看只是一个练习方式，那么这种练习，虽然教授的是正念，但到底能不能真正提升个体的正念能力，并且这种正念能力的提升是否能够产生干预带来的收益呢？这是需要进行研究验证的。因为存在其他解释结果的可能性。例如，正念干预也许没有提升小念的正念能力，而是通过其他的途径（如正念练习给小念带来了放松的感觉，或是正念团体给了小念很多心理支持）来使得他受益。

所幸的是，大多数研究都发现，正念干预能够显著提升参与者的正念能力。而这种正念能力又能够显著预测干预带来的诸多身心状况的改善。因此，正念能力的提升确实是正念（更精确地说，应该是正念干预）产生效果的机制。那么，结合此前章节提到的正念的结构模型，就可以更为清晰和细致地阐述正念干预如何通过正念能力的提升来产生作用了。比如，有学者提出，正念可以通过注意觉察能力的提升和接纳态度的增强来改善心理状态。这就提示了我们在实施或者开发基于正念干预的方案时，关键点在于如何让参与者理解正念，并通过练习等方式提升正念能力。这对干预方案的科学性、有效性、合理性以及对各类不同人群的适用性提出了要求。

二、重复性消极思维的减少

重复性消极思维是一种关于消极经历的重复思维模式，个体很难摆脱这种思维，它总是带有一定的侵入性。重复性消极思维的两种常见表现形式是担忧和反刍，二者通常彼此高度相关，并且与多种精神病理症状存在关联。尤其是反刍，被认为是抑郁症患者的典型思维特征。而担忧不仅是焦虑症患者的思维特点，也是患者的直观临床表现。担忧和反刍之间的唯一区别可能在于时间指向的差异，担忧更多地与未来相关，涉及还未发生的事情（如小念担忧未来考试的结果），而反刍更多地与过去相关，通常涉及以往的消极体验以及自己当时的尴尬行为及后果（如小念反刍之前面试失败的经历）。

重复性消极思维既是正念带来的最明显且最直接的认知模式的改变，也是正念认知疗法中重点针对的缺陷性思维模式。此前章节中提到的个体由行动模式转化为存在模式的一个重要指标就是重复性消极思维的减少。当个体处于行动模式时，通过趋利避害和目标导向的原则来行事，在这种"运算"中，大量的关于过往消极经历和未来消极预期在脑海中涌现，成为驱使个体行动的动力。因此，行动模式下的个体更易产生重复性消极思维。而经过正念的练习，个体在重复性消极思维涌现时能够有意识地及时觉察，并对此保持开放和接纳，不投入其中。正念练习所带来的存在模式，个体不畏过去（反刍）、不念将来（担忧），处于此刻觉察的状态，自然而然表现出更少的重复性消极思维。而众多的研究也支持了这一机制过程的假设，实证证据发现，正念干预可以有效减少担忧和反刍，从而帮助个体缓解一些消极的心理指标，如抑郁、自杀观念等。这也提示在正念干预的过程中，当参与者是临床个体，或者是被焦虑或抑郁的情绪所困扰的个体时，在教授正念练习技能的同时，如果能够以心理教育的形式让其了解自身的担忧、反刍思维特点及与负性情绪的联系，就可以让参与者更加清晰地知悉正念是如何能够调整其思维模式的。这方面的工作对提升正念干预的效率效果存在潜在收益。

三、自我关怀的提升

自我关怀（有时也称自我仁慈、自我慈悲、自我怜悯）是指向自我的一种同情、仁慈和怜悯。自我关怀在概念提出之初代表的是一种用于应对自身不足、经历失败或痛苦的心理能力。学者通常认为，自我关怀包含自我友善、普遍的人性观和正念三个部分。其中，自我友善是指对自己面临痛苦和自身缺点时持有的一种温和的态度，而不是自我批判或者回避和忽视。普遍的人性观是指个体认识到自己的苦难和失败并不是自己独有的，而是人类的共同经验的一部分。正念则是指对当下的觉察，和其他学者提出的正念概念非常接近。

虽然自我关怀包含了正念的概念，但是由于提出这两者概念的历史背景和视角不同，而且由于正念本身也有更为广义的范畴，因此学界通常不会简单认为正念是自我关怀的一部分，而是将二者看作相互联系、存在部分重合的概念。巧合的是，在正念减压的干预方案中，存在特殊的慈心冥想的成分，着重用于培养个体的关怀能力。此外，还有专门结合了自我关怀与正念的干预，将自我关怀的比重提升到很高的程度（因为慈心冥想在正念减压中只有止语正念日进行练习）。

部分研究发现，自我关怀是正念干预产生作用的机制，而且自我关怀在正念能力和幸福感之间也起到中介作用。学者认为，当个体通过长期的正念练习培养不评判此刻觉察能力时，通过对经验的直接体验和深入观察，会自然而然地从内心升起一种慈悲或关怀的感受，这种感受不仅指向他人，也指向自己（自我关怀）。这种心理品质有助于个体更为从容地面对自己的痛苦，不再自怨自艾、自我批判，将个人的苦与人类的苦难进行比对结合，从而有效阻止了痛苦感受的扩大化。此前案例中，小念通过正念练习，对自己产生了强烈的关怀感，而不再过于苛责和批判。同时，小念意识到他的焦虑、抑郁、愤怒在许多其他人身上同样发生着，这些感受并不是只有他自己一人能体会，从某种意义上来看，小念认识到自己并不是孤独的特例，这些都可以帮助小念大大缓解情绪体验带来的痛苦。随着正念基础和应用研究的多元化，对自我关怀的研究成为正念研究领域的一个重要趋势。

四、心智游移的减少

虽然各种正念干预并没有从操作的层面上强调绝对专注的作用，但是很多研究表明，正念可以减少练习者心智游移的程度并提升专注力。而较少的心智游移又是个体保持主观幸福感等心理健康的重要预测因素，因此心智游移的减少也可能是正念产生积极作用的中间机制。

心智游移，用通俗的话来说就是走神、跑神，是指人的注意力没有放在当前从事活动的状态。研究表明，心智游移在人群中普遍存在，人们在生活中非常容易受到各种无关刺激的吸引而出现走神。心智游移不仅可能干扰个体的工作、学习的效率，也会对心理健康产生重要的影响。有学者发现，心智游移的频率越高，个体的心境状况会越差。同时，心智游移本身又与闯入性思维、思维反刍等负性的思维模式紧密关联。

练习者通过正念练习一次又一次地觉察到心智游移现象并回到当下的呼吸、身体等感受上，这一过程本身就能提升个体对新异刺激的识别能力。因此，当再次出现可能分神的潜在刺激时，练习者会更容易捕捉自己出现心智游移的倾向，并有意识地将注意力带回。案例中的小念在练习中出现"走神"，如在批评自己或者回忆以往的痛苦经历、担忧未来一些事情的不好的预期后果时，他可以留意到自己的这种状态，及时把思维从走神中拉回来，继续放在练习对象（如呼吸）上。在练习的初期阶段，小念可能会感觉比较辛苦，或者走神了很久很久才能意识到。然而，长期的正念练习可以将这一过程变成更为内在的过程。此时，个体不再需要做出更多的认知上的努力，就能够相对容易地做到对心智游移的抑制。因此，正念从客观上确实能够减少心智游移的现象，帮助个体更少地受到无关刺激的干扰，更加投入当下每一刻的活动之中。这不仅能减少不良的思维习惯，改善消极情绪，也能够提升当下的生活品质，增进幸福感。

五、再感知

正念可以帮助个体走出意识内容的局限，采取更为清晰和客观的方式看待一刻接着一刻的体验。这种涉及观念视角的根本性转变的过程被称为"再感知"。再感知强调个体不沉浸在个人叙事或生活故事的剧场中，而是退后一步并简单地觉察。再感知的概念和其他的诸如去中心化、去自动化反应、超脱，乃至接纳承诺疗法中的去认知融合等所表达的意义相似。也就是说，案例中的小念将自我往后退一步，将自己的焦虑抑郁情绪、自我否认的想法等内心活动作为脱离自己的对象（客体）进行觉察，而不是将这些情绪想法看作自我的一部分，这一过程就是再感知。

再感知可以描述为意识转换的过程，其中以前的"主体"变成了"客体"。发展心理学家认为，这种涉及主客体观点的转变是整个生命周期发展和成长的关键。正念冥想可以因为再感知而加速转换的过程，因此正念的练习实践是个体发展过程的延续，从而使人们获得了更高的、更加客观的自身内部经验。

再感知可以增强个体内外经验相关的客观性，这在很多方面是正念练习效果的标志。通过有意识地将不评判的注意力放在意识内容上，正念练习者可以强化个体的"观察性自我"。当个体能够观察到意识的内容时，就不再完全嵌入或融合到这些内容中。简单地说，当个体能够观察到意识时，个体就不再只是意识的一部分，肯定还包含超出所看到的意识的部分。

不管是针对痛苦、抑郁还是恐惧，再感知都可以使人们在思想、情感和身体感觉出现时就将自己与它们进行剥离。个体只是与内心经验共处，而不是被经验所定义。通过再感知，个体会意识到，痛苦、想法、抑郁等都不等同于自己，这是一种从元视角观察经验的结果。这样，人与思想和情感的关系发生了深刻的转变，变得更加清晰、远见、客观，最终有助于实现个体内心的安宁。

正念的再感知除直接带来的效果外，还能催生或促进其他的心理过程，帮助个体进一步获得积极转变。

首先是自我调节和自我管理的变化。有意培养不判断的注意，会使得身心健康的积极因素产生更强的关联作用，进而帮助个体更好地进行自我调节，带来最优的机能和健康状态。通过正念的再感知过程，个体能够关注每时每刻所包含的信息，甚至也包括那些以前可能忽视掉的信息，从而有效地阻断经验回避的发生，减少机能失调和身心疾病发生的可能性。另外，再感知还能改变自动化的适应不良的习惯，个体不易被产生的情绪和想法控制，也不再自动化地维持以前的不良习惯模式。因此，通过有意识地对当下的非评判的注意，再感知可以帮助个体采用更为广泛、更具适应性的应对方式，这也能带来自我调节和自我管理方面的优化。

其次是价值澄清。再感知能帮助个体知道他们所重视的价值和意义。通常，价值会受到家庭、文化、社会的限定，因此个体很难意识到是谁的价值观真正地驱使自己的生活。个体没有成为观察价值的人，而变成了和价值融为一体的存在。此外，人们往往也容易被自己认为重要的东西所驱使，却不能思考这些东西对自己的生活真正重要与否。一旦能够客观地观察价值本身，个体就有可能重新发现和选择那些自己真实的价值观。与之相反的是，自动化的思维过程往往会阻碍个体去考虑与自身需求更为一致的价值观。但是通过开放的、有意识的觉察，再感知可以帮助个体选择和自身需求、利益和价值更为一致的行为。

再次是认知、情绪、行为灵活性的变化。再感知还可以促进个体对环境产生更为适应和灵活的反应，而不是被当前经验过度认同而导致僵化、被动的反应模式。如果个体能够非常清楚地了知其所处状况以及自身的相应反应，他们就能够拥有更大的选择自由，采取非条件化、非自动化的方式来进行回应所处的情境。事实上，固有的期望和信念会阻止个体对新刺激、新信息进行加工，只有将自己与此前的模式和信念进行区分，才能够真正学会清楚地觉察。再感知有助于个体观察自身对生活中各种遭遇产生的内心语言，这使得他们能够了解当前的状况并做出回应，而不是依赖于先前的习惯、条件和经验而引发自动反射式的思想、情绪和行为。再感知提供了一个新的平台和视角来帮助个体清楚地观察不断变化的内在经历以及心理情感内容，从而增强认知行为的灵活性，并减少自动化或反应性。

最后是心理暴露过程的促进。在很多其他疗法中，暴露都是治疗的重要前提和手段。尤其是行为治疗中的暴露疗法，更是将暴露作为患者从负性情境中产生适应性情绪的直接治疗方法。再感知能够让个体洞悉自己意识的内容，使其能够以更大的客观性和更少的反应性来体验非常强烈的情绪，能够允许个体探索和包容各种各样的想法、情绪、感受，这可以抵消习惯性的反应倾向，不再避免或拒绝负性的情绪状态，从而增加对这些状态的暴露。通过直接暴露，人们会意识到其情绪、想法或身体感受并不是想象中的难以承受或具备威胁。通过正念的方法关注消极情绪状态，可以使个体从经验和现象学的层面了解到，自身无须恐惧或回避这些情绪，它们最终都会消失。这种体验可以带来负性刺激引发的恐惧反应和回避行为模式的终结。

值得注意的是，虽然有学者提出，再感知带来上述四种心理状态或模式的促进和转变，但是仍然有众多研究者将这些变化视作相对独立的正念机制。例如，有很多研究者将认知灵活性的改善视作正念对焦虑等负性情绪效果的重要机制。由于在具体解释方面多数存在与上述阐述相似的内容，故不再单独进行介绍。

六、正念作用机制的新思考：认知暴露

正念为什么能够产生效果？很多研究者试图从认知操作的角度来阐述正念的机制。例如，有观点认为，正念通过去中心化或再感知的作用使得个体将想法与事实分开，不再受想法的牵制；还有观点认为，正念会促进认知的积极重评，整合刺激信息效价中的积极和消极成分形成意义解读。然而，这些表述都没有从更为基础的层面上阐述正念为什么能够发挥作用。例如，正念的这种操作为什么会产生去中心化效果，为什么会促进积极重评？对此刻不评判地觉察到对认知的作用中间是否还有更为细致的心理过程？

正念的两因素模型认为，正念包含对注意的调节和对经验的开放接纳。从时间序列的角度来看，正念练习中对刺激的注意监控到对刺激的接纳并非同时产生。有学者发现，在进行干预时，注意监控能力的提升早于接纳能力。从这两种成分本身来看，注意监控（或者被称为觉察）和接纳在冥想新手中无法达到很好的拟合，甚至会出现相互冲突，表现为两种结构在得分上出现负相关。而对于长期冥想经验者，注意监控和接纳之间不再呈现冲突的表现，通常注意监控水平高的长期正念冥想者，其接纳水平也很高。这里可能的一个原因是基于正念的心理教育产生的作用，教授正念的过程会传递不评判地觉察这一理念，并通过不断反复的自我实践而内化。另一个重要的可能原因则是此前提到的"暴露"，这种暴露和再感知中的暴露存在两点差别：一是暴露这一过程并不是由于再感知导致的，而是正念练习本身对刺激的重复觉察而客观使然；二是暴露并不只限于对于以情绪为主的内心活动，也包括思维等认知活动。这种对闯入性的思维活动的一刻接着一刻地觉察，被笔者称为认知暴露。

与传统的暴露疗法中对负性情绪的暴露操作存在差别，认知暴露的对象是自身的想法和思维模式。例如，在练习过程中出现对过去的回忆、沮丧或对未来的计划和担忧；在练习过程中出现的近期最为关注的议题；练习时出现的不耐烦、着急、对自身或者对练习内容或效果的评判；练习时产生的对无法坚持练习的恐惧等。诚然，伴随着想法出现的是大量的情绪反应，而正念的练习则不只是觉察情绪，也觉察这些想法本身。前者与传统心理治疗中的情绪暴露类似，而后者则属于认知暴露的范畴。

　　不难看出，认知暴露只能在正念练习的实践中进行。因为只有处在正念练习的过程中，个体才有机会细致觉察想法出现的过程。这一机制是基于正念的心理教育无法实现的，这从某种程度上与多数正念指导者所秉持的观点一致。对于想要通过正念来改善身心状况的个体，了解正念的概念和原理固然重要，但是仅仅通过字面意义的学习难以真正体会正念对自身的益处。这就像是很多指导者所比喻的那样：一个想要学会游泳的人上再多的课程，请再高明的游泳教练，也无法真正学会游泳的技能，除非他亲身跃入泳池中进行一次次的实践。从认知暴露的机制来看，道理更是如此，只有长期的正念练习才能真正改善个体的思维模式，才能使个体真正从对此刻的觉察的体悟中受益。

　　认知暴露与以往常见的情绪暴露存在共通之处，两者都是将自我置身于内心活动的经验之下。然而，认知暴露的效果与情绪暴露存在差异。我们已经知晓，情绪暴露通过让个体处于较高强度的情绪（通常是消极情绪）之中，使得个体对情绪产生适应，进而降低情绪强度。长期的情绪暴露最终使个体不再受引发情绪的刺激物（如蜘蛛、血迹）的困扰。情绪暴露是行为主义治疗中针对如焦虑障碍、强迫障碍、创伤后应激障碍等心理障碍的重要干预技术。而认知暴露，则是让个体持续地观察自身的思维模式。通过系统的认知暴露，个体可以非常清晰地看清楚自己想法的产生、发展、消失的过程，也能明晰想法如何带动情绪、想法如何驱使新想法的产生。

因此，相较于情绪暴露，认知暴露的一个新的益处是能够帮助个体清楚地知晓自己的思维模式甚至认知图式。通过一次次的正念练习，个体反复觉察到类似的思维反应系统的运作，长此以往，就能够真正帮助个体了解自己的内心特点。总之，认知暴露可以让个体对自己有一个全面、清晰、理性的了解，这是认知暴露所能带来的不同于情绪暴露的额外的心理收益。

一个常见的疑惑是，认知暴露与重复性思维（如反刍）的区别。从操作上来看，认知暴露和重复性思维都是思维内容进入意识层面的过程。但是正念一方面加强认知暴露，另一方面又减少重复性思维，这两者是否存在矛盾之处呢？情况并非如此。认知暴露与重复性思维之间存在的本质区别在于个体与思维的关系和对思维的态度。重复性思维通常是被动、无意识地闯入个体意识中的，个体往往陷入重复性思维的负性循环之中无法摆脱，从而引发一系列的情绪问题。而认知暴露则是个体在正念练习中主动地对思维进行有意识的观察。在观察的过程中，个体并没有完全成为思维的一部分，也没有陷入思维自身的恶性循环，而是清晰地梳理思维的特点以及其与情绪的关系。所以，进行正念的认知暴露时，由于个体没有投入思维本身，某个思维活动在持续的观察下不会持续很长时间，而是会随着观察的进行而逐渐消失。

另外，个体对重复性思维的态度往往是相对极端的，要么是被思维所强烈吸引，无法自拔，要么是厌恶思维，产生经验回避，这往往引发更多的额外思维活动来应对回避带来的后果。这种极端的态度也引发个体对思维的过度关注、评价，使得自我完全陷入思维本身的旋涡之中。而在认知暴露时，个体对思维的态度是包容、接纳、非评判的。不管是什么样的思维或想法，在正念练习时，个体都对它们持开放的态度。这样的态度提供了更好的空间，有助于个体对思维进行觉察而不投入思维活动之中或被思维牵制，进而能够观察到思维从产生到消亡的完整过程。通过认知暴露中对思维有意识地反复觉察，个体能够切身体会到想法并不是事实而只是内心活动的本质，这种体悟进一步有助于个体摆脱以往思维习惯模式的桎梏，最终选择全新的、适应性的健康思维模式。

认知暴露除此前提及的知晓自己的思维模式的作用外，还存在其他诸多的潜在作用。

首先，认知暴露是连接觉察与接纳的纽带。出于进化生存的考量，人类对于注意的对象大多是带有警觉性的态度。又由于趋利避害的生物性，人们对于思维活动也容易产生经验回避或过度卷入。这使得对无冥想经验的个体而言，觉察与接纳往往难以整合。似乎多数人对自己想法的接纳程度并不是很高，即使优秀的个体也会出现很多的自我反思和批判，以追求所谓的"进步"。然而，这种所谓的自我批判往往会给个体带来很多的内心困扰，极端情况下甚至会诱发心理障碍。而正念练习产生的认知暴露则可以帮助个体弥合觉察与接纳之间的割裂状态，通过反复地觉察自身的思维、想法的运作过程，个体正视自身的思维，对于内心活动不再产生类似于以往的经验回避或过度卷入。反复的认知暴露过程，可以促使个体的自我与思维和经验的关系发生变化。练习者通过正念实践可以得知，所有的想法和经验都是基于局限的自我对内外部世界的感知和反应，对自己的影响只是暂时的。而这些感知与反应虽然有时会令人感觉不愉快或是不堪，但是它们也是自我的一部分，它们可能是非适应性的，但是也有其存在的前提和合理性。这有助于个体大大改观对思维活动的看法，提升对想法的接纳程度。因此，通过认知暴露，个体达到了高觉察与高接纳的统一。

其次，认知暴露是彻底改善思维的前提。虽然以往的相关治疗也涉及对思维、信念的改善，但这些疗法中往往涉及对思维的批判性工作、寻找不合理信念、寻找现实性思维，然后再替代原有的"错误"的思维模式。诚然，这样的工作本身是富有成效的，思维模式得到了改善。但是，是否能够彻底改善思维是一个值得商榷的问题。因为对思维进行批判性的工作，类似于此前提及的认知重评，而过度的认知重评带来的是过度的经验回避的风险，这对于个体的长期健康发展存在一定隐患。此外，对思维的批判，本身就带入了对自身内心活动的否定态度，而在此基调下进行的"改善"似乎更多的是否认之前的自己。这种自我否认和自我批判的工作是否能真正带来建设性的健康人格的发展，这一点仍然存疑。毕竟，基于否认和批判的工作在解决某个问题的同时，也容易生发出其他方面的问题。此外，对思维本身的批判和"找碴儿"，可能带来正确的我和错误的我之间的割裂。而个体的思维模式和人格结构类似，往往没有正确和错误之间的明显界限。因此，这种操作的完善性依然无法把握。所以，此前对于思维的工作，可能难以达到思维的彻底改善。而认知暴露的思路和以往的工作存在差别，案例中，小念的正念练习中并没有自我批判的成分，也不存在寻找错误证据的操作，而是清醒、客观地觉察思维的内容和过程。在这个前提下，小念不对思维本身做出好坏的二元评价，而是基于接受、包容的态度，对思维以及思维产生的影响进行全面的了解。在这种非自我否认、更为全面清晰思维作用的前提下，小念更有可能做出系统性的转变和意义建构，进而更为彻底地改善此前的思维模式。

最后，认知暴露可能是促进自我关怀和自尊的重要路径。多数研究发现，正念的练习可以提升练习者的自我关怀能力和自尊水平，但是这其中的机制仍然不太清晰。因为对此刻经验的觉察似乎很难与对自我的态度和评价产生直接关联，而认知暴露则是正念练习促进自我关怀和自尊的潜在重要路径。认知暴露的过程是一个接近自我、了解自我的过程。案例中，小念通过有规律地练习，清晰地观察到自身思维一次次遵循类似的反应模式，也能清醒地感受到自身思维本身的固有特点和局限，还知悉了自己思维发生发展的心理背景和前因后果。这种深刻的自我觉知、自我了解，可以帮助小念对自我的态度发生转变，由之前的矛盾、批判、逃避或过度自满，转换成统和、慈悲、坦然和客观。基于此，小念会生发对自我的深深的关怀、怜悯和尊重。认知暴露的过程也是一个有意识地自我探索的过程，正念的练习使得小念对内心产生持续清醒的觉察，这种深度了解前提下的自我关怀和自尊的促进将是持久的，不仅帮助小念改善思维、调节情绪，也能够给其气质带来一定程度的变化。

总之，认知暴露作为正念的一种潜在机制，存在诸多的益处。认知暴露直接解释了正念对于个体认知的作用过程，这有助于对正念机制的理解和正念干预的规范与优化。然而，关于认知暴露的解释仅仅处在理论探讨阶段，认知暴露是否能够真正发挥上述作用，仍然有待实证研究数据的进一步检验。

第三节　正念心理机制探索的困境

尽管在正念研究领域的众多研究者对正念发生作用的心理机制进行了不同程度的探索，也因此发展出一系列的正念理论模型，这些理论作为未来研究的引导、驱动或借鉴，对推动正念研究起到了积极的作用。然而，不可否认的是，目前在正念的心理机制的探究方面仍然存在较多的疑惑，亟待后人进一步研究和澄清。

一、共识性的机制仍然缺乏

通过梳理理论文献或总结实证研究，我们会发现关于正念作用的心理机制仍然处于不同的学者各抒己见的状态，似乎目前仍然缺乏更为公认的、权威的、共识性的机制。每当谈及正念的作用机制，多数研究者会基于正念的概念从正念的成分说起，然而，正念的成分或结构并不能严格意义上等同于正念产生效果的途径。令人无奈的是，目前针对正念干预研究机制得到实证支持最多的中间变量仍然是"正念能力的提升"。正念干预能提升正念能力，这似乎过于理所当然，也从一定程度上说明针对正念机制的实证研究仍然处在起步阶段。除了正念能力以外，以反刍为代表的重复性思维的减少是相对承认较多的正念机制，但这一机制主要针对以情绪症状为主的心理问题，不能涵盖诸多非临床方面的作用解释。而关于正念作用阐述较多的系统性理论虽然已经被提出，但是学者公认的理论仍然没有凸显，而且多数理论并没有系统的研究进行严格验证，往往处在较为纯粹的思辨性探索阶段。理论提出所引用的文献也多数只能从某几个片面来佐证，缺少直接验证理论本身的系统研究。

在研究实施方面，正念效果本身的不一致也会成为机制探索的前提性障碍。因为对正念的心理机制的探索是以"正念干预有效"为前提的，如果正念没有效果，那么对机制的探索亦无从谈起。目前来说，正念虽然存在效果，但是在分析具体的研究时，我们会发现随着干预方式、被试人群、目标问题的不同，干预效果存在很大的差异。所以，关于正念干预效果的论断本身没有达成大的共识之前，机制研究不能够超前于既有的状态。因此，学界需要继续加强对正念干预的效果量的研究，为机制研究夯实数据基础。此外，虽然研究的主题已经由正念的干预效果向干预机制转变，但是这样的尝试并不是很多。而且涉及机制研究的变量考量、统计分析能力等都相对于干预效果研究存在更高的要求，这从客观上也对机制探索性质的研究的开展造成了阻碍。

二、特异性机制阐述较少

正念虽然从概念上来讲要素比较简单，但是当正念应用于心理学领域时，其作用效果却有较大差别。这提示我们，正念在发挥作用时，可能因为目标心理结构的差异而存在不同的路径。例如，正念在针对领导力的提升方面和针对焦虑症的改善方面，可能其内核存在共通点，但是具体的机制过程应该是存在很大差异的，两者的途径不能够视为等同而相互替换。然而，目前对于正念的机制多数是从临床的视角，基于情绪调控的角度来阐述，对于正念在其他领域产生作用时的解释性机制仍然比较少。当然，这也许与正念在心理学领域的应用起源于临床干预有关，即使是卡巴金对正念给出的操作性定义也带有临床的性质。

这其中一个重要的亟待探讨的问题，在于区分正念在临床与非临床领域的机制。如前所述，临床领域包括各类心理障碍（如焦虑障碍、强迫障碍、抑郁障碍、进食障碍、睡眠障碍等）本身和身体疾病（如癌症、慢性疼痛、肾病等）所附带的心理问题的干预，而非临床领域涉及组织管理、领导力、运动表现、亲子教养等。因为这两大领域在心理过程方面存在较大的差别，因此正念的作用也应该从不同的角度进行切入。一方面，我们需要清晰正念的关键作用机制在这两大领域存在何种差异。也许在临床领域，正念的作用体现在情绪调控、负性认识思维模式方面的改变，而在非临床领域，正念则在自我效能感、社会性沟通等过程中起到了关键作用。当然，这只是一种猜测，需要未来更多的研究（甚至是元分析研究）来进行探索。另一方面，正念的机制探索也需要基于已有的各领域中公认的权威的心理学理论模型寻找切入点，以解释在不同的领域涉及的核心心理学变量的作用过程中，正念在哪些环节如何起到改善的作用。

对正念机制的特异性探索，不仅有助于理解正念产生效果的具体作用过程、理解正念的核心本质，而且有利于正念的科学应用，端正对正念效果的科学态度，甚至了解正念的作用边界以及局限。目前，学术界对正念的批评，很大的原因在于正念似乎成了一种包治百病的药丸，不管是什么领域都能够产生作用。显然，正念并没有如此强大的威力，至少从严谨的研究数据来看不是如此。产生这种批评的一个不可忽视的原因在于对正念的作用机制的解释总体仍显宽泛和肤浅，缺乏细致性和特异性，不能够令人信服地解释其对具体问题的作用过程。因此，研究正念的特异性机制，是解决这一问题的重要途径，值得各领域的正念研究者和实践者为之努力。

三、正念机制在取向上的分歧

学者在研究和阐述正念作用机制的取向上也存在分歧。虽然不同的学者对于正念如何产生作用存在各自的看法，但是总结其观点，会发现这些机制大都可以归纳于两个取向："离苦"取向与"得乐"取向。这种取向并不仅仅指研究对象的临床与非临床的差异，因为即使在目前正念所公认的效果较为理想的临床领域，这两种取向依然存在。

其中，"离苦"取向强调的是正念在"解脱痛苦"方面的作用。实证研究表明，正念在疼痛和抑郁症相关领域的应用也能从某种意义上更倾向于佐证正念的"离苦"属性。与之匹配的是，此前章节中所提及的正念的去中心化、认知去融合、再感知，以及改善思维反刍、灾难化认知的机制，着重从正念如何帮助个体摆脱负性思维和痛苦体验之间的恶性循环的层面阐述正念的作用原理。基于这些观点和视角对正念机制的解释往往都把正念视作阻止痛苦产生或痛苦加深的能力或技术。

从"得乐"取向阐述正念作用的学者，大都秉持着积极心理学视角的观点。需要再次提醒的是，这一取向并非只解释非临床个体，也能解释临床个体的心理机制，这一取向关注正念将消极信息转化为中性或积极信息的作用，并强调正念在增进幸福感方面的积极效果。实证研究也支持正念在积极心理学中有着较为丰富的应用，正念这一概念在积极心理学领域也受到较多研究者的关注。与之相对应的是，正念意义理论、上升螺旋理论等均倾向于从积极建构和扩展、积极重评、品味、意义建构的角度来阐述正念在"得乐"方面的作用机制。更有研究者把正念直接定义为幸福感的一大要素。

正念机制在取向上的分歧虽然催生出正念在不同领域中的应用，但是也容易造成正念研究的割裂。这一观点与之前的观点（探索正念特异性机制）并没有本质上的矛盾。正念的机制需要有差异性的解释，但是这种差异更多的应该是根据正念应对的身心目标的特异性来进行调整，而不宜从本质上对正念的核心进行差异性的解读。未来的研究应该鼓励学者从这两种取向的差异入手，直接进行对比研究，探究哪种取向的主导性，或者对分歧进行调和，达成对正念机制的基本共识。

四、解释正念机制与理论的语境

学界在对正念的理解以及对正念的理论和机制的解释方面还存在语境方面的分歧。从此前对正念理论的介绍中可以发现，学者在对正念的作用过程进行阐述时，有人会将其放在认知心理学的视角下，通过既往的认知功能、情绪调节的途径来探究正念的机制。但也有学者持不同观点，他们认为，正念的作用需要摆脱以往的认知心理学的框架，包括对刺激评估、对情绪本质的理解都和以往心理学的主流观点产生了很大的差异。对后者来说，学者们希望建构的是一种即使用心理学的语言，但是也摆脱了既有框架的全新视角来阐释正念的作用原理。这样一种分歧也会造成对正念的机制理解出现偏离和争论，尤其是对于在非认知心理学的框架下构建的正念理论，这种想法看上去是非常有创造性的。但这些工作似乎还有太多的空白之处，很多的描述仍然需要更多的实证研究来进行佐证，需要系统而长远的工作。甚至有一些颠覆主流心理学的理念能否经受住实证检验，未来仍然需要进一步探索。

总之，正念的心理机制已经成为心理学领域的正念研究者目前最为关注的议题。虽然在最近30年的研究探索过程中出现了一部分较有影响力的理论成果，但是总体来看，仍然给人以管中窥豹之感。各理论都有其侧重的方面，也有一定的道理，但是似乎都不能涵盖正念产生作用的多数重要过程，甚至彼此之间仍然存在矛盾。我们期待着正念研究的深入可以为正念机制提供更多的证实或证伪的数据，也期待着未来会有更为整合和共识性的理论出现，以更进一步地探见正念发挥效用的心灵奥秘。

第四章

正念的神经生理机制

相比起正念在纯心理行为层面产生的效果，很多实证主义学者更感兴趣的也许是，正念是否能够带来可观测的生理层面的改变。事实上，早在20多年前，研究者就开始对正念的神经生理机制进行探索。到目前为止，正念对大脑的功能、结构，神经系统的反应，内分泌激素水平甚至是细胞层次的影响，都产出了一些具有影响力的研究成果。

第一节　正念与大脑功能和结构的变化

我们在研究大脑的神经生理特征时通常将其分为功能和结构两个部分。对大脑功能的研究主要是探索大脑整体或各个部位的活动强度变化；而对大脑结构的研究则是探索大脑各个部位的实质性的变化。在探索正念的神经生理机制方面，对正念影响大脑功能的研究在相对较早的时候就开始了。而相关的研究主要通过脑电图、事件相关电位、磁共振等手段来实现。

一、大脑活动的偏侧化

心理学研究者已经发现，人类大脑的左右半球所负责的功能存在一定差异，这种大脑两个半球在功能上的专门化过程被称为大脑功能偏侧化。例如，大脑左半球多是负责和语言、数字推理有关的内容，而右半球则更多的是与几何、空间、音乐理解有关。大脑功能偏侧化提示我们，人类大脑的左右半球在活动上可能存在整体性的差异，表现为大脑活动的偏侧化，或被称为大脑活动的不对称性。

以往研究发现，大脑活动的偏侧化，尤其是大脑额叶活动的偏侧化与个体的情绪有着密切的联系。大脑的左右半球对于情绪的表达、感知和体验方面都存在明显的差异。一般来说，积极情绪与大脑左半球额叶的活动相关联，大脑左半球额叶活动越强烈，积极情绪越明显。此外，左半球额叶活动增强还能预测诸如更高的抗体浓度等生理指标。而右半球则与消极情绪存在更多关联。这一结论得到了相当多实证研究的支持。并且，有学者认为，大脑额叶活动的偏侧化是可塑的，能够通过后期的训练而使其发生改变。对正念的研究恰巧发现，正念冥想可以显著激活左侧额叶的活动（Davidson et al., 2003）。这一结果可以通过 8 周的干预实现，也能通过更短的 5 周，甚至更短的数十分钟，亦能在情绪诱发的条件下产生。另外，正念对于左侧额叶偏侧化的激活，不仅适用于健康人群，也对诸如抑郁、自杀倾向等临床群体产生效果，具体的指标主要体现在 α 波上。因此，正念对于大脑活动，尤其是大脑额叶活动偏侧化产生的作用，可能是正念能够增加积极情绪、缓解消极情绪的重要神经机制之一。当然，正念冥想所产生的对大脑活动偏侧化的促进作用也许只是正念生理影响的一种表现形式，而正念是如何造成这种偏侧化的，其背后更深层次的神经机制还有待进一步探究。

二、大脑活动的变化

除了正念对大脑整体活动的偏侧化影响以外，众多学者还探查了正念对大脑具体部位的活动造成的变化。从脑波来看，与正念密切相关的除了此前提及的 α 波以外，γ 波和 θ 波这两种脑电指标也比较容易受到正念的影响。例如，有较多的研究发现，个体正念水平越高，其 θ 波和 γ 波的波幅也越大。而这两种脑波和创造力、学习、记忆、整体性思考密切相关，也许这也是正念能够调节大脑神经，促进注意、记忆和学习的另一方面的神经生理证据。

另外，研究者还会通过脑电或脑成像的手段来探究正念对大脑的具体某些部位的功能活动造成影响，这将更有助于了解正念的神经机制，揭示正念产生作用背后的认知神经基础（Tang et al., 2015）。

1. 杏仁核

大脑杏仁核的功能主要表现在情绪、记忆以及奖励等方面。其中，杏仁核对情绪的调控功能最为明显。一般认为，杏仁核负责恐惧、悲伤等负性情绪的唤起、编码和储存。当个体发现威胁性的刺激时，其杏仁核会被激活，然后产生较为激烈的焦虑或恐惧情绪，以调动个体的身心系统识别和应对危机。而且，杏仁核对情绪的处理也会帮助个体对情绪记忆进行储存，进而可以在之后遇到类似的危机以后更加自动化地做出反应。可想而知，杏仁核有着其进化意义，能够有效地执行情绪的动机功能，唤醒个体的应激状态来处理危险，求得生存。但是，杏仁核激活产生的情绪会带给个体较多的负面体验，尤其是当杏仁核的反应过度泛化以后，个体会很容易地陷入焦虑不安、愤怒恐惧等状态，带来深深的情绪困扰甚至情绪障碍。事实上，在文明获得高度发展的今天，人类寿命显著延长，生存危机总体大大减少。杏仁核对负性情绪的唤起作用虽然仍有进化意义，但是其过度解读和评估刺激的威胁性而给个体带来的负面作用不容忽视。尤其是对于存在焦虑障碍等问题的个体，其杏仁核的反应已经达到病理的范畴。

不少研究发现，正念练习可以显著减弱杏仁核的活动强度。杏仁核活动强度减少，相应的负性情绪反应也会降低，这也为正念减少压力的威胁性评估、改善情绪状态找到了进一步的支撑依据。也就是说，正念练习不仅仅带来了主观报告的消极情绪的减少，也使大脑中和消极情绪密切相关的杏仁核部位活动强度发生客观变化。

2. 扣带回

扣带回是位于大脑半球内侧面的扣带沟与胼胝体沟之间的脑回，属于边缘系统的皮质部分。一般认为，前扣带回（ACC）和后扣带回（PCC）在边缘系统的功能和形态结构上都存在明显差异。

前扣带回的功能众多，主要包括动机、注意和情绪的自我调节等方面。另外，前扣带回也参与到了执行功能的监控，同时也涉及疼痛的感知等。而基于正念的干预研究，或者比较长期冥想者和冥想新手的差异研究，均有证据表明，正念可以增强前扣带回的活动，这从一定程度上解释了正念在改善个体的自我调节、监控、疼痛知觉方面的作用。

后扣带回则主要参与情感和自我评价等过程，也和自我觉察存在紧密的关联。研究发现，正念冥想可以增加后扣带回与前扣带回和背侧前额叶的耦合和连接性，也能够增强静息状态的后扣带回的活动状态。所以，基于后扣带回的结果可以部分解释正念在自我觉察和情绪调节方面的积极效果。

3. 前额叶皮层

前额叶皮层（PFC）是指初级运动皮层和次级运动皮层以外的全部额叶皮层。前额叶皮层属于比较高级的大脑皮层区域，在高级生物进化的后期才出现。灵长类动物的前额叶皮层分为三个子区：背侧前额叶、腹内侧前额叶和眶额皮层。前额叶皮层的技能具有不对称性，左侧与积极感情有关，右侧与消极感情有关。这些结论在此前有关大脑半球活动的偏侧化的阐述中有所涉及。

此外，前额叶皮层起到连接不同脑区的作用，从而帮助个体实现执行功能。前额叶皮层涉及一些高层次的功能，如自我觉知、共情、道德、沟通、自控力、判断和决策等。另外，前额叶皮层还参与到对于注意和情绪的高级调节的能力。

对正念干预的研究发现，正念可以带来背侧和腹内侧前额叶的更多激活，而且正念练习后产生的焦虑情绪的缓解和腹内侧前额叶激活存在关联。这表明正念对于注意和情绪方面的改善作用，以及正念在决策、共情、执行控制等高级功能方面产生的影响，其大脑活动机制包括了前额叶各区域的激活。

4. 脑岛

脑岛为大脑的岛叶，位于外侧沟深面，被额叶、顶叶和颞叶所掩盖。学界通常认为，脑岛是社会情绪的发源地，也是和躯体感觉有关的重要大脑组织。脑岛接收躯体生理状态的各方面的信息，然后产生主观体验，再将相关大脑信号传输至前额叶皮层等决策相关脑区。因此，大脑和个体的觉察与情绪产生和处理过程存在紧密的关系。针对正念和脑岛的研究发现，正念练习可以激活任务时或静息状态时脑岛各部分的反应，还能改变脑岛与背侧前额叶的耦合等。这些结果显示，正念在对于情绪的觉察和早期调控方面的作用，可能和正念对脑岛的调节存在密切关系。

5. 纹状体

纹状体属于大脑基底神经节，包括尾状核和豆状核。纹状体的功能包括调节肌肉张力、协调各种精细复杂运动。另外，研究发现，纹状体的功能还涉及大脑的奖赏系统，而奖赏系统与个体的行为反应，尤其是成瘾行为密切相关。纹状体的异常反应可能激发个体对于奖赏刺激的过度趋近，进而引发问题行为。研究发现，正念冥想经验丰富的个体在进行奖励预期时，其纹状体的尾状核的活动减弱。因此，正念对于纹状体的调节作用，可能会帮助个体对成瘾行为的戒断，是正念在物质滥用方面发挥积极作用的重要神经机制。

6. 默认模式网络

默认模式网络是指个体大脑在无任务的静息状态下，仍持续进行着某些功能活动的脑区所构成的网络。默认模式网络包括后扣带回、楔前叶、内侧前额叶皮质、顶下小叶以及双侧颞叶皮质。该网络在静息状态时，存在较强的自发性活动，与人脑对内外环境的监测、维持意识的觉醒、情绪的加工、自我内省、情景记忆的提取等功能密切相关。一般来说，在执行较难的认知任务情况下，默认模式网络会受到抑制。而当个体无所事事时，默认模式网络活跃，此时人通常开始想入非非，产生心智游移。近年来，对正念的研究发现，正念干预在某种程度上可以降低默认模式网络的活跃度，而且还能增强默认模式网络与执行控制相关各脑区之间的连通性。正念对默认模式网络的作用可以从一定程度上解释正念在提升专注力、减少心智游移、增强执行控制功能和自主性注意方面的效果。

三、大脑结构的改变

正念除了对大脑各区域功能产生变化以外,更有研究支持其也能造成大脑结构发生显著性改变,涉及大脑灰质和白质的厚度、体积和密度等的变化。例如,通过比较冥想者和无冥想经验者的大脑结构,研究者发现冥想者在一些皮层(如右前岛、前扣带回等)厚度上更厚,在海马体、尾状核等区域的灰质密度更大等。通过对非临床样本的对照干预研究发现正念干预可造成海马、扣带回、小脑灰质密度增加。而对临床样本(如帕金森病人等)的干预研究也发现,相比对照组,正念干预可以带来海马体、颞叶、尾状核等区域的灰质密度增加。值得注意的是,海马体和个体的记忆、学习功能密切相关,海马体在老年人或心理障碍患者中有萎缩的趋势。而正念冥想可以有效缓解海马体的萎缩,这也从侧面反映出正念在临床特殊群体中维护心理健康和智力功能的潜力。以上证据都表明,正念冥想练习可以带来大脑某些特定区域的结构和功能上的变化,而上述区域多与注意力控制、情绪调节、记忆、自我意识等密切相关。因此,正念冥想的大脑研究证据表明,正念所带来的心理和行为上的改变存在其客观性和认知神经基础。

四、正念的心理机制与脑机制的综合性阐述

正念引起的大脑的变化如何与相应的心理改变进行耦合匹配,是研究者长期以来感兴趣的话题。随着正念认知神经机制的研究深入,越来越多的证据可以用于支持将正念的心理与脑机制进行结合。多项综述表明,在从心理行为和神经的层面同时考察正念的作用时,可以从正念在注意力调节、身体觉察、情绪调节、自我层面的改变等干预效果来进行

阐述（Hölzel et al., 2011）。

1. 注意调节

正念练习要求个体持续关注所选择的对象（包括客观刺激和主观的心理活动），而个体每当产生心智游移时，便及时察觉并将注意力重新放回到对所选对象的关注上。这种长期的正念练习可以帮助个体增强注意调节能力，尤其是在执行注意、注意定向、警觉等方面都得到增强。这些心理行为指标可以通过自我报告以及注意力网络测试和Stroop干扰任务等获得。而正念的注意调节所对应的大脑机制则主要是正念练习对前扣带回皮层活动的增强作用。

2. 身体觉察

这一部分机制是指由于正念练习常常将注意力放在如呼吸等身体内部的感觉上，可以帮助个体增强对身体的感知。身体觉察可以帮助个体对情绪的生理线索有更敏锐的察觉，从而帮助个体获得处理情绪的早期时间窗口，有助于个体提升其情绪调节能力。此外，身体觉察还有助于个体将自己的觉察迁移到对他人感受的觉察上，因此从某种程度上也能够提升个体的共情能力。这一机制从心理行为的指标主要反映在参与者主观报告出五因素正念问卷的观察维度的提升以及在叙事自我报告中所体现的身体觉察能力的增强。而与之相对应的大脑机制则主要涉及正念干预对脑岛、颞顶联合区等区域活动的增强。

3. 情绪调节

通过正念练习，个体可以将自己置身于情绪之中保持觉察，有利于情绪暴露；个体可以允许自己被情绪所影响，这有助于情绪的自然消退；个体还能从内部反应性上对情绪进行抑制性调节，帮助个体对情绪反应进行重构。而情绪调节能力的增强则可以进一步解释正念在焦虑、抑郁、成瘾、强迫等和情绪调节问题紧密相关的心理障碍方面的显著效果。这些正念在情绪调节上的作用主要通过五因素正念问卷中对内部体验的不反应的得分增高来体现。正念的情绪调节所对应的大脑机制则主要来自正念对杏仁核、前额叶等区域的功能和结构造成的变化。

4. 自我层面的改变

有规律地长期进行正念练习有可能带来不同的自我认识，具体来说，就是帮助个体脱离原来的对自我静态的认同感。事实上，对自我的认识是一个持续的心理过程的产物，但是这种对认识的感知在内心活动中非常迅速且重复地出现就会给人带来一种错觉，即自我是一个恒定不变的实体。人们在体验自我时，认为它栖居在身体里、可以反思思维、可以体验情绪、可以付诸行动，并存在自由意志。而在进行正念冥想时，冥想者会发现，他们通过持续地观察内心的过程，其观察的清晰度和时间分辨率都得到了增强。在这种情况下，通过元觉察能力的发展，个体就能够观察到反复的自我感知升起的过程。这样的觉察能够给正念冥想者对自我带来全新的认识，即自我并不是僵化的、固定不变的存在，因此产生了更多的心理和认知灵活性，这是个体心灵解放并产生幸福感的关键过程。这种对自我静态认识的脱离也伴随着再感知、去中心化的过程，进而产生一种觉察性自我。有关自我认识改变的心理研究主要通过个体自我报告的主观自我感受等测量手段来展开。多项研究发现，正念干预能够使参与者的自我认识发生显著改变。而有关自我改变的认知神经证据主要涉及正念冥想对内侧前额皮层、后扣带回、脑岛和颞顶连接等脑区造成的改变。

目前来说，前人研究初步地将正念带来的大脑变化与心理变化进行了简单的对应，这从某种程度上进一步强化了对正念干预效果的理解和认识。当然，这种对应和整合仍然只是一个简单且粗略的开端，正念的精细化的认知神经机制则依赖于未来更为广泛和深入的研究来发掘。

第二节　正念引起激素的变化

个体的思想、情绪和行为的生物学基础除了和神经系统密切相关以外，内分泌系统也起着相当重要的作用。本节将围绕正念与内分泌系统相关的内容展开。说到内分泌系统，就不得不提到激素在其中所起的关键作用。激素作为内分泌系统中信息的携带者，调节着人体的生长、代谢、发育、繁殖等生理活动。值得一提的是，已有研究表明，正念练习可以通过调节人体内的激素来对人体产生积极的影响。

一、正念与皮质醇

随着个体生活节奏的不断加快，来自工作单位、家庭、社会的种种压力将人包围，成为困扰当代年轻人的难题。说到压力，不得不提到有"压力荷尔蒙"之称的皮质醇。在压力的状态下，人体需要皮质醇来保持正常的生理机能；如果没有皮质醇，当压力到来时，个体将会出现注意力涣散，无法正常工作，甚至导致失控。然而，并非皮质醇浓度越高，人就可以越好地应对压力。如果压力长期得不到释放，体内的皮质醇浓度超过了正常范围，个体也会产生一些情绪问题。作为人体最重要的激素之一，适量的皮质醇有助于控制血糖水平、调节新陈代谢，但过量的皮质醇也会对心理健康产生伤害。接下来，我们将探究正念与皮质醇之间的关系。

1. 皮质醇的代谢节律与心理健康

想要深入探究有关正念与皮质醇有关的研究，我们需要对皮质醇这一激素有基本的了解。在正常情况下，我们的身体能够自主控制皮质醇的分泌和代谢，并调节血液中皮质醇的浓度含量在正常范围内。值得一提的是，皮质醇代谢所遵循的生理节律正好是以 24 小时为一个周期。一般而言，皮质醇在血液中的浓度在清晨（6 点至 8 点）最高，而后在上午骤降（8 点至 12 点），随后缓慢下降趋于稳定，并在凌晨达到最低点（0 点至 2 点），最后再逐渐上升到最高值。皮质醇的代谢节律其实也对应着我们正常的生活节律：皮质醇浓度的最低点正好是我们睡眠的时间，在此时我们正处于休息状态，不需要处理压力问题。而皮质醇的浓度从最低点逐渐上升到最高点的期间，恰好是我们的正常睡眠时间，身体通过调节，让我们精力充沛地迎接新一天的压力。

皮质醇的水平与心理健康的关系从 20 世纪 70 年代以来就引起了研究者的关注。有大量的研究表明，抑郁患者存在血浆皮质醇的浓度异常以及昼夜节律分泌改变的情况（Carroll，1976）。此外，2010 年的一项研究指出，创伤后应激障碍患者所出现的焦虑和抑郁的症状与内分泌的异常有关，其中普遍发现的就是患者的皮质醇水平高出正常范围（段妮等，2010）。值得一提的是，皮质醇水平异常的现象并不仅仅出现在患者身上，在日常生活中出现的一些小的应激刺激（如争吵、飞机延误、身体受伤等），都会引起皮质醇水平的波动，因此皮质醇又被称为"应激激素"。2015 年，有研究者结合前人的研究成果，提出皮质醇浓度是焦虑状态的标志因子的可能性（周田田等，2015）。总的来说，皮质醇浓度水平越高，个体越有可能出现心理健康问题（特别是抑郁、焦虑等消极情绪）。

2. 正念对皮质醇水平的影响

正念对皮质醇的作用可能通过大脑来调控。为了方便理解，我们可以把大脑中处理压力和应激的部分视作"雷达"。"雷达"的接收部分会检测并捕捉外界的压力和应激信息，并进行处理。"雷达"的发射部分会在处理后发送"信号"，即皮质醇，而后这一"信号"又作用于身体的其他部位。当释放出的信号太强，即皮质醇浓度过高时，随之而来的是压力对心理健康造成的消极影响。我们知道，正念的过程要求个体有意识地将注意力转移到当下，以减少注意力偏向于负面的、使人应激的刺激。因此，正念使"雷达"所检测的信息得到了一定的缓冲，皮质醇浓度异常上升的情况自然得到了缓解，由皮质醇浓度偏高所导致的消极情绪也得到了一定程度的下降。而消极情绪的缓解又能促使个体对消极信息关注的减少，使其更加专注于此刻，从而使得正念练习更加得心应手。这样的正反馈循环，对于机体的正念练习和皮质醇浓度调节都起到了正面积极的作用。

  正念在临床方面的运用十分广泛，一般作为非药物的辅助治疗手段，优化治疗方案，改善治疗的效果。虽然大多数人对于正念对机体的影响都停留在认知层面，其对生理层面的影响仍然是不可忽视的。随着正念在临床治疗方面运用的推广，越来越多的证据表明，正念与皮质醇之间的联系有利于患者的治疗（桂佳梅，高青，2023）。虽然正念对于机体作用的发挥机制还没有被完全探索，但正念通过皮质醇来改善情绪的正反馈循环无疑在临床心理治疗领域起着重要的作用。

  在容易产生抑郁和焦虑的群体中，处于妊娠期的女性群体以及她们产后的心理健康逐渐受到重视。已有研究显示，高浓度皮质醇与产前的抑郁情绪有关，并且还是产后抑郁重要的预测因素。为了提高孕妇在孕期及产后的心理健康，团体正念训练被运用于孕期的女性群体。值得一提的是，在治疗过程中，孕妇的皮质醇浓度得到了显著的调节（Guardino，2014）。此外，团体正念训练对此类群体的影响还有"时间效应"——正念治疗对皮质醇浓度的调节可以持续到产后6周（舒玲等，2019）。这样的时间效应表明，正念对皮质醇的调节是持久而有效的。此外，正念联合药物治疗对皮质醇的调节作用也得到了显现。例如，文拉法辛（用于治疗抑郁症的药物）联合正念认知疗法对抑郁症患者的治疗效果更好（陈方侠，李秀娟，2022）。比起仅使用药物治疗，联合了正念认知疗法的方式可以更好地帮助患者调控身体内激素的分泌，尤其是在平衡皮质醇浓度方面的效果。

二、正念与性激素

提到以正念的方式调节机体的激素，并不仅仅是治疗在心理或生理方面有疾病的群体。日常生活中，由于压力和年龄等因素，我们身体内激素的变化有时不可避免。当然，激素变化所导致的心理状态处于"亚健康"也常常发生。其中，处于更年期的女性就是较为常见的由于激素变化导致心理健康水平下降，情绪调节能力减弱的群体。当然，不仅是女性，日常人群因为长期的精神紧张、心理压力过大以及生气和精神受到刺激后引起的激素紊乱的情况也时有出现，但较为典型且常见的就是处于更年期的女性群体。因此，以下主要介绍在更年期女性群体中正念对雌激素之间的联系。

1. 雌激素与女性心理健康

更年期综合征是女性到了一定年龄后出现的一系列以生理症状和精神症状为突出表现的，由于卵巢功能下降，自主神经功能紊乱的综合征。虽然更年期是女性自然绝经前后的生理阶段，是衰老过程的日常环节，但由于在此期间，女性脑垂体分泌的性激素减少，导致血液中雌激素的浓度下降，而雌激素的下降使这一时期的女性在精神上抑郁焦虑的可能性大大增加。

有学者指出，女性出现精神疾病并发症的时期有两个高峰，第一个是初潮后，第二个是绝经后。在这两个时期，女性的雌激素水平会发生急剧变化，而后者正是导致更年期期间容易出现情绪问题的原因之一（寇小兵，2023）。已有研究表明，雌激素水平低会增加女性患精神分裂症症状的风险。这充分表明了，女性在更年期更容易出现心理问题和精神疾病很有可能与雌激素的下降有关。并且，雌激素可改善脑血流，直接和间接作用于5-羟色胺系统，发挥抗抑郁功效。

2. 正念对雌激素的影响

已有的研究表明，以正念为基础的心理干预方案能够调节女性更年期的激素水平。国外学者在神经电生理及影像学方面，阐述了正念训练的治疗方案能够导致个体参与情绪调控的脑区的信号增强。研究证实，正念所引起的积极情绪有利于雌激素水平的提高，使处于更年期的女性可以在情绪更加平稳的情况下度过这一阶段（沈美英，周锦华，2018）。

在临床方面，正念可以调节处于更年期的女性情绪异常甚至生理异常的情况。如果更年期期间出现躯体疾病，临床上可以使用激素治疗。但性激素治疗并不适合于所有人，如患有高血压、糖尿病等病人在用药前要控制慢性疾病，并且激素治疗还会增加血栓风险。而正念作为一种辅助方式，可以帮助改善性激素的分泌，同时避免其他躯体方面的副作用。研究表明，相较于没有经过治疗的女性，经过 6 周正念减压治疗后的女性的雌激素显著提升，并且情绪状态得到了很大的缓解（王淑霞，2014）。

三、正念与 5- 羟色胺

5- 羟色胺，又称血清素，当它的活性较强时，人的心情就很平静，内心有种被治愈的感觉，从焦虑或伤感中得到解脱，所以它也被称为"治愈物质"。当人体内血清素含量不足时，我们会感到心烦意乱，坐立不安。因此，5- 羟色胺又被称为"情绪调节器"，有助于减轻焦虑和抑郁，调节我们的情绪，并对整体幸福感有所助益（Yano et al., 2015）。

在日常的工作学习过程中，我们通常可以感受到自己是否处于"高效率"的状态，这与 5- 羟色胺对我们大脑的作用有关。正是 5- 羟色胺的合成和分泌，使我们的大脑可以进入清醒的状态。有研究表明，高水平的 5- 羟色胺可以增强认知能力，包括记忆力和学习速度。

1. 5- 羟色胺与心理健康

已有很多研究表明，5- 羟色胺与许多不同种类的情绪都有关，如焦虑、抑郁、愤怒、恐惧等。且现有的大多数抑郁症的病因假设都认为，抑郁与 5-

羟色胺的功能低下有关（Shuttleworth & O'Brien，1981）。与其他神经递质相同，5-羟色胺在大脑中的作用机理也是由突触前神经元细胞中合成，释放进入突触间隙，与突触后神经元上的受体结合。而抑郁症被发现与突触间隙中的 5-羟色胺浓度有关。我们常见的抗抑郁药，大都是通过提升突触间隙中 5-羟色胺的浓度升高来缓解抑郁、焦虑的症状。抗抑郁药物中的成分可以通过阻止突触前神经元细胞对 5-羟色胺的再摄取，或与突触后神经元受体结合并作用，使 5-羟色胺无法与受体结合，来提升突触间隙中的 5-羟色胺浓度。

2. 正念对 5-羟色胺的潜在影响

既然 5-羟色胺与抑郁症状之间有如此紧密的关系，而正念干预对抑郁情绪的缓解又有着显著的作用。那么，正念干预对抑郁情绪改善的生理机制是否涉及 5-羟色胺的变化呢？虽然目前已有研究预示着正念在调节 5-羟色胺的效果，但遗憾的是，没有研究直接探索正念对 5-羟色胺的作用。关联较为紧密的一项研究为德国的研究团队探索了正念干预对 5-羟色胺转运蛋白基因（SLC6A4）的表观遗传变化的作用（Stoffel et al.,2019）。研究发现，相较于对照组，参与正念干预 3 个月后的研究对象的 5-羟色胺转运蛋白基因的表观遗传特征发生了更为显著的变化，这可能意味着正念在更为细致的分子层面上对 5-羟色胺的调控起到了作用。当然，这样的证据目前仍相对较少，正念对 5-羟色胺的直接作用亟待未来研究的进一步检验。

第三节　正念与细胞调节

随着正念研究的不断发展深入，越来越多的研究表明，正念与细胞调节密切相关。细胞是构成我们身体的基本单位，细胞内的调节对我们的整体健康和免疫系统功能起着重要作用。其中，自然杀伤细胞和染色体端粒是受到研究关注的两个重要方面。

本节我们将深入探讨正念与自然杀伤细胞以及染色体端粒之间的关系，并进一步了解其对身体健康的潜在益处。

一、正念对自然杀伤细胞的作用

1. 压力与自然杀伤细胞

你是否有过这种情况：每天面临紧张的工作任务和繁忙的生活节奏，你感到焦虑、紧张甚至抑郁。随着时间的推移，你发现自己容易生病，频繁感冒、感觉疲劳，甚至患上一些慢性疾病。这种情况可能与免疫系统中自然杀伤细胞（natural killer cells，简称 NK 细胞）的活性下降有关。

人体内有一套复杂而精密的防御系统，它可以保护我们免受各种病毒和癌细胞的侵害。这套防御系统就是免疫系统，它由许多不同类型的细胞组成，每一种细胞都有自己的特殊功能和任务。其中，有一种细胞叫作自然杀伤细胞，它们主要分布在人体的外周血液、淋巴组织和浆膜组织中，是人体的"第一反应者"，能够自发地识别体内的异常细胞，如癌细胞和病毒感染的细胞，并通过精确的细胞毒性机制迅速消灭它们，同时产生大量促炎细胞因子和趋化因子，以招募和激活其他免疫细胞，从而引发适应性免疫反应，在我们的体内形成一个强大的防御联盟。

自然杀伤细胞的发现是人类免疫学领域的重大突破，对于治疗某些癌症和病毒感染具有重要意义。研究发现，当人体的免疫系统受到影响时，NK 细胞的活性下降，对癌细胞的攻击能力也会下降，无法有效地消灭癌细胞，从而让癌细胞在人体内增长繁殖，人们就更容易患上肿瘤或感染。相反，如果能够增加 NK 细胞的活性，就可以降低患病的风险，并提高治愈的可能性。因此，保持充足的 NK 细胞活性对于预防和控制肿瘤的发生和发展至关重要。

日常生活中,除了感染、癌变、药物、营养不良等因素以外,心理因素尤其是长期的情绪压力也会导致免疫细胞活性的下降,包括降低NK细胞的杀伤活性。这可能有助于解释为什么在高压力环境中,人们更容易患上癌症并且癌症进展更快。特别是在癌症治疗过程中,患者常常面临治疗副作用和身体不适,容易失去信心和情绪低落,从而影响免疫系统的功能。

2. 正念提高自然杀伤细胞活性

众所周知,癌症是一种危害人体健康的严重疾病。目前,最常用的癌症治疗方法有手术、放疗、化疗等,他们都是通过直接杀死或移除癌细胞来达到治疗目的。但是这些方法也有一些缺点,如损伤正常细胞、引起严重的副作用、容易出现耐药性等。

近年来,免疫治疗在癌症治疗领域取得了巨大的进展,引起了人们的关注,免疫治疗是一种利用人体自身的免疫系统来对抗癌细胞的治疗方法,它可以通过激活或重建机体自身免疫系统来控制和杀伤癌细胞,从而产生长期的抗肿瘤效应、控制癌症发展。

在免疫治疗中,自然杀伤细胞作为免疫系统中的一种重要成分,具有天生的杀伤癌细胞的潜力,受到了研究者的特别重视。如果能够让人体中的NK细胞恢复到高水准的活性、数量,也许会是较好的癌症及慢性病的治疗方法(Myers & Miller,2021)。除了药物等外部干预以外,我们还可以通过调节自己的心理状态来达到这个目的,这就是正念可以发挥作用的地方。研究发现,正念作为一种专注于当下的感受和体验的心理实践,可以通过提高NK细胞的活性增强对癌细胞的抵抗力。

以乳腺癌这种被称为"心情疾病"的癌症为例,研究发现,在经过8周的正念减压的干预后,乳腺癌患者的NK细胞活性得到显著恢复,提高了身体对异常细胞的免疫防御能力,而对照组的患者继续出现NK细胞活性降低的情况（Janusek et al., 2019）。此外，接受正念减压干预的患者的焦虑和整体心理困扰水平显著改善，在睡眠障碍和抑郁症状方面也呈现出降低的趋势。

目前，虽然有一些免疫治疗药物被研发出来，如在乳腺癌治疗中使用的 PD-1/PD-L1 抑制剂，但这些药物不仅开发成本高昂，给患者带来沉重的经济负担，还可能产生一系列的副作用。而正念作为一种简单和经济的辅助方法，已经在临床实践中得到广泛应用，并在癌症等疾病的辅助治疗中显示出良好的效果，如果能够将正念和药物治疗相结合，或许能够达到更好的治疗效果。

近年来，研究者提出了两个潜在的机制，以解释正念对 NK 细胞活性的调节作用。

一方面，正念可以降低压力激素水平。压力激素（如皮质醇）是一种在我们遇到危险或困难时分泌的激素，它可以让我们迅速做出反应。研究发现，长期压力导致体内压力激素水平升高，从而对 NK 细胞活性产生负面影响。而正念练习可以显著降低压力激素水平，从而恢复 NK 细胞活性。

另一方面，正念可以调节免疫细胞的信号通路。信号通路是一种在细胞内传递信息的方式，它可以影响细胞的功能和行为。例如，正念练习可以提高免疫细胞的抗氧化能力，减少细胞内氧化应激，从而改善 NK 细胞的活性。此外，正念还可以通过调节免疫系统的炎症反应和免疫细胞之间的相互作用，让它们更加协调和高效。

总的来说，正念作为一种非药物心理干预方法，在癌症等疾病的康复治疗中显示出了潜在的应用价值。通过对 NK 细胞活性的调节，正念练习可能对免疫系统产生积极影响，从而增强身体的免疫防御能力。将正念融入现有的癌症综合治疗方案中，可以帮助患者在身心上获得更好的平衡，从一定程度上提高抗癌效果，提升生活质量。

二、正念对染色体端粒的作用

1. 染色体端粒：维护稳定与健康

人体细胞中有一种叫作染色体的结构，它们携带着人体的遗传信息。端粒位于染色体的末端，由一串 DNA 序列和相关的保护蛋白组成。端粒就像鞋带末端的塑料套，保护染色体不被破坏或缩短，维持染色体的稳定性，并参与细胞的分裂和修复过程。

端粒被科学家称为细胞寿命的"有丝分裂钟"，因为它们控制着细胞衰老和死亡的过程。每当细胞分裂时，端粒会因为复制机制的限制而缩短一些，当端粒缩短到一定程度时，细胞就会老化或死亡，因为它们无法再分裂了。所以，端粒的长度可以反映细胞复制史及复制潜能，决定了细胞能够分裂的次数。简单来说，端粒越长，细胞越年轻、能分裂的次数越多。端粒的长度也影响着人们的寿命长短，被认为是衰老的生物标志。

端粒不仅仅是衰老和寿命的决定因素之一，它还与许多疾病有着密切的关系，如癌症、心血管疾病、神经退行性疾病、糖尿病等。有时候，端粒缩短会促进疾病的发生和恶化；有时候，端粒缩短是疾病的结果；有时候，端粒缩短还会和其他疾病过程互相影响，形成一个恶性循环。因此，保护和维护端粒的稳定性对维护健康和预防疾病有着重要的意义。

那么，有哪些因素会影响染色体端粒的状态呢？首先，有一些因素是天生就存在的，如遗传基因。有些人的端粒就是比其他人的长，这遗传自父母或祖先。这些人可能会比其他人更长寿，也更不容易生病。其次，有一些因素是由身边的环境造成的，如辐射、污染、化学物质等。这些因素会导致端粒缩短，从而影响细胞的生命周期和健康。当然，还有一些因素是我们可以控制的，如生活方式和心理状态。如果有健康的饮食习惯、适量的运动、充足的睡眠，那么端粒就会保持在一个良好的状态，让细胞更健康。相反，如果经常焦虑、抑郁、压力大（包括感知到的压力和长期的压力），那么端粒就会变得更短，让细胞更容易衰老。有一项研究发现，与低压力的妇女相比，感知压力水平较高的妇女的端粒更短，相当于额外衰老了至少十年（Epel et al., 2004）。

2. 正念对染色体端粒的影响

虽然染色体端粒缩短是不可逆的，但我们可以通过一些方法来减缓其缩短的速度，维护其稳定性。越来越多的研究表明，正念对染色体端粒具有积极的影响。

一方面，正念可以减缓端粒的缩短速度。仍以乳腺癌为例，在2015年的一项随机对照试验中，进行了以正念为基础的癌症康复（Mindfulness-based Cancer Recovery, MBCR）干预的患者的端粒长度得以维持，而进行常规护理的患者的端粒长度有所下降（Carlson et al., 2015）。这表明正念可能有助于保护染色体端粒，减缓其缩短速度，从而延缓细胞衰老和寿命的进程。

另一方面，正念还可能通过调节端粒酶（telomerase）的活性和表达来影响染色体端粒（Schutte & Malouff, 2014）。端粒酶是一种关键的酶，可以帮助维持端粒的长度。研究发现，正念可以增加端粒酶的活性和表达，从而有助于维护端粒的稳定性和完整性。

此外，正念还可能调控与端粒相关的基因表达，也就是基因在细胞中发挥作用的方式。有些基因可以促进端粒的稳定性和保护效应，让它们不那么容易缩短或损伤。正念可以让这些基因更活跃，从而延缓端粒的衰老过程。

总体而言，正念作为一种心理调节技术，不仅能帮助个体放松身心，减轻压力，改善情绪状态和心理健康，还能间接地延缓端粒缩短的速度，从而对个体的细胞健康和寿命产生有益的效果。

第五章

正念在临床领域的应用

现代意义上正念的实践探索最初应用于临床人群,如卡巴金的正念减压干预的对象都是深受癌症、慢性疼痛等疾病困扰的人群。直到现在,临床相关领域仍然是正念发挥作用的主战场。本章首先介绍正念对患有躯体疾病患者的干预作用,其次分别从负性情绪、成瘾行为、心理创伤、进食问题、睡眠问题五个方面来介绍正念的改善效果、机制及相应的干预方案。

第一节　正念对躯体症状患者的效果

小丁静静地躺在床上，两只眼睛红肿而干涩，动一动就非常疼，她好想按下暂停键，有太多的事情是她无法面对的。今晚她看到了自己的癌症诊断报告，"乳腺癌二期"，这几个字似乎有魔力一样，只要看到，她的胃里就翻江倒海，一阵阵痉挛，大脑一片空白。她才26岁，生命就要这样结束吗？她当然知道自己还有希望，但希望就像是站在大山峡谷谷底仰望那一丝丝缥缈的亮光，甚至带点魔幻性质，不知道哪天死神就会把那一丝亮光收走，将自己带到无边的黑暗中。她是家里的独生女，父母老年得子，现已年迈，实在不忍心掐灭他们唯一的希望。她不知道自己的希望在哪里，虽然医生说治愈的概率高达91%，但是她知道，她就是那个不可能被治愈的可怜虫，绝望、抑郁、焦虑如影随形，手术、身体不再完整、化疗、光头，还有可能复发、转移……这一切都让她极度崩溃。

这是癌症病人常见的心理状态，绝望、无助、无力、抑郁、焦虑和恐惧。不仅是癌症患者，其他躯体症状患者，如冠心病患者、类风湿性关节炎患者和慢性疼痛患者等，在得知病情后，自己和家人的生活规划、社会适应、家庭生活、人际关系和经济开支都需要重新安排，如果不能及时有效地处理这些问题并做出适应性的调整就会导致一连串的不良后果。

随着时代的发展和观念的变革，医学治疗的视角不再局限于手术、药物，越来越多的医生将疾病的治疗与康复放在一个多学科整合、合作的框架中，包括手术、药物、营养干预、心理疏导、健康教育和生活习惯改善等，希望通过各种方法协助病人回归正常生活状态。比如，心肌梗死手术后的职业康复就是心脏康复的重要目标，是评估临床治疗效果的指标之一。

正念将注意力专注于当下的感受与体验，不带评判地接纳自己的感受，其操作方法简便，患者依从性高，所耗费的经济成本低。患者在经过规范指导后，可以不依赖于他人指导而独立进行，在日常生活的行走坐卧间均能练习，效果较好且持久，因此被越来越被广泛地应用与推广。

一、正念对躯体症状患者的作用

从心理学的视角看待疾病，疾病不仅会带来生理上的改变与影响，如器官的切除带来生理机能的改变，肢体问题带来自我形象的变化，同时也会对患者的心理造成重大影响。比如，会产生抑郁、焦虑、恐惧等负性情绪，人际关系紧张，对未来生活因绝望而带来的退缩等一系列心理问题，对一些重症或疾病迁延程度高，拖延时间长的患者甚至会采取自残或自杀的极端行为，给自己和家人带来极大的痛苦。身体和心理是不可分割的统一体，躯体的感受不仅源于身体，心理方面的因素也会影响躯体的感受性，因此疾病的康复需要躯体和心理的双管齐下，对躯体症状患者进行心理干预，同样也会对患者的生理产生积极的效果，最终形成一个相互促进的良性循环体。

正念对躯体症状患者有较为积极的影响。研究发现，正念训练前后患者的抑郁、焦虑和压力水平都有较大降低，而情绪的改变和压力的减轻也会降低患者担心复发的恐惧，从而产生更积极的行为，有助于患者身体的进一步康复。同时，正念训练可以帮助患者提高睡眠质量，而睡眠质量的提升也能有效缓解压力和情绪紊乱问题，促进康复效果。不仅如此，专门针对躯体症状患者，正念还会有一些独特的效果，主要体现在以下方面。

1.疼痛症状的减轻和疼痛管理的改善

对躯体症状患者而言，疼痛是一种常见的躯体体验，偏头痛、类风湿性关节炎、骨关节炎、慢性腰痛、结缔组织疾病、间质性膀胱炎、纤维肌痛和癌症等躯体疾病患者都会体验到或轻或重的疼痛感。疼痛是一种与组织损伤或潜在组织损伤相关的感觉，是情感、认知和社会维度的痛苦体验，对疼痛的感受性和耐受性有较大的个体差异。由于疼痛是身体的一种保护机制，也是机体受到伤害的一种警告，因此不具有适应性。也就是说，疼痛感并不会随着时间的延长而减弱。如果患者在伤病愈合后仍有持续并超过三个月的疼痛，就会演变为慢性疼痛（chronic pain，CP）。目前，全球慢性疼痛的发病率为20%—25%，相较于一过性的疼痛，慢性疼痛给患者的生活质量带来更大的影响，不仅会导致患者日常活动能力受限，也会产生对阿片类药物的依赖，并伴有焦虑、抑郁等情绪困扰，是重大的公共卫生问题之一。随着对阿片类处方药物的进一步限制，正念干预能够缓解患者的疼痛感受，提高对疼痛的接纳程度以及改善与此相关的情绪问题，越来越受到研究者的重视。

研究者细致开展了正念对于背部慢性疼痛的缓解作用，发现通过正念练习，患者学会面对自己背痛的事实，而不是去回避。他们开始理解并接纳自身的痛苦，并且改变了对疼痛的看法，改变了自己与疼痛之间的关系，开始变得放松。练习者报告说，他们获得了平静感、控制力和信心，对疼痛的恐惧感减弱了，并且对疼痛不再那么害怕，也不再被持续的疼痛所消耗（Doran，2014）。

2. 疲乏症状的缓解

对于躯体疾病患者，疲乏是常见症状之一。疲乏不仅影响情绪，也会对一些诸如驾驶、飞行等需要高度注意力的职业构成危险隐患，甚至可能引发事故，危及自身及他人生命财产安全，长期的慢性疲乏达到一定程度后可能形成慢性疲乏综合征，它一般和焦虑、抑郁、孤独感、疼痛和睡眠障碍有关，是一种症状集群。癌因性疲乏是指与癌症相关的疲乏（cancer related fatigue，CRF），主要指癌症或与癌症治疗相关的身体、情绪或持续的认知疲惫，70%以上的癌症患者会出现癌因性疲乏，主要体现为精神不振、虚弱、懒惰、精神淡漠、注意力不集中、记忆力减退、抑郁等，并且不能通过额外的睡眠来改善，与最近的活动水平不成比例。癌因性疲乏被认为比癌症及其治疗的其他副作用（如疼痛、恶心和情绪障碍）更令人烦恼，严重干扰人们的日常生活功能。

对疲乏的干预，以往的研究结果显示，运动是很好的缓解方式，但由于并不是每个患者都适合运动，如术后疼痛，躯体残疾的患者，坚持运动相当困难，并且疲乏的原因并非全部由生理因素导致，其中情绪等心理因素也起到重要作用，因此像正念这样针对心理功能的方法开始逐渐兴起。研究发现，正念水平不仅可以直接负向预测疲劳，也可以通过对焦虑、抑郁、疼痛、孤立感和睡眠障碍的积极影响，对疲乏产生间接的缓解作用（Ikeuchi et al., 2020）。正念对疲乏的缓解效果持续时间也相对较久。研究发现，正念训练改善疲乏程度的效果在6个月后仍然能够较好地维持（Rimes & Wingrove, 2011）。

3. 积极心理因素的产生

从疾病的角度来看，患病是一种创伤性体验，生活原有状态被打破也需要患者重新适应和调整，因此患者必然会经历抑郁、焦虑等诸多负面情绪。然而，创伤也会带来积极的后果，如躯体问题可以促进"与身体的重新连接"，这种连接包括增强对身体的欣赏，增加对身体的关心和增加健康行为，并因此产生积极的效果。积极心理因素研究较多的是创伤后成长（post traumatic growth, PTG），它是指个体在经历了重大的改变生活的环境或事件后表现出的积极的个人成长过程（Kampman et al., 2015）。正念对PTG有积极作用，而患者的PTG如果处于高水平，患者就可以更好地调节自我心态，寻找意义，改善心理健康状况，以更加积极的方式面对生活。研究者针对包括乳腺癌、泌尿生殖系统癌、胃肠道癌等多种癌症患者的干预发现，8周正念干预后患者的PTG显著高于对照组的癌症患者（Laura et al., 2015）。关于 PTG 的更多内容，可详见本章第四节相关内容。

二、正念对躯体疾病患者的干预机制

正念在某种程度上可以直接对免疫系统、身体激素以及细胞产生调控作用（详见第四章），这可能是正念能够对躯体疾病患者起效的部分生理机制。当然，值得提出的是，这方面的研究证据仍然十分有限。此外，躯体疾病不单纯是由身体因素导致的，在躯体疾病产生及治疗康复的过程中，心理因素也在其中起着重要的作用。正念对躯体疾病患者的干预心理机制可以从疾病认知、情绪改善、接纳态度和健康行为等角度来进行理解。

1. 疾病认知

正念改善躯体疾病患者身心健康的一个重要机制是对疾病认知的改善。所谓疾病认知是指患者对于疾病的看法。患者如何看待疾病，对疾病的病情进展和康复效果有显著的影响。比如说，同样强度、持续时间也相同的疼痛感发生在心脏部位和发生在肢体部位，患者对疾病严重程度的判断，产生的情绪和所采取的行为将会有非常大的不同。如果疼痛发生在心脏部位，患者就医的概率会更高，焦虑和担心程度更高，也会更重视疼痛；如果疼痛发生在肢体部分，情况可能正好相反，患者的重视程度将会大打折扣，究其原因，源于患者对疾病的认知不同。认知不同，重视程度不同，情绪和行为也会不同，对生活和工作的影响也会有巨大差异。

有学者做过一项有意思的研究，他们将一根冷的铁棒贴着参与者的脖子，但对两组参与者的指导语完全不同。他们让其中一组参与者相信这个铁棒是烫的，而让另一组参与者相信这根铁棒是冷的。实验结果非常出乎意料，相信铁棒是烫的那组参与者比相信铁棒是冷的那组参与者报告了更多的痛苦，他们觉得自己受到了更多的烫伤。由此，我们可以看出，对疼痛的认知不同，个体对相同的疼痛感受性完全不同（Arnoud & Lily, 2004）。

对疾病的认知不仅能影响到具体的症状感受，对于患者的整体身心状态也会产生重要作用。认知行为模型表明，患者对疼痛的信念在他们的适应中起着关键作用。研究显示，如果患者认为身体有残疾就应该避免活动，认为疼痛意味着身体的永久缺陷，那这名患者更容易出现因为缺乏运动而导致的身体功能下降，形成身体功能障碍（Jensen et al., 1994）。而正念能够帮助患者以一种不加评判的态度看待疾病，面对和应对症状，更少地受到患者这一身份的影响，这种疾病认知的改善对于患者的身心康复有着积极的潜在作用。

2. 情绪改善

正念改善躯体疾病患者的另一机制是对患者情绪的改善作用。情绪和躯体感受互相影响，如严重的焦虑情绪会引起失眠、头疼，肠胃功能失调等一系列生理反应，而生理上的不舒服又容易引起焦躁、愤怒、悲观等负性情绪。因此，对情绪的调节可以进一步帮助患者躯体症状的改善。

研究者考察了慢性背痛患者对疼痛的预测、疼痛相关恐惧之间的关系。他们发现，高焦虑患者在疼痛开始的早期会表现出高估疼痛的倾向，而低焦虑患者则会低估疼痛。对疼痛感受的焦虑和恐惧会让患者避免运动以防止产生更多的疼痛感，虽然逃避运动可能会减少疼痛发生的概率，但长期避免运动则会使机体受到损伤，如骨骼肌肉的协调障碍，给生活、工作带来更严重的影响。正念训练可以让患者关注并不加评判地接纳当下的情绪体验，以接纳的态度应对恐惧、焦虑等负面情绪，从而降低负面情绪的强度，让患者能避免负性情绪的干扰，采用更积极的行为去应对疾病。情绪的改善有助于疼痛感的缓解和疼痛应对能力的增强，有助于患者的进一步康复。

不仅如此，患者照顾者的情绪也会影响到患者本人的情绪和康复。笔者研究团队的一项研究考察了照顾者与乳腺癌患者的正念水平和负性情绪的作用机制，结果显示，具有高水平特质正念的乳腺癌患者报告的负面情绪较低，其中的原因可能是乳腺癌患者的正念水平对其照顾者的压力产生了缓解作用，照顾者的积极改变又能够进一步反作用于患者，带来情绪的改善（Liu et al., 2021）。

3. 接纳态度

接纳态度的提升也是正念干预躯体疾病患者的重要机制。罹患难治疾病往往让患者给自己贴上严重的负面标签，在情绪、态度和行为上都对患者产生沉重的压力，也阻碍着患者的康复进程。正念可以通过提升对自我和对症状体验接纳的态度，帮助患者从疾病标签带来的压力中解脱，从而改善疾病预后。笔者研究团队通过176例中晚期胃肠癌患者的研究揭示了特质正念是如何有助于减少心理症状的，胃肠癌是死亡率高、存活时间短的恶性肿瘤，是心理症状和压力感知较高的群体。研究结果显示，更高的特质正念与更多的自我接纳和更少的感知压力有关，自我接纳和感知压力在特质正念与心理症状的关系中起中介作用，特质正念较高的癌症患者能以一种不加评判的态度更清楚地意识到当前的经历，并能更好地接纳自己，从而感受到较轻的压力，而低水平的压力对他们保持良好的情绪状态和社会功能是有利的，这也减轻了他们的心理症状（Xu et al., 2017）。因此，临床医生可以在正念治疗中直接明确地针对自我接纳和感知压力协助患者减轻心理症状。

有研究显示，正念对疼痛的缓解作用并不在于疼痛相关病灶的消除或疼痛感受性本身的下降，更多地体现在对疼痛的接纳上面，有研究从数据上证实正念增加了个体对疼痛的接纳程度（笔者也参与了该项研究的实施）。这项研究让参与者在参加完8周正念减压后将手伸入冰水中，测试其对疼痛的感受性（注：冰水冷压实验是常用的安全的疼痛研究实验范式）。结果发现，经过正念训练之后，参与者的正念水平得到提升。相比对照组，参与正念训练的个体报告了更低的疼痛感受。当再次经历疼痛刺激时，对照组会更多地自发采用转移注意力的方式来回避疼痛刺激，而参与正念训练的个体则转变了对疼痛的态度，保持不评判、不回避的态度，对刺激有了更多的接纳。正因为个体保持了接纳的态度，从而对疼痛的感受性下降，耐受性提高（王玉正等，2015）。

4. 健康行为

正念改善躯体疾病患者身心状态的另一个机制是对健康行为的提升。所谓健康行为是指个人采取的有益于身体和心理健康的行为。对疾病患者来说，健康行为对于症状的发展有着显著的预测作用，尤其是对慢性疾病的健康行为管理对疾病的控制发挥着至关重要的作用。因患慢性疾病死亡的人数在美国每年占所有死亡人数的70%。在慢性病中有一些疾病是可以预防的，如肥胖症，可以通过"迈开腿，管住嘴"这样的行为管理方式进行预防或治疗。再如，偏头痛这样的慢性病也可以通过改善睡眠、减轻压力、健康饮食得到缓解。研究表明，特质正念得分越高，患者的适应性反应越多，他们身体活动的次数会更多，拥有更健康的饮食习惯，并且睡眠质量更好。这些健康行为越多，患者的生活质量也越高，心理状态更好，生存期也更长。

三、正念对躯体疾病患者的干预方案

对躯体症状患者的干预方案，多数情况下采用正念减压的方法进行干预，有学者在其基础上进行改良，如在其中加入了针对癌症病人特殊需求，尤其是心理需求的内容，进一步开发出正念癌症治疗方案（Mindfulness-based Cancer Recovery，MBCR），

MBCR方案连续进行12周，每周以55分钟团体课程的形式进行。患者在课余时间需要在家每天练习30分钟至45分钟正念，也可以线上查看录音。具体操作见表5-1。

表 5-1　MBCR 课程安排

星　期	课堂活动内容	家庭练习作业
第 1 周 正念简介	程序说明和介绍 什么是正念？ 正念呼吸和身体扫描练习	引导音频身体扫描练习（15 分钟）
第 2 周 正念与癌症	压力与癌症 使压力正常化对健康的影响 癌症的共同经历 正念如何提供帮助？ 膈肌呼吸和身体扫描练习	引导音频横膈膜呼吸，身体扫描（15 分钟）
第 3 周 正念的态度	正念态度 静坐介绍	引导式音频坐姿练习（15 分钟）、建立记录愉快事件的意识
第 4 周 身体的正念	解决/练习的障碍 癌症治疗对身体的影响（疲劳、疼痛） 瑜伽练习介绍	指导音频坐姿练习（15 分钟），指导视频躺/椅瑜伽（15 分钟）
第 5 周 应对压力	自我压力评估 应对压力 静坐练习	不愉快事件日志、音频坐姿练习指导（15 分钟）、躺/椅瑜伽指导视频（15 分钟）
第 6 周 自主神经系统 （ANS）的平衡	什么是 ANS？ ANS 中的呼吸和平衡 交替鼻孔呼吸 日常（非正式）正念 站立瑜伽（15 分钟视频）	日常迷你冥想：音频坐姿指导（20 分钟）、视频站立瑜伽指导（15 分钟）和鼻孔交替呼吸（10 分钟）
第 7 周 正念应对	我们告诉自己的故事 常见的无益思维模式 挑战我们的假设 坐姿练习（20 分钟）	挑战我们的假设，音频坐姿指导（15 分钟），视频站立瑜伽指导（15 分钟）
第 8 周 正念和睡眠	癌症患者的睡眠障碍 正念如何提供帮助？ 放松/想象练习 入睡练习	入睡练习、音频坐姿指导（15 分钟）、视频站立瑜伽指导（15 分钟）

续表

星　期	课堂活动内容	家庭练习作业
第9周 深化和扩展	内观正念练习 无选择的意识/开放的意识	引导开放意识音频坐姿练习（30分钟），引导视频躺/椅或站立瑜伽（15分钟）
第10周 加深意识的意象	发挥想象力 不同类型的图式 使用不同的感官 山峦冥想	指导音频湖的冥想练习（15分钟），指导视频躺/椅或站立瑜伽（15分钟）
第11周 慈心修行	慈心修行简介 对自己和他人的慈爱 慈心修行	语音导读慈心修行（15分钟）
第12周 走进这个世界	每天正念 如何应对对癌症复发的恐惧 寻找实践社区	持续练习 在线资源

资料来源：Carlson et al.，2019.

下面将针对MBCR方案中一些独特性较高的内容做简单介绍，以便读者更容易理解方案的具体内容。

1. 交替鼻孔呼吸

交替鼻孔呼吸指的是在呼吸时一次只用一个鼻孔进行的呼吸训练。在训练前，可通过一次堵住一个鼻孔来呼吸，如果一侧鼻孔比另一侧鼻孔呼吸更轻松，轻松的那一侧就是主动鼻孔，另一侧则是被动鼻孔。我们可以通过交替呼吸的方法，不断活跃大脑的一侧，如当你用左边鼻孔呼吸时，则右侧大脑处于活跃状态；用右侧鼻孔呼吸时，则左侧大脑处于活跃状态。通过让左侧和右侧大脑不断处于活跃状态，可以协助我们平衡自主神经系统，让大脑更清晰。我们可以将右手的中指和无名指放在左侧鼻翼之上用来关闭左侧的鼻孔，右手的拇指放在右侧鼻翼之上用来关闭右侧鼻孔。然后按照以下的步骤来进行交替鼻孔呼吸：第一步，用双侧鼻孔吸气，然后关闭被动的鼻孔，用主动的鼻孔呼气。然后关闭主动鼻孔，用被动鼻孔吸气，以此类推。经过三次完整的呼吸之后，利用被动鼻孔做吸气和呼气，然后转换鼻孔继续做三个完整的交替呼吸练习。这是一个周期。然后放下手臂，自然地用双侧鼻孔呼吸一会儿，之后再重复前面的动作。

2. 日常迷你冥想

平衡迷你呼吸练习（计数法1）：一边呼吸一边从10数到0，每次吸气和呼气均算作一次呼吸，就像爬楼梯一样。第一次深呼吸时对自己说"10"，第二次说"9"，以此类推。

平衡迷你呼吸练习（计数法2）：吸气时缓缓数到4，呼气时再缓缓数回1，重复多次。

平衡迷你呼吸练习（保持法）：每次吸气后暂停几秒钟，呼气后再暂停几秒钟，这样重复几次。

平衡迷你呼吸练习（呼气后保持法）：三角式呼吸，深吸一口气，再全部呼出，暂停，即在呼气后保持一会儿。

平衡迷你呼吸练习（呼气后保持法）：倒三角式呼吸，呼气，再深吸一口气，暂停，即在吸气后保持一会儿。

3. 山峦冥想（引自《正念癌症康复》

推荐坐姿，像山一样基地宽广，顶峰耸立。

下面，请坐好。不管是在椅子上还是在垫子上，让自己的身体找到那个平衡、舒适和稳定的位置。你可以将双手放在膝盖上，或者交叉置于身前。直立的身体将帮助你在练习时找到尊严，并保持觉醒状态。同时，尽量避免过分紧张和僵硬。双眼可以睁开或者闭上。很多人会选择闭上双眼以减少外在的干扰。

请用注意力关注你的整个身体……花一点时间去熟悉身体的韵律……那种全身都在呼吸和存在的感觉……在关注这些感觉的时候……如果发现哪些地方有紧张和不适……尝试一下放松和放开。

下面在脑海里构建一座大山的形象……也许是你熟悉的……记忆中存在的……或者是你脑海中构建的……包括很多山的特点……花一点时间来想象这座山的特点……是有一个独立的山峰还是山峦起伏……顶部是否有冰川和积雪覆盖……山上是否有森林……这样一座孕育着生机、活力和庄严的大山。

　　一旦这个影像在脑海中形成……渐渐地把自己想象成这座大山……身体和大山融为一体……双腿和臀部成为大山稳固的基座……坚实地和大地连为一体……脊柱成为山的轴心……上身和双臂成为倾斜的山腰……头和肩膀成为山的顶峰……大山的特质成为身体的特征。

　　就这样静静地坐在这里……像大山一样……任凭周围的世界转化和变换……太阳升起来了……霞光笼罩着这座山……清晨的露珠在闪耀……慢慢地……光影随着太阳在移动……山顶的积雪融化成为山泉……动物出来觅食……享受阳光……慢慢地……太阳西下……傍晚来临……星星和月亮渐渐升起……黑夜降临了……然后又是黎明……就这样……白天变成黑夜……黑夜转化为白天……日夜交替着……但是大山依然坐在这里……稳定又庄严。

　　同样，大山也经历着四季的变化……春天……百花盛开……夏天……酷热难耐……大山……就这样承载着……秋天……绿叶渐渐变了颜色，红的、黄的、褐色的秋叶将大山装扮得五彩斑斓……天气变凉了……白天变短了……渐渐地，雨变成雪……鸟儿和动物开始迁徙……或者为过冬做准备……不管那些匆匆的访客对大山有何印象……大山……就是这样……没有改变……承载着一切。

　　就这样和你山峦式的身躯一起坐在这里……接受着大山给予的无私馈赠……意识到自己已经拥有的稳定……坚实……和庄严……就在这无穷变幻的世界中。当你生活中的那些风雨、季节的变换按照它们自己的规律变化的时候，愿大山所给予的无穷智慧永远伴你左右。

第二节　正念对负性情绪的改善

当我坐在肯德基里，享用着炸薯条的美味时，听到了从点餐区传来的对话。

一位职场女士："你好，请问香芋派还有吗？"

肯德基员工："很抱歉，香芋派已经卖完了，您可以尝尝我们其他的产品。"

女士："啊，太遗憾了。我今天下班很累，一直想着能吃上一块香芋派，结果没想到卖光了。"

过了一会儿，我注意到那位女士拿着肯德基的盘子坐到了我的旁边。

又过了一会儿，传来了抽泣的声音，接着是更大的哭声。

尽管周围的人都对她投来异样的目光，但她仍然坐在座位上哭泣着，一边哭一边吃完了手中的红豆派。随后，她用纸巾擦了擦眼泪，深呼吸几次，调整了一下情绪，拿起电脑包，离开了肯德基。

你可能无法理解为什么这位女士会因为无法吃到一块香芋派而突然大哭，可能会认为这种反应过于矫揉造作。你也可能会感同身受，长期积压的情绪有时只需要一个小小的导火索就能够爆发出来。你有没有经历过在一个美好的早晨醒来，然后突然感到情绪低落、烦躁不安？或者在工作中受到挫折，难以控制自己的情绪？在生活中，产生负性情绪是难以避免的。当你遭遇挫折、失落、压力和困难时，负性情绪会自然而然地涌现。负性情绪是指引起不适、痛苦或不快感觉的情绪状态，包括焦虑、抑郁、愤怒、痛苦、羞耻、孤独、内疚、嫉妒等。这些情绪通常是由一些负面的事件、体验或想法引起的，同时也会反过来影响一个人的想法和行为。

负性情绪的存在在一定程度上是正常且合理的，是人类生存和适应的重要机制之一，如它们可以促使我们采取行动来解决问题或避免危险。但是在长期存在或过度存在的情况下，负性情绪可能会对我们的身心健康产生负面影响。例如，长期的抑郁、焦虑或愤怒可以影响一个人的身体健康、社交生活和工作表现，甚至会导致心理障碍，如抑郁障碍、焦虑障碍等。抑郁障碍的特点是持续的悲伤和失去兴趣或乐趣的感觉，心情低落，感到疲劳和无力，失眠或过度睡眠，注意力和思考能力下降，甚至出现自杀意念。焦虑障碍的特点是持续的担心、紧张和不安，易激动和惊恐，出现心悸、出汗、颤抖、头晕、胃痛等身体不适症状，回避与担心相关的事情或情境。这些反应会对个人的日常生活造成很大的影响，因此对于那些经常受到负性情绪困扰的人，建议积极寻求心理治疗或其他帮助，以提高生活质量和心理健康。当然，在寻求专业帮助的同时，人们还可以通过正念来改善负性情绪，并促进积极情绪的提升。

在上述案例中，这位女士并没有意识到自己长期积压的负性情绪，因此也没有采取任何技巧来改善负性情绪。当她遇到无法享用心心念念的食物时，积压已久的情绪终于爆发。相信许多人在生活的重压下，都不想被负性情绪所支配。通过练习正念，我们可以学会成为情绪的主人。逐渐掌握改善负性情绪的方法，学会以轻松自如的态度生活，不再被焦虑、抑郁或愤怒等情绪所困扰。

一、正念干预负性情绪的应用

正念认知疗法（MBCT）融合了正念减压（MBSR）和认知行为疗法（CBT）的元素，最初用于预防抑郁障碍的复发，后来也同样适用于焦虑的缓解。接纳承诺疗法（ACT）认为，消极想法的抑制会导致负性经验的频率和严重程度增加。因此，通过经验为导向的技术来培养自我接纳和非判断态度，能够帮助人们从负性情绪中解脱出来，提高自己的心理灵活性。辩证行为疗法（DBT）不仅对于边缘型人格障碍患者存在疗效，对于抑郁障碍和强迫障碍患者的固定认知模式的改善也有明显的帮助。这些以正念为基础和正念相关的干预方法在负性情绪的改善上得到了广泛的应用。

除了传统的面对面个人和团体形式以外，近年来，随着互联网技术的发展和常规干预场所的紧缺，基于互联网的正念干预也逐渐成熟。将正念干预从线下转移到线上，提供了更灵活的时间和地点，使更多的参与者能够在不受时间和空间局限的情况下轻松获取心理健康服务。线上正念干预也可以增加参与者的隐私保护，对那些害羞或在面对面干预时感到不适的个人来说是一个不错的选择。此外，在线上环境下，个体可以更加专注于自我内部的思考和感受，减少了干预前后不必要的社交和人际交往难度，使个体更能够放松自如。

二、正念改善情绪问题的效果

正念改善情绪问题的效果如何呢？大量研究表明，正念对于改善情绪问题和障碍都有积极的影响。

在正念干预的研究中，已经证实正念干预对于减缓临床患者和普通人群的焦虑和抑郁情绪具有积极的改善效果。一项回顾44项研究的元分析发现，相比于等待对照组，正念干预有更好的效果，可以显著改善焦虑情绪和抑郁情绪，而且研究者在跟踪调查期间还发现，改善抑郁的效果持续存在（Goldberg et al., 2022）。

值得一提的是，笔者研究团队进行了多项与正念改善负性情绪相关的研究。笔者参与开展了一项为期8周的随机对照干预研究，其中有38人随机分配到正念组参与正念训练，另有41人随机分配到等待对照组。经过 8 周干预之后，相比等待对照的个体，参与正念训练的个体的焦虑、抑郁和整体负性情绪显著地减少了（徐慰等，2013）。笔者还参与了针对长期服刑男性犯人的正念干预研究，这一研究发现，在监狱系统开展为期 6 周的正念训练可以显著改善服刑人员的负性情绪（Xu et al., 2016）。笔者参与的另一项随机对研究表明，正念训练可以增加个体的内在平静感（Liu et al., 2015）。此外，笔者研究团队采用动态评估的方法探究特质正念在日常生活中的减压作用，结果发现，在面临压力时，个体更有可能从正念中获益，高正念能力的人会表现出更少的消极情绪（徐慰等，2018）。

三、正念改善负性情绪的作用机制

正念是如何帮助改善负性情绪的？有许多研究都进行了探索，接下来将介绍正念改善负性情绪的几种主要作用机制。

情绪调节能力的增强是正念改善负性情绪的一种重要作用机制。长期的正念训练可以直接提高情绪调节能力，包括对负性反刍思维的认知控制能力（Ramel et al., 2004）、自我关注的注意能力（Goldin et al., 2009）和注意力分配和调节能力（Slagter et al., 2009）。以本节开篇案例为例，那位女士在面临情绪困扰时，如果能通过有规律的长期正念练习，她就能做到在思维层面不去反复思考生活、工作中的过错，更加关注自身的感受，将经历有意识地投入有意义的活动中，也许她就不会因为一件诸如没点到香芋派的小事而出现情绪崩溃的情况。

本书第三章所提及的正念情绪调节模型，对于如何正念地调节情绪有不同的观点。这一模型反对传统的情绪调节理论，认为情绪应该被接受，而不是被抑制、重评或改变。这一模型建议通过系统化训练觉察和不反应来增强正念能力，重点是训练注意觉察本身。通过对惯性思维模式的觉察和识别，个体可以进一步有意识地觉察思维、情绪和感受，而不必产生习惯性的反应，从而逐渐消除产生自动化评价的过程，减少困扰情绪的影响。简言之，这一模型认为，正念训练可以帮助个体在觉察的状态下更加客观地认识和感知单纯的事件，而非在惯性思维模式中被捆绑和操控。

正念在改善负性情绪方面的另一个重要作用机制是积极的认知重评。研究表明，接受正念训练的人在实验后表现出更高水平的积极认知重评。与未接受正念训练的对照组相比，他们更有可能运用积极的思维方式重新评估负面情境，并从中找到积极的意义（Garland et al., 2009）。这意味着通过培养正念能力，个体可以更好地运用积极的思维方式重新解读负面情境，从而获得情感上的好处。这对于情绪管理和心理健康非常重要。以前面的案例为例，如果那位女士长期进行正念练习，当她无法吃到香芋派时，她可能会运用积极的思维方式来应对。她可以告诉自己："没关系，我可以利用这个机会减肥，明天早上再享用一份香芋派。"而不是情绪失控地大哭一场。通过正念练习，她可以改变对事件的看法，将其转化为一个积极的机会，从而避免情绪的消极影响。

自我关怀指的是对自己的感受和情绪采取同情、温暖和关心的态度。自我关怀对情绪的改善非常重要，而正念可以提高自我关怀能力，并进一步帮助调节情绪。比如，正念练习可以帮助个体更加关注自己的内心体验和情绪状态，并以一种不判断、充满关怀的态度面对自己的感受和体验。这种关注和接纳可以让个体感到一种被自己所理解和支持的感受，进而负性情绪的痛苦和压力都会减轻。例如，本节开头案例中的女士可以通过正念练习，对自己更加关注，对自己的情绪状态和内心需求更为照顾，这种对自己的支持会带来强大的情绪价值，正性情绪自然增加而负性情绪自然减少。

另外，正念练习可以帮助个体更好地接受自己的人类本质和缺陷，并以一种开放和宽容的态度对待自己。这种宽容可以让个体减轻自我批判、否定和苛求的影响，增强个体的自我接纳和心理弹性。案例中的女士通过正念练习，可以意识到自己的负性情绪是人类整体痛苦的一部分，它并不是孤立存在的，而且有它自身的合理性。如此，负性情绪似乎被"理解"了，它对女士的影响力减弱，女士对自己的负性情绪会更少苛责，更多包容，情绪状态也可以随之改善。

四、针对情绪问题的正念干预方案——情绪困扰正念干预

情绪困扰的正念干预课程（Mindfulness Intervention for Emotional Distress，MIED）由北京大学心理与认知科学学院刘兴华研究员依据正念减压（Mindfulness Based Stress Reduction，MBSR）和情绪障碍的跨诊断治疗统一方案（Unified Protocol for Transdiagnostic Treatment of Emotional Disorders，UP），基于多年的正念经验和研究经验所设计开发，用于缓解焦虑抑郁等情绪困扰，辅助情绪障碍的治疗。

课程分为自助课程（I+MIED）和团体课程（MIED）两种形式。根据个人的条件和偏好，可以选择适合自己的课程形式参加，因为这两种课程都是可行的。

1. I+MIED 课程简介

2020 年年初，刘兴华团队推出自助形式课程（I+MIED），I+MIED 包括连续 49 天的每日练习，每日课程包括以下内容。

（1）每天 15 分钟特定主题的正念练习引导音频；

（2）每天 5—10 分钟关于正念和情绪困扰的主题讲解音频；

（3）关于正念和情绪困扰的主题阅读材料；

（4）将知识付诸行动的每日打卡练习任务。

每一天，练习者需要 30 分钟左右的时间来完成当天的课程内容。练习者对于每天的学习可以选择一次性完成，也可以选择将当天的练习内容拆分成段，然后在不同的时间内完成。

2. MIED 课程简介

MIED 课程沿袭了传统 8 周课的形式，持续 8 周，每周 1 次，每次 2.5 小时，另外包括每天 15 分钟的家庭练习任务。MIED 团体课程包括以下 8 堂课程。

第一课：正念练习、投入当下；

第二课：情绪的功能与价值；

第三课：情绪困扰的来源及对策；

第四课：主动唤起不舒服的感受；

第五课：减少过度的回避行为和情绪驱动行为；

第六课：想法只是想法；

第七课：面对痛苦回避的情境；

第八课：总结与展望。

团体课程是在正式师资的带领下进行的，不同于自助课程，是一种团体形式的课程。MIED 旨在帮助参与者发展正念技能，学习如何全面地接受和面对各种情绪和体验，以缓解情绪困扰和情绪障碍。

总体上，MIED 旨在帮助人们学会更好地认知和面对情绪困扰，从而提高情绪健康和生活质量。无论是自助课程还是团体课程，都是可行的选择，并且其效果得到了研究数据的支持（Ju et al., 2022；Li et al., 2023）。值得提出的是，在 2023 年 6 月韩国首尔举办的第十届世界认知行为治疗大会上，刘兴华举办了 MIED 工作坊，这是唯一一个来自中国大陆的心理干预方案，标志着我国正念干预实践开始走向国际化。

第三节 正念治疗成瘾行为

一开始，你可能一天只抽不到一根烟，到现在变成一天要抽半包烟。

在了解吸烟带来的种种危害后，你终于为了自己的未来下定决心戒烟。戒烟的第一天，你非常有信心，也安然度过了。到戒烟的第三天，你烟瘾难耐，同时你发现你在戒烟前还有半包烟没有抽完，你想着"再抽完最后一根，明天就不抽了"，但一根又一根，很快这半包烟全部抽完了。你心想，明天会是你真正做出改变的日子。到了第四天，突如其来的额外工作让你倍感压力，不知不觉中你去商店买了一包烟……

这段内容会不会让你感同身受，或者勾起某些回忆？在戒烟的过程中，上述情况并不少见。有人在短暂地戒烟之后就放弃了，也有人在长时间戒烟后却在某一次压力下破戒了，而在这样一次次戒烟失败后，不少人感到懊悔、无奈甚至是愤怒，觉得自己永远都无法摆脱烟瘾，于是选择放纵自己。类似地，可能还有酒精成瘾、网络游戏成瘾，甚至是赌博成瘾、毒品成瘾……你或许会好奇"瘾"是怎么形成的？为什么"瘾"这么难戒？正念又能在戒"瘾"中发挥什么样的作用呢？这些正是本章学习的主要内容。无论你是否有"瘾"，笔者都希望你能在本章学习中更深入地了解"瘾"，既不认为"瘾"可以随意戒除，也不把"瘾"当成一种无法治愈的"癌症"，并了解正念能够如何帮助"上瘾者"。

一、何谓成瘾

日常生活中，你可能会听到过这些话，"我老烟民了，烟瘾很大""早上起来不喝一杯咖啡，我一整天都会无精打采，估计咖啡上瘾了"。"上瘾"似乎是一个很宽泛的词，只要某人在某件事上花费较多的精力，我们就可能说他/她"上瘾"了。"上瘾"可能指向物品，如酒精、毒品，也可能指向行为，如赌博、网络游戏。"上瘾"在心理学中该如何定义呢？

"上瘾"在心理学中一般作"成瘾"。根据《精神障碍诊断与统计手册（第 5 版）》（DSM-5-TR）来看，成瘾主要分为物质相关的成瘾障碍和非物质相关的成瘾障碍。物质相关的成瘾障碍包括多种不同类别的药物而造成的障碍，如酒精、咖啡因、大麻；非物质相关的成瘾障碍主要是指赌博障碍。在《国际疾病分类（第 11 版）》（ICD-11）中还包括了一种非物质相关的成瘾障碍——游戏障碍。我们常言的网络成瘾在 DSM-5-TR 当中已有相关描述，但购物成瘾以及性成瘾等虽然目前得到了研究者的广泛关注，但由于缺乏足够的研究证据建立诊断标准和病程描述，因此暂未被列入 DSM-5-TR 或 ICD-11 中。

虽然成瘾的种类多样，但不论是物质相关的成瘾还是非物质相关的成瘾，都具有的一个重要特点，即成瘾物质或行为使大脑环路的结构和功能发生了改变，使得成瘾者无法控制自己对成瘾物质的渴望或出现持久而反复的成瘾行为。以酒精成瘾的个体为例，酒精会直接激活大脑中的奖赏系统，极大地强化摄入酒精的行为，这个变化使得与酒精相关线索以及反应的价值在大脑中凸显，同时酒精带来的负性影响也被钝化了。此外，由于酒精所产生的奖赏感觉特别强烈，导致其他正常行为对奖赏系统的激活显得微不足道，就像刚刚吃了一大口白砂糖再去吃水果，很难感受到水果的甜味。因此，酒精成瘾者为了再获得类似的奖赏感受，便进入了一个不顾消极后果、强迫性使用成瘾物质的恶性循环。

此外，成瘾通常涉及认知、行为以及生理等多方面的特征，在 DSM-5-TR 中的诊断标准正是基于这些特征而制定的。诊断标准主要包括控制受损、社会功能受损和对身心造成伤害。药理学标准是指耐受性和戒断反应两个特征，这两个特征与大脑环路的变化息息相关：耐受性是指机体需要显著地增大剂量才能达到相同水平的效应，如前面提到的，烟草成瘾者最初可能一天需要一支烟就可以达到刺激快感，而产生耐受后，可能一天需要半包烟才能达到最初的效果，这就导致了人们常说的烟瘾越来越大的情况。而戒断反应是指成瘾在长期大量使用某种物质后，当停止使用或减少剂量时而产生的综合反应，包括产生幻觉、恶心、头痛等不适症状。不少人在戒烟或戒酒时感到难受就是戒断反应导致的，这也是戒"瘾"失败的一个重要原因之一，"最后抽一根"的想法往往也会在这个时候诞生。

控制受损可以理解为一个人无法对成瘾物质摄入量进行控制，总是比原先意图摄入更多或更长时间，就像前文提到的"再抽最后一根"演变成了"一根又一根"。哪怕个体明知对身体有害，也会反复摄入成瘾物质。虽然很多成瘾者都表示自己想要减少成瘾物质的摄入，但不管付出多少努力，往往都会失败。一边对自己摄入成瘾物质感到懊悔，一边禁不住诱惑，最终表现为可能需要花费大量时间来使用这些物质。对于那些重度成瘾者而言，他们的日常活动甚至会全部围绕成瘾物质进行。

社会功能受损以及对身心造成的伤害为长时间大量使用成瘾物质或进行成瘾行为而导致的负面后果。这可能是一个人想戒"瘾"的初始原因，因为成瘾物质或者成瘾行为已经极大地影响了他的日常生活和工作（如因为酒瘾而导致工作无法按时按量完成，或是因为酒瘾无法参加社交娱乐活动等），甚至导致了身体健康问题的出现。

二、正念治疗成瘾的效果

正念作为一种治疗方法，目前备受研究者的关注。正念在成瘾的预防、干预以及预防复发等环节中发挥着重要作用，是帮助人们摆脱成瘾的一种有效方法。

1. 预防

目前，多方面的研究表明了正念对成瘾的预防作用。以网络游戏成瘾为例，现实生活中我们或许发现，有人可以很轻松地把握网络游戏和学业、工作之间的平衡，仅仅把网络游戏当作一个娱乐工具，但有人完全沉溺于网络的虚拟世界之中，造成这些差别的原因之一可能就是特质正念在不同人身上是不一样的。与状态正念相比，特质正念可以认为是一种较为稳定的性格特征，也具有适应性心理功能，状态正念与特质正念的关系类似于我们生活中可能谈到的"他现在有些着急"和"他本身就是个急躁的人"。举个例子，高特质正念的人比低特质正念的人往往可以更好地观察自己的认知和情绪，对自己的内部体验不反应、不评判，同时在日常活动中有目的地行动。具体而言，在面对压力、焦虑以及渴望等可能会诱发网络游戏成瘾的风险因素时，高特质正念的人更不容易陷入网络游戏成瘾。

那些天生特质正念水平比较低的人可以通过正念训练对成瘾进行预防。在美国的一项调查表明，美国30%的成年人都曾达到酒精使用障碍的临床标准。这些患者在酒精使用初期往往只是简单地回避痛苦或是寻求愉悦，并且是有意识地主动使用。然后，渐渐发展成对酒精的持续渴望，而这时往往是无意识、自动化地使用酒精。在此阶段，患者可以通过学习使用正念技能来提高对酒精渴望的认识和耐受性，并减少自动化反应。比如，在面对渴望或冲动时，正念教导个体"客观地体验渴望或冲动"，而不是对渴望或冲动做出反应——饮酒。举个例子，当我们感到肚子饿时，很自然地会去找吃的，"找吃的"就是我们面对"感到肚子饿"的行为反应，我们不会去考虑"找吃的"是否正确，这个行为往往是无意识的。简言之，正念教导我们体验"肚子饿"的感受，将渴望、情感以及行为的联系变得更意识化，让我们的意识真正成为行为的决定者。此外，正念可以通过自我调节对成瘾相关的情绪失调起到一定的缓冲作用，正念也可以通过直接缓解压力、改善情绪等降低青少年物质滥用的可能性。

2. 干预戒断

正念对成瘾直接干预的有效性也从很多随机对照研究中得到了验证，绝大多数参与者在接受正念治疗后，相关症状都得到了不同程度的缓解，甚至是完全缓解。比如，一项针对符合酒精或药物使用障碍的个体进行的随机对照研究中，在经过8周、每周1次、每次2小时的正念干预后，正念干预组的个体的渴望、物质使用与常规治疗组相比均有所减少，这种变化持续了至少 4 个月（Bowen et al., 2009）。更有甚者，仅仅在经过 11 分钟的简短的正念训练后，比起使用另一种方法进行干预的酗酒者，正念训练组显示出了对酒精渴望的大幅度减少，同时在一周的随访中，正念训练组的饮酒量也出现了显著下降（Kamboj et al., 2017）。

正念的干预效果不仅表现在酒精的使用上，在其他的物质使用或是行为成瘾的干预中，正念也有着独特的作用。在针对戒烟的实验室研究中，研究者发现，与单独的药物或行为干预相比，基于正念的治疗有更高的戒断率。比如，一项基于正念的生态评估研究表明，在经过正念前后对实验参与者的吸烟渴望进行测量，发现参与者的吸烟渴望在正念后显著降低，且随着时间的推移，参与者每天吸烟的量均有所减少（Ruscio et al., 2016）。这些研究都说明正念对戒断成瘾的帮助不仅有即时的效果，而且具有持续性。

3. 预防复发

成瘾在出现、发展和维持以及复发方面都有多种机制，治疗非常困难。尤其是复发涉及的影响因素很多，一半以上的成瘾者都会在接受治疗后复发（Bowen et al., 2009）。虽然目前没有清晰的理论阐明正念在预防物质成瘾的复发中的作用机制，但现有的研究结果说明了正念在预防复发上的独特优势。基于正念的复发预防（MBRP）被认为比其他治疗方法具有更高的复发预防率，该结论源于对不同群体的几项研究，如阿片类药物滥用者、有物质使用障碍的女性等（Vadivale et al., 2019）。因此，正念起到的预防复发作用也是治疗成瘾的一个重要方面。

三、正念的治疗机制

正念干预成瘾的临床效果已有研究初步证实，在此基础上，研究已扩展到探究正念对成瘾治疗的心理机制,并根据认知、情感和神经生物过程的潜在影响等建构了理论模型,模型部分如图 5-1 所示。

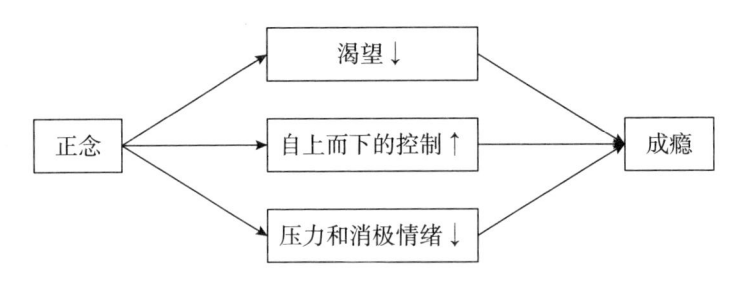

图 5-1　正念治疗成瘾的主要机制

1. 渴望

前面提到成瘾物质或行为使得成瘾者的大脑环路发生了变化,即成瘾物质或行为极大地激发了奖赏系统,使得成瘾者面对成瘾线索时产生渴望。渴望是一种非常强烈的冲动,通常是暴露在与成瘾有关的线索中引起的,会产生令人难以忍受的身体和生理反应,以及为了缓解这种痛苦而实施成瘾相关行为的强烈愿望。正念缓解由成瘾线索引发的渴望可能是正念治疗成瘾的一个核心机制。例如,在烟草使用障碍的人群中,在接受以正念为导向的康复促进训练 10 周后,前额叶区域以及腹侧纹状体对成瘾线索的神经反应性降低,而神经反应性的降低与吸烟的减少有关(Janes et al., 2019)。与此一致,在阿片类药物滥用的样本中,在 8 周的正念治疗后,其自我报告的渴望和药物滥用均有所减少,同时对自然奖赏的反应性也有所增强(Garland et al., 2019)。这些研究说明,正念对成瘾的缓解(渴望减少、使用成瘾物质或行为减少),可能是由于正念使得原来成瘾的物质或行为激发的奖赏降低,使其回归至自然奖赏的状态,即正念重构了对成瘾相关物质或行为和自然奖赏线索的反应。

2. 自上而下的控制

自上而下的控制与我们过去的经验、知识、动机和文化背景、记忆等有关，如我们的知识告诉我们"吸烟会提高产生肺癌的可能性"，那么我们就更有可能在"吸烟会产生快感"的诱惑当中控制自己的吸烟行为。缺乏自上而下的控制可能会导致各种不良行为，如冒险、不健康的习惯，以及需要外部奖励获得满足感。因此，当自上而下的控制能力下降时，成瘾线索条件引发的渴望对成瘾的表现影响会更大。根据以往研究，这种自我控制会由于物质滥用而下降，但同时也可以通过正念训练来增强。在针对物质滥用的群体中，经过短暂的正念训练使得其前额叶神经回路的激活增加，前额叶神经回路的激活与认知控制息息相关（Creswell et al., 2016）。类似地，同时滥用多种物质的群体在经过正念干预后，其目标导向控制、工作记忆功能均有所增加（Valls-Serrano et al., 2016）。进一步发现，在经过以正念为导向的康复促进训练后，成瘾者对成瘾相关的物质或行为的注意偏差减少了，心率变异性有所增加，这些最终与干预后成瘾物质摄入量的减少有关（Garland et al., 2020）。

3. 压力和消极情绪

正念治疗成瘾的另一个核心机制可能是正念对于缓解压力和改善负性情绪的作用。物质相关成瘾和其他成瘾（如赌博）可能是避免负性情绪和其他负性内部体验的一种方式，这可能导致成瘾的产生。随着时间的推移，成瘾相关行为的目标可能也会从寻求积极强化转变成避免消极强化，这种避免消极强化在戒断阶段最为突出，这导致了成瘾的维持。正念训练可以帮助提高个体的情绪去中心化以及对负性情绪、压力感受的接受度等，这减少了个体对负性情绪、痛苦和压力的回避和抑制，以此改变其通过使用成瘾物质或行为来摆脱不良体验的可能性。研究者将基于在线的接纳承诺疗法（ACT）干预与其他类型的在线戒烟网站进行比较，ACT 参与者表现出明显更高的戒烟率，这是由于在 ACT 干预后，他们对身体、认知和情感的吸烟线索的接受程度均有所增加，同时也因此减少了他们对这些负性感受的回避和抑制（Bricker et al., 2013）。

简言之，正念治疗成瘾的理论和机制是多样的，目前更多研究也正着力于此。同时，随着正念在治疗成瘾所表现出的临床疗效，更多基于正念的疗法正备受研究者的关注。

四、正念治疗成瘾的争议

中国有句谚语"是药三分毒"，作为一种治疗精神疾病的"心理药物"，虽然目前绝大部分的研究证据都是支持正念在临床治疗上的积极影响的，但目前一些研究中也报告其可能存在的负面影响。

有研究报告称，正念可能导致更严重的焦虑、抑郁，正念虽然从长期来看有助于个体缓解消极情绪，但正念是习得的，一种新技能的学习会造成个体的认知损耗、提高皮质醇水平等。这就好比一个人为自己学不会物理而感到焦虑，老师说先学好数学再去学物理会更简单，结果他发现，学数学比学物理更难，因而产生了更大的焦虑。而焦虑和抑郁都是诱发成瘾行为的风险因素，因此短期来看，正念可能起到的作用是模糊的，需要研究者关注正念在治疗成瘾行为中应该持续的时长或频率，以及成瘾者可能在治疗过程中由于最初的负面影响而脱落等。此外，正念要求个体把注意力集中于觉察当下体验、觉知或思维，这可能是没有积极作用的，甚至可能存在一些潜在的负面影响。这种潜在的负面影响体现在两个方面：一方面，个体可能会在正念训练中觉察自己的思维时，触发创伤回忆，造成严重的负性反应（Witkiewitz et al., 2022）；另一方面，在不加范围地无拣择觉察中，由于成瘾者对成瘾相关物质具有认知偏向性，个体可能会在觉察中注意到更多的成瘾线索，诱发其更严重的渴望。

因此，为了避免正念在治疗成瘾时造成的潜在危害，可能需要研究者关注正念作为治疗手段的全部过程，包括正念的训练方法、正念的针对性指导语，以及正念不同维度所带来的不同影响等。虽然目前关于正念在治疗成瘾过程中没有研究者报告过直接的消极影响，但鉴于一些不良报告，如 Carlon（2023）的研究中发现，有正念训练的个体在大麻使用上显得更危险。因此，正念的潜在危害应该引起相关领域研究者足够的重视。

五、基于正念的复发预防（MBRP）干预方案介绍

随着正念对成瘾的治疗效果逐步得到验证，研究者基于正念开发了治疗物质成瘾、行为成瘾的多种方法，包括基于正念的复发预防（MBRP）、基于正念的认知疗法（MBCT）、正念减压（MBSR）以及接纳承诺疗法（ACT）等（Garland & Howard, 2018; Rosenthal, Levin, Garland, & Romanczuk-Seiferth, 2021），这些疗法的有效性已经得到了多项研究的支持。一项元分析指出，相比于常规治疗或 CBT 疗法，基于正念的疗法在治疗成瘾时通常会对成瘾者的行为产生更大的改善，这种改善体现在渴求、物质使用量、物质使用相关的问题等（Li et al., 2017）。另外，对于那些没有被 DSM-5-TR 和 ICD-11 归为成瘾障碍，但与成瘾具有一些共同标准的问题行为（如性成瘾、暴饮暴食等）（Chevinsky et al., 2020），接纳承诺疗法等正念相关的疗法在这些问题行为中也发挥出积极的作用，如减少观看色情内容的时间、缓解暴饮暴食等。基于正念疗法治疗成瘾的有效性相比其他疗法具有的优势，可能是由于正念产生的改变是整体且持久的，是一个多过程且多方面的，这些改变均与成瘾的形成息息相关，如增强对自然奖励的反应、增加自上而下的认知控制、减少主观和生理压力感知以及增加积极情绪等（Rosenthal et al., 2021）。

以下是关于 MBRP 的简单介绍。MBRP 由 Bowen 等（2008）通过整合三种不同的疗法开发，分别是正念减压、基于正念的认知疗法以及预防复发方案。MBRP 由 8 周的团体课程组成，小组人数一般限定为 6—12 人，每次课程不超过 2 个小时，以及部分家庭作业。每周课程的大致内容如下

(Vadivale et al., 2019)。

第一周：自动化思维和复发，包括葡萄干训练和身体扫描。

课程目的是让参与者了解一个人在无意识情况下的行动是怎么样的，以及这与成瘾复发的关系。在第一周的课程中引入正念，是为了增加参与者对觉察的理解，帮助参与者提高对其身心正在发生的事情的觉察。此外，课程通过葡萄干练习帮助参与者理解正念的概念，然后将身体扫描介绍给参与者。此外，第一周还详细讨论了参与者对整个过程的任何疑问，然后布置了相应的家庭作业：要求参与者选择一项其日常活动来认真地进行，以及记录活动的经历。

第二周：觉察线索和渴望，包括身体扫描、家庭练习回顾和常见困难、在街上进行练习、讨论渴望以及山峦冥想。

向参与者介绍线索和渴望，线索是指那些会导致参与者形成渴望的事件；在渴望状态的思想、情绪和行为，被当作一系列无意识的感觉和反应行为。在这周的课程中，参与者会学习如何在面对这些线索时不做出任何反应，即当线索引发冲动时，训练要求参与者保持渴望的状态，以此体验渴望带来的各种感受，而不是对渴望产生行为反应（如吸烟等成瘾行为）。在此引入山峦冥想是为了减少渴望、冲动带来的不适感，以此增加参与者保持渴望状态的可能性。由于身体不适而产生的对冥想的厌恶、渴望、焦躁不安、昏昏欲睡以及冥想和疑惑等挑战，也都将在本次课程中进行讨论。

第三周：日常生活的正念，包括觉察声音、家庭练习复习、正念呼吸以及呼吸空间冥想。

课程鼓励参与者通过注意他们的呼吸来全天练习正念，使他们专注于此时此地的感受。本次课程主要进行了正念呼吸练习以及对之前家庭作业的讨论。这些做法可以帮助参与者降低其的反应水平和情绪强度，同时提高对自己感觉和思维的认识水平，从而降低反应行为产生的可能性。课程的最后，参与者学习3分钟的呼吸空间冥想，为短时间进行正念练习提供方法。

第四周：在高风险情况下的正念，包括觉察视觉、正念静坐（声音、呼吸、感觉、思想、情绪）、个体和共同的复发风险因素、在特殊情况下使用呼吸空间冥想以及正念行走。

课程中，参与者探讨了过去在物质使用的冲动下产生的行为反应或复发的情况，同时了解可能会导致复发的各类风险因素。本周课程为参与者以不同的方式看待导致这种冲动的压力事件提供不同视角，同时让参与者练习如何在极其不适的情况下也不做出任何行为反应。以上训练均是在参与者进行正念中完成的，包括正念静坐、正念行走等。此外，帮助参与者训练在具有挑战性的情况下（如面对线索产生渴望时）如何使用呼吸空间冥想。

第五周：接纳和行动，包括正念静坐（声音、呼吸、感觉、思想、情绪）、呼吸空间冥想、在特殊情况下使用呼吸空间冥想以及对应的主题讨论。

本周课程是在正念静坐中，探讨如何让参与者真正接受那些让人感到紧张或沮丧的事件，因为这些事件往往会导致成瘾行为的出现。接纳包括自我接纳，而自我接纳有助于给参与者带来思想和行为上的改变。参与者同样练习了如何在这种情况下利用呼吸空间冥想以减少成瘾相关的行为反应。

第六周：把想法当作"想法"，包括正念静坐（想法）、思维和复发的讨论、呼吸空间冥想以及为课程结束和家庭练习做准备。

在治疗过程中，参与者已经学会了如何观察自己的呼吸，并将注意力集中到身体的感觉上。本次课程通过探讨思维和信念与复发产生的关系，让参与者理解，思维仅仅是思维，一个人并不等同于他们的思维，因此个人不必按照与思维相一致的方式行动。

第七周：自我关怀和生活，包括正念静坐（关怀）、探讨复发从何开始以及呼吸空间冥想。

要求参与者从更广阔的角度看待他们的生活，着眼于更健康的生活方式，使参与者着眼于参加一种健康的生活方式可能有助于其恢复。让参与者为治疗结束做好准备，并变得更加适应自己练习正念的状态以及感受正念给自己带来的舒适感。

第八周：社会支持和持续练习，包括身体扫描、探讨社会支持的重要性、探讨对未来的打算、总结正念练习以及结束课程。

让参与者了解支持系统的重要性以及持续练习正念对于预防复发的重要性。康复是一个终生的旅程，要让参与者了解承诺和勤奋的重要性，以及拥有支持系统对持续正念练习的重要性。

第四节　正念缓解心理创伤

2008年5月12日，汶川地震发生时，正坐在教室里上课的小张突然感到房屋剧烈晃动。意识到是发生地震了之后，老师组织班里同学急忙跑出了教室。小张跑到楼外后，完全没有办法站立，只能趴在地上看着周围的房屋相继倒塌，甚至有些同学还没来得及跑出来……自那以后，小张每天总是郁郁寡欢，为自己没能帮助到更多的同学逃生而感到自责。地震过去半年多了，小张还是时常会想到那些场景。晚上他常常难以入眠，总是做噩梦，总感到床在晃动，然后惊慌地跑出房间……

听到这个故事，相信你一定感受到了地震给小张带来的冲击与恐惧。回想自己的生活，或许你也曾经历过让你受到强烈冲击的事情。这些经历可能会让你尽量避开相似的情境，对于某一事件的发生格外敏感，也可能在噩梦中梦到它的发生。这样的体会，在心理学中被称作心理创伤。

一、什么是心理创伤

心理创伤是亲历、目睹或听闻危害自身或他人的、令人极度痛苦的事件或一系列事件所产生的情绪反应，创伤事件包括严重的自然灾害（地震、洪水、龙卷风等）或者人为伤害（战争、杀戮、强暴、交通事故等）。创伤事件带来的情绪反应是持久而强烈的，往往会给当事人带来极大的痛苦。例如，地震中的人们目睹自己的亲人死亡或者自己受到了重伤，此后一提到灾难他们就会感到心有余悸，常常做噩梦，惨烈的场景常常在眼前出现。严重者可能会出汗、焦虑、恐惧、抑郁，甚至出现幻觉、妄想等精神症状。

与心理创伤关系最密切的一类心理障碍，就是创伤后应激障碍（PTSD）。创伤后应激障碍发生在人们接触到极为严重的创伤事件之后，主要表现为反复重新体验创伤事件、警觉性增高、回避与创伤事件相关的事件情景以及思维和认知变得负面等。在上面的案例中，地震的场景时常浮现在小张眼前、他总是会做噩梦、总感到床在晃动以及难以入眠，就是典型的创伤后应激障碍的症状。超过70%的成年人都经历过创伤性事件，其中25%的人会在过后持续承受创伤后造成的压力。此外，PTSD还会与很多精神障碍共病，包括抑郁、焦虑等，这严重影响患者的生活质量。

二、正念对于心理创伤的作用

近年来，在创伤后心理研究领域，正念开始引起研究者的关注。眼动脱敏和再加工疗法的创始人曾指出，这一疗法能够对创伤恢复起作用的原因之一可能在于其激发了个体的"正念"状态，促使个体以一种不评判的态度对待自己的身心反应（Shapiro et al., 2006）。基于正念的心理干预已被证实对PTSD有良好的治疗效果。2022年，笔者研究团队针对居家隔离的大学生进行了日常生活中的经验取样研究，调查他们的状态正念、感知新型冠状病毒感染疫情程度和心理创伤之间的关系（Liu et al., 2022）。研究发现，状态正念在新型冠状病毒感染主观严重性和创伤后应激障碍症状之间起到了关键作用，在状态正念水平较低时，主观感觉疫情越严重，出现的创伤后应激障碍症状越强；而在状态正念水平较高时，主观感觉疫情越严重，则出现的创伤后应激障碍症状越弱。这样有趣的研究结果揭示了正念对于创伤问题干预的重要性。接下来，我们将针对创伤后可能出现的各类结果，细致分析正念的作用。创伤后应激症状主要包括重复体验、回避、负性认知和情绪以及高警觉等症状类型，而以往研究发现，正念对这些症状均具有较有效的改善作用（徐慰等，2019）。

1. 重复体验

你是否有过类似的经历？在游乐场游玩时看到一个非常刺激的过山车，上一次坐过山车时看到的画面立刻就浮现在眼前，让你重新体会到了当时失重和害怕的感觉。这就是一种对于事件的重复体验。对于本节开头案例的小张来说，即使地震已经过去了，他还是会时常想到、梦见当时的场景，这就是他对于地震这一创伤事件的重复体验。

重复体验是心理创伤的第一类典型症状。这类症状会让人们反复出现与创伤相关的闯入性记忆，也就是与创伤事件相关的念头会没有征兆地在脑海中闪回，或者在噩梦中出现。这些记忆虽然不完整，但会带来非常逼真的感受，就像再次发生一样，让人们再次感受到当时强烈的情绪。

在正念练习中，练习者需要有目的地进行注意力的移动（如身体扫描练习），其包括"集中注意力"和"转移注意力"两个部分。这样的刻意练习可以帮助个体增强注意力集中、维持与转移的能力，帮助他们在重复体验发生时能够将注意力集中于当下发生的事情上，从而减少发作的时间以及发生的频率。除此之外，当周围环境出现与创伤事件有联系的事物时，正念也可以帮助个体将注意力转向积极的应对方式，而非被动接受记忆闪回的发生。

2. 回避

在地震发生之后，案例中的小张再也没有去过当时的学校，也拒绝再见当初的同学与老师，因为他害怕这些情景和人物会让其回想起地震时的画面而再次陷入痛苦之中。"一朝被蛇咬，十年怕井绳"，像小张这样的行为被称为回避，是心理创伤的第二类典型症状。这类症状表现为经历了创伤的人会长期极力回避与创伤经历相关的人、事、景、物，甚至可能会选择性遗忘当时发生的事情，当事人会采取很多行动来避免那些可能唤起精神创伤的线索。

正念练习强调以不评判的态度接纳发生的事情，长期练习可以提升人们不评判地接纳与创伤记忆相关线索的能力。这为他们提供了另一种接受创伤线索的方式，而非一味地选择回避，从而增加他们面对痛苦的想法和感受的意愿，增强他们直面创伤线索以及记忆的信心。因此，正念练习可以提高心理创伤个体对创伤线索的开放性，减少回避症状的发生。

3. 负性认知和情绪

小张在经历了地震之后，总是郁郁寡欢，觉得自责，这种负面的认知和情绪的改变就是心理创伤的第三类典型症状。在认知上，经历了心理创伤的个体可能无法回忆起创伤事件中重要的内容，认为自己、他人或世界的未来是灰暗的，并且因为创伤事件持续地责怪自己或者他人；在情绪上，他们持续处在弥散的消极情绪之中，对各类活动兴致缺失、感觉自己和他人分离，或者无法再感受到积极情绪。

具有心理创伤的个体在进行正念练习时，需要聚焦在当下，只关注此时此刻的身体感受、想法与情绪，而对创伤经历采取不反应的态度。所谓"不反应"是让自身意识到，当有痛苦的想法或记忆出现时，自己仅需要"后退一步"，就会意识到这些只是想法或记忆，而不被它掌控。这样的态度可以帮助个体从创伤的体验中脱离出来，将想法和情绪视为暂时出现的头脑事件而不陷入其中，以防止个体持续沉溺于负面的认知与情绪之中。此外，以往研究表明，持续地暴露在与恐惧相关的刺激中是改变认知与情绪的前提，因此，症状的缓解需要暴露于这些刺激之中。"不反应"的态度既可以增加个体对创伤相关想法及情绪的接触，又可以增强个体对痛苦的忍耐力与适应性，从而帮助他们解决认知与情绪上的问题。

4. 高警觉

与心理创伤相关的最后一类症状是个体的警觉性提高。这是指经历了创伤的人们很容易受到惊吓或者对环境过度警觉，常表现为易怒、容易失眠、难以集中注意力。比如，小张在经历地震后出现了睡眠不安稳的状况，并且常常感到床在晃动。这就是他对于地震的相关线索过度警觉导致的。

研究证实，有规律的正念练习能够减少高度的应激反应，并且可以改善练习者的睡眠情况。这可能是由于在正念练习的过程中，个体提高了对自己身体情况的觉察，让他们对自己的高警觉症状（如呼吸频率、心率提高）的出现更为敏感，从而及时提醒自己调整好身心状态。此外，正念练习还可以培养人们对身体内部感觉有更高的接受度，在练习中间接地暴露于不舒服的身体感觉中，增加对于这些感觉的耐受性，从而减少过度警觉的症状。

5. 创伤后成长

看了前面的内容，你可能会产生疑问：创伤事件只会带给人们无尽的负面影响吗？实际上，并非如此。随着积极心理学的兴起，人们越来越关注创伤引发的积极结果，包括更强的韧性，更关注生活的乐趣与价值，与周围人建立了更好、更紧密的关系，愿意从事更多的慈善、公益行为等，这些好的变化被称作"创伤后成长"。例如，在汶川大地震中，还是初中生的马健在废墟中用双手挖开水泥，救出了身边一名同学。他也曾被自责的念头所困扰，后悔没能救出更多的同学。但马健将这样的自责转化为动力，他通过不懈地努力学习，最终在威斯康星麦迪逊分校取得了不菲的科研成就。这样的转变，就是创伤后成长的作用。

研究表明，正念练习可以有效促进练习者的创伤后成长。与此同时，特质正念较高的个体在经历创伤后更有可能表现出创伤后成长。笔者研究团队针对经历过风灾的青少年进行调查研究发现，创伤后应激症状和创伤后成长之间存在不同的共存模式，包括成长组（轻度创伤后应激症状/高度创伤后成长）、抵抗组（轻度创伤后应激症状/轻度创伤后成长）和挣扎组（高度创伤后应激症状/高度创伤后成长）。特质正念较高的青少年更可能出现成长组的共存模式。正念可以帮助青少年以元认知的方式重新评估或建构创伤事件，从而产生积极的变化（Liu et al., 2022）。此外，正念还可以增加心理复原力，帮助人们更好地从创伤中收获成长。

三、正念治疗心理创伤的作用机制

自从正念练习被证明对治疗心理创伤问题有效以来，心理学家一直试图探究正念是如何对创伤造成影响的。一些研究聚焦于正念的生理层面进行探索，而另一些研究则着重于考察心理层面影响的途径。下面，笔者将分别对正念治疗心理创伤的生理机制和心理机制进行介绍。

1. 生理机制

（1）脑区

内侧前额叶皮层内前扣带回（Anterior Cingulate Cortex，ACC）负责调节恐惧情绪反应，这部分脑区的活动可以使人们感受到的恐惧情绪减少。当PTSD患者暴露于创伤情境之中，前扣带回的活动会被抑制，从而表现出强烈的恐惧和警觉。

正念练习能够促进前扣带回的激活，从而抑制恐惧情绪，缓解PTSD患者高度警觉的症状。不仅如此，正念激活前扣带回还可以与其他脑区共同发挥调节作用，从而减少PTSD患者特有的条件性恐惧反应。

（2）自主神经系统

自主神经系统包含交感神经系统和副交感神经系统两部分，很多不受主观意志控制的生理机能都受到自主神经系统的调节。

交感神经系统负责保证人在紧张状态时的生理需要。交感神经兴奋时，人的心率和血压升高、内脏血流量减少、骨骼肌供血增加、应激激素（如肾上腺素）大量分泌，从而使得身体动员所有力量以处于"战斗"的状态。与交感神经系统作用相反的是副交感神经系统，它的兴奋可以降低心率和血压、加速消化功能、促进血液回流到肢端，并降低应激激素的水平，有平衡交感神经的作用。PTSD的个体往往交感神经系统的兴奋性较高，因此，其会一直保持紧张状态。

个体通过正念练习控制和减缓呼吸的速度，促进副交感神经系统的激活，从而放松下来。研究证明，正念练习可以使个体有效减缓心率、降低血压以及改善其他受到自主神经系统控制的指标，这也提示自主神经系统可能是正念发挥作用的重要机制。

2. 心理机制

（1）认知层面

①减少思维抑制

思维抑制是指个体努力控制自身减少某种思维的过程。对具有心理创伤的人来说，他们往往会想要控制住自己的思想，不让自己回忆起与创伤事件相关的经历。但这往往会带来相反的效果，让人们更容易陷入与创伤事件相关的思维中，引发重复体验的症状。正念可以减少思维抑制的心理过程，帮助练习者以"不反应"的方式暴露于创伤，同时减少回避的使用，从而缓解紧张情绪，形成积极的应对方式。

②减少认知融合

PTSD的患者通常很难转移他们对于创伤事件的关注，并且坚信自己对于创伤事件的想法是不能改变的事实（比如，他们会认为"我受到了无法恢复的伤害""这可怕的回忆一定会伴随我一生"),并且反复思考,从而影响情绪和行为。这样的过程被称为认知融合,即人们的思维对其他的心理过程(如注意、情绪、动机等)造成影响。正念强调将脑海中的记忆视为自己面前暂时的、流动的意念,从而不被其左右。这样的观念可以减少认知融合的发生,使人们在思考创伤相关的事情时,不会被这些思维和记忆直接影响其他心理过程,如不会习惯性地产生失控的情绪、回避的行为。笔者研究团队研究发现,对于经历过严重龙卷风的青少年来说,创伤后的认知改变在正念对创伤负面结果的影响中起到了中介作用,也就是说,正念可以通过改善创伤后的认知习惯来减少创伤后应激障碍、抑郁以及社会功能性问题的发生(Xu et al., 2018)。

(2)情绪层面

①增强情绪调节能力

经历过心理创伤的人除了出现高度警觉或麻木等典型症状以外,也常常受困于内疚、自责与羞耻感等负面情绪之中。研究发现,情绪状态与PTSD症状有相互作用,改善情绪会对PTSD的治疗产生积极作用。

情绪调节是人积极应对负面情绪的一种方式,包括识别引发情绪的事件、了解情绪的本质和功能以及控制情绪的程度几个方面。通过正念练习,人们可以学会如何观察与描述自己的情绪,体验而不是回避它们,最终达到以不评判的态度接纳自己的负面情绪,从而提高调节情绪的能力。

②学会自我关怀,培养与自我和他人更好的关系

正念练习会培养练习者以自我关怀或仁爱的态度来看待周围的事、他人与自己。人们而后会以更仁慈的心态看待生活,认识到感受到的痛苦只是人生经历的一部分,本身并没有受到根本的损害,因而产生更少的负面情绪。研究表明,正念练习强调的自我怜悯会对自责、羞耻有改善作用,从而减少心理创伤对练习者的影响。笔者研究团队针对常常面对火灾等重大事故的消防员群体进行了研究,研究结果证明,正念可以通过增强人们

感知到的社会支持的方式减少 PTSD 的发生（Chen et al., 2022）。

四、正念治疗创伤问题的特别之处

1. 正念对创伤问题的特殊影响

虽然正念已被证明对心理创伤问题的治疗是有效的，但是对其可能产生的副作用仍存在争议。由于正念练习需要患者把意识带入当下，并且减少回避，在患者第一次进行正念练习时可能会引发痛苦的记忆与情感的闪回，这可能使他们面临再次遭受创伤的风险。此外，一些研究结果还显示，正念可能会增加 PTSD 高的个体发生解离症状的风险，表现为记忆丧失，感觉自己与自身脱离，无法控制自己，甚至可能会出现幻觉、妄想等严重的精神紊乱。

虽然以上副作用在实际研究中被提出，但是绝大多数的正念干预还是对患者的症状产生了积极作用。这也提示我们，正念干预心理创伤问题需要在专业人员的监控下或经过专业人员充分培训与指导的情况下，才更能收获理想的治疗效果。

2. 正念干预创伤问题的注意事项

（1）制订个性化的治疗方案

对不同的患者来说，正念练习的身体姿态、练习内容都可能会对他们的练习效果产生不同的影响。比如，在一项研究中，对经历过家庭暴力的 PTSD 患者来说，闭眼平躺的姿势让他们感觉不舒适，反而增加了他们的症状。但转为睁眼静坐的姿势则让他们获得了更积极的感受。因此，不同的创伤群体可能适用不同的练习方式，为了产生最佳效果，治疗者需要设计个性化的治疗方案（Dutton et al., 2013）。除此之外，在进行正念练习之前，治疗者也应对练习者进行筛选，排除高风险人群（如高解离风险人群），以保证练习者的安全。

（2）在专业人士的辅导下进行

由于正念干预会有潜在引发副作用的风险，因此，正念干预需要在专业人士的带领下进行。有研究者建议，带领正念干预的咨询师自身应该具备足够丰富的正念经验，只有切身实践过正念技能且理解正念者，才有能力带领他人完成练习。

（3）保证充分的练习时长

有研究表明，正念练习时间越长，对心理创伤治疗效果越好。人们在练习中可以获得更多的正念技能，从而用于应对创伤症状。因此，保证充分的练习时长是非常有必要的。

五、如何采用正念治疗心理创伤

1. 正念干预心理创伤的干预方案

在团体治疗和个体治疗中，正念都被应用于干预心理创伤。常见的团体治疗干预方案包括正念减压疗法和正念认知疗法两种，其干预过程与标准的正念干预方案类似。

对个体干预来说，有些咨询师会采用正念配合常规的暴露治疗的方式。延长暴露治疗（PE）是目前主流的一种针对PTSD的暴露疗法，其目的在于不断激活患者的恐惧，并将新的信息与恐惧整合，以改变患者以往对于创伤不正确的、夸张的负面认知。由于这样的暴露过程需要面对创伤经历，可能会唤醒患者焦虑的生理反应（包括出汗、呼吸急促、心悸等），而导致较大的痛苦，因此，延长暴露治疗往往容易发生患者无法坚持的情况。将延长暴露治疗与正念结合，可以有效减少治疗过程中出现的焦虑反应，帮助治疗更好地开展。

正念配合延长暴露治疗的干预方案见表5-2。

表 5-2　正念配合延长暴露治疗的干预方案

阶段	课程	内容	时长
阶段1	课程1：正念技能模块	学习正念练习的要求与练习的基本原理	共2次，每周1次咨询，持续90分钟
	课程2：情绪调节技能模块	练习使用正念的技巧；学习情绪的本质、识别及功能	
阶段2	改编版 PE 练习	每次咨询开始前7分钟进行身体扫描 每次暴露练习（包括呼吸练习、想象暴露及现实情景暴露）前进行2分钟正念	共8次，每周2次咨询，4次90分钟+4次120分钟

资料来源：Frye & Spates, 2012.

2. 正念干预心理创伤的指导语

对经历过创伤事件的患者来说，在治疗过程中触及与创伤事件相关的线索可能会带给患者很强烈的负面体验，并导致二次创伤。针对这一问题，临床心理学家提出了"创伤知情"的治疗原则。创伤知情要求个体在干预过程中意识到创伤的影响，识别创伤的迹象和症状，并结合创伤事件有关的知识调整干预方式避免再次创伤。创伤知情的正念冥想，指的是在正念练习中带有创伤知情的意识，并在练习中使用创伤知情的原则与手法。

下面，笔者将呈现一份创伤知情的正念干预指导语案例，为创伤人群的正念练习提供参考。

创伤知情的正念指导语

首先，请你找到一个安静的位置，坐好或躺下。保持背部直立，胸部展开。感受自己的呼吸，你可以跟随着一次呼吸，轻柔地闭上眼睛。如果你有比较严重的解离症状，你可以选择将自己的目光自然地下落，聚焦于鼻尖的延长线上。其次，请尝试将注意力集中在你的腹部，感受每一次呼吸时腹部的起伏，肌肉的收缩。

现在，请你找到过去几天中，你所经历的最强烈、最不受控制的一次情绪或者感受。可能是愤怒、害怕、悲伤，或者焦躁、亢奋，抑或其他让你深陷其中的情绪。此刻，在心里默念它的名字，想象这个情绪不在你的身体里，而是在你的面前。想象这个情绪以一种姿态呈现，带着温和的、不带有任何评判的好奇心，仔细观察这个情绪，它是什么形状的，有多大的体积，又是什么颜色的。体会一下，它是什么样的质地，是温暖的还是冰冷的？它具有怎样的重量，是轻飘飘的还是沉重的？请你保持从观察者的角度，仔细感受这个情绪带给你的感觉。如果你感到这个情绪正在向你靠近，你即将陷入这一情绪之中，你可以将注意力温和地带回腹部，关注自己的呼吸，在你准备好的时候，再次将注意力带回对情绪的观察上。

充分感受这个情绪带给你的感觉之后，你可以让画面慢慢淡出你的脑海。无须将它赶走，只是让它自然地、温柔地淡去。然后，找到一个与你刚才观察的情绪截然相反的强烈的情绪。刚刚可能是非常强烈的悲伤，那么现在你想象到的可以是无限的狂喜。如果刚刚你感到万分的焦虑，现在可能就是无限的冷漠。试着再次将这样的情绪摆放在自己的面前，带着平和、不评判的好奇心，仔细观察这个新的情绪带给自己的感受。同样，如果感受到自己即将陷入情绪之中，你可以将注意力重新温和地带回呼吸上。

现在，试着想象刚才的两种情绪同时出现在你的面前，但试着在它们两个之间找到一个既不属于前者，也不属于后者，而是处于两者之间的一种温和的情绪。它的形状、体积、颜色、质地、温度、重量都处于刚刚所想象的两种情绪之间。试着想象这种中立的情绪在你面前，然后，试着邀请它进入你的内心。试着想象当你处于这种温和平静的情绪之中，你会有怎样的感受。任何强烈的情绪都有尽头，我们的生活既有痛苦也有快乐，仔细感受这样的情绪是如何演变的，然后慢慢平静地进入你的内心。

现在，请你将注意力再次转移到腹部的呼吸上，跟随几次深呼吸，你可以将眼睛慢慢睁开，或者将视线慢慢移回平视。今天的正念练习到这里就结束了，希望你可以带着这份对平静的感受，仔细体会生活中的情绪。

第五节　正念缓解进食问题

小美现在是大三的学生，成绩好，但有一个问题长期困扰着她——坚持减肥但却频繁失败。小美最近出现了暴食，暴食完她又非常后悔，接着就催吐，清除行为会让她觉得非常爽，有时她甚至暴吃—催吐好几轮。

她的减肥历程从初中开始。那时，小美看电视上的女生都很瘦，便产生了减肥的想法。即使她现在只有80多斤，也要跟明星一样不吃高脂肪、高热量的食物，也拒绝米饭、馒头这样的碳水类食物，吃一口蛋糕就会觉得自己罪孽深重，也不想跟同伴一起吃饭。整个初、高中阶段，她都是在极端节食中度过的。她每天称体重，如果发现体重重了，下一顿就会吃得更少，心情也会很差；体重轻一点，她会觉得这个方法有效，要继续坚持。就这样，持续到高三，她出现了停经的症状。

上了大学之后，她在一次考试之前，为了缓解应试压力，终于忍不住吃了一块蛋糕，食欲就像泄了洪的洪水一样一下子淹没了她。她开始四处寻觅食物，开启了"疯狂模式"进食，"包子、面包、甜点、油炸食物"统统塞进嘴里，直到胃里非常难受才能停下来。

小美最近一年暴饮暴食的频率非常高，一周就有两三次。从上个月开始，她催吐的想法就非常强烈，毕竟吐了之后吃再多也不会长胖。即使后来，她从网上看到了催吐的危害，虽然很害怕，但就是控制不住。她的生活一直被食物控制，对于食物非常敏感，每天想的都是"去哪吃""吃什么""如何吐""去哪吐"，这让她非常痛苦。

当代社会，人们都对自己的身材很关注，但有的人比较极端，他们进食量以克数作为标准，每天坚持运动，发现体重一斤没少，就会陷入绝望崩溃的情绪之中，接着便狂吃东西来弥补自己的负性感受。这听起来是不是很不合理，既然想控制进食，为何又会暴饮暴食？这个案例中的小美就是采用限制进食的极端方式进行减肥的。几年后，随着限制进食失败的次数越来越多，在遇到压力性事件或情绪不太好时她就会出现暴饮暴食行为。当她频繁出现暴饮暴食行为后，为了不让体重增加，她便通过催吐来清除摄入体内的食物。这样的行为和想法是进食障碍的典型特征。

近20年来，很多人受到媒体观影响，认为"瘦就是美"，有的人采用各种方式减肥，不乏上述案例中的"限制性进食、催吐"等极端行为。在达到减肥这个目标时，他们能短暂体验到减肥成功的快乐，但是想要一直维持"减肥"这个目标，他们需要在生活中时时刻刻要求自己，克制食欲，沉浸在长期维持减肥目标但又想吃东西的痛苦之中。

一、进食问题

改革开放以来，经济迅猛发展，人们的生活发生了翻天覆地的变化，但同时也承受了各方面的压力，客观环境和心理状态的改变使得人们的饮食习惯也发生了变化。面对压力，有人会通过吃东西让自己好一点，但时间长了，很容易形成情绪性进食。也就是说，人们不是因为感到饥饿而吃东西，而是在抑郁、焦虑、悲伤、压力等消极状态时进食，想要通过吃东西来缓解内心不舒服的感受。在这种情况下，人们选择的食物通常是高脂肪、高热量的不健康食物。现在人们获取食物的方式变得多样且便捷，快餐店随处可见。即使在深夜，人们也有很多种方式来满足口腹之欲，这也为情绪性进食创造了条件。当这些人暴饮暴食后，又会采取一些方法减少热量的摄入或加快热量的消耗，如限制性进食、清除已经摄入体内的食物、使用药物加快排泄、剧烈锻炼等，如同小美的发展模式，随着时间的推移和累积很可能会发展为进食障碍。

进食障碍是以异常的进食行为和体重控制为主要临床特征的精神障碍。对体重、体形和食物的不安态度在进食障碍的发展和维持中起着关键作用。研究发现，罹患进食障碍最大的风险因素是对身体的不满意。一项针对青春期女生长达八年的访谈和调查发现，青春期女生对自己身体不满意的比例高达24%，进食障碍发病率比普通人增加了四倍（Stice, Marti, & Durant, 2011）。

典型的进食障碍包括神经性厌食、神经性贪食和暴食障碍等。神经性厌食是一种个体对发胖或体重增加的强烈恐惧，并通过极端的限制进食行为和其他防止体重增加的行为达到减轻体重的目的的障碍。神经性贪食患者也表现出对发胖或增重的强烈恐惧，发病前多有减肥史。暴食障碍是反复发作的暴饮暴食，在短时间内摄入大量食物，吃到极为难受为止，在进食过程中缺乏控制，进食后会产生内疚和自我厌恶感。

进食障碍病程多为慢性，极易反复，严重损害身体健康，扰乱心理社会功能，是死亡率最高的精神疾病之一。进食障碍的形式因性别而异，男性对身体形象的关注可能集中在肌肉形态上，而女性可能更多会集中在减肥上（但肥胖不属于进食障碍）。患进食障碍的人群中，女性多于男性（Galmiche et al., 2019），不过近几年男性患病率也有上升趋势。进食障碍通常也会和抑郁、焦虑、物质使用障碍共病，共病率高达90%。高共病率、大众对于进食障碍的认知不足、改变的动机比较小等因素使进食障碍很难得到治疗。即使得到治疗，在治疗过程中，患者的退出率也高达50%—70%，因此对于进食障碍的发现、治疗和效果的维持都非常艰难。在进食障碍的治疗过程中，治疗师可能会采用一些增加体重的方式（针对神经性厌食患者）来维持患者身体机能的正常运转，但是患者可能抗拒增加体重，因此，治疗效果也不太好。

二、正念干预进食问题的效果

我们应该如何改善进食问题,缓解由此带来的心理痛苦?针对情绪进食和进食障碍,除药物干预外,我们需要关注更恰当有效的认知方面的治疗模式。患者可以以更加觉察和接纳的视角看待身体形象,减弱进食障碍的核心驱动力,减少不健康进食行为。近年来,以正念为基础的治疗(Mindfulness Based Treatments,MBTs)逐渐运用在进食问题者中。

正念作为一种感受和接纳身心状态的练习模式,对于进食问题的预防和症状改善具有很好的效果,也可以帮助肥胖人群减重。在心理治疗的背景下,正念是可培养的实践方式,正念治疗项目通常将重点放在培养觉察和改变人与思想的关系上,而不是改变想法本身。

正念治疗进食障碍大多集中于对神经性贪食患者上,很多研究都显示出,正念干预对于患者暴饮暴食发作、症状严重程度和总体的进食障碍症状都有显著的改善作用,对于患者对体重和体形的关注、限制进食、对身材的不满和对体重增加的恐惧也有显著改善作用(Courbasson et al.,2010)。

肥胖和暴食障碍几乎同时存在,相对于BMI[①]在正常范围内的人来说,肥胖者更容易被外界的食物刺激吸引,注意力很少放在身体内部饥饿饱腹感的知觉上。传统的减肥方法通常是限制进食,剥夺人类获取食物热量的天性。极端的限制进食一般来说可以维持几周,但是常年坚持下去非常困难,正念练习是一个长期且有效的干预方式。

正念训练对于减轻神经性厌食的症状也很有效,减轻患者对于发胖的恐惧,重新连接身体和心理感受,增强自我关怀,接纳自己的身材。对于非进食障碍的个体,正念也能够减轻患者对于食物的渴望、情绪化进食和

---

① BMI 即体质指数,BMI= 体重(kg)÷ 身高^2(m^2);BMI<18.5,消瘦;18.5<BMI<23.9,正常;BMI ≥ 24.0,超重;24.0<BMI<27.9,偏胖;BMI>28.0,肥胖。

由外部线索引发的进食行为（Alberts et al., 2012）。

三、正念干预缓解进食问题的机制

我们先从正念的成分展开。正念包含很多维度，其中较为常用的分类将正念分为觉察和接纳这两个维度。觉察是指个体对当下和感知经验的注意，如对特定身体感受的体验；接纳是指个体对瞬间体验的一种不评判的、开放的、非反应性的心理态度，不试图改变，允许事情的发生，不评估好坏。觉察和接纳起协同作用。觉察会对负面信息存在更多关注，如果只有觉察，没有接纳，可能导致更严重的进食问题行为，如增加个体对体重、体形、食物线索，以及躯体感觉的关注。若在觉察的同时具有高水平的接纳，则会增强个体对积极体验的感受，而对于负面信息、对于躯体的不适感受，以及对于食物线索引发的心理活动，会采用更加接纳的心态去面对，进而减少进食障碍症状。

在正念状态下，当进食的冲动出现时，个体会集中注意对进食渴望的觉察和接受，就像看蓝天上飘动的云，任由念头来来去去，带着柔和的态度，体验和接纳进食冲动的念头，而不是试图避免或强硬压制进食的冲动。人们在克制进食冲动的时候，会消耗自我控制资源。而在采取接纳的态度对待进食冲动时，人们会让出部分自我控制资源，反而让进食量能够得到更好的控制。

在大部分情况下，进食都是以相对自动化的方式进行，而正念能够减少个体自动化进食，增强有意识进食，提升对饥饿和饱腹的感受能力，减少无意识进食程度，放缓进食速度，减少热量摄入。在正念进食时，个体会对食物本身的味道、质地、颜色、气味等特性多加觉察，增加了进食的情景记忆，晚些时候可能会记得"我已经吃过东西了，所以现在想吃东西不是因为饿"。在关注食物的味道时，人们会最大化地从进食中感受到快乐和满足。研究发现，人们从食物中获得的愉悦感最高时是在进食最开始的时候，并随着进食量增多而下降。正念状态能够让个体更加注意到进食带给自己的愉悦感，随着进食量的增加，人们对于食物的愉悦感受也会下降，当感受到愉悦程度下降后，人们可能就会减少进食量。

笔者研究团队探究了正念对于进食问题的作用机制，通过结合追踪研究和动态评估研究发现，自我客体化可能在其中起到作用。自我客体化是个体从外部观察者的角度来看待自己的身体，对自己的身体进行持续监控，进而对身体内部状态的感受降低。研究发现，在正念过程中有觉知地行动能够减少个体对于身体的监控，减少客体化水平，进而降低进食问题行为的发生（Sheng et al., 2021）。

正念对于进食障碍人群的作用机制，根据进食障碍治疗的正念机制假设初始模型来看（Vanzhula & Levinson, 2020），正念训练可以提升特质正念、自我关怀、去中心化、心理灵活性、情绪调节、饥饿饱腹感的意识，以及减少重复性消极思维来减轻进食障碍症状（见图5-2）。

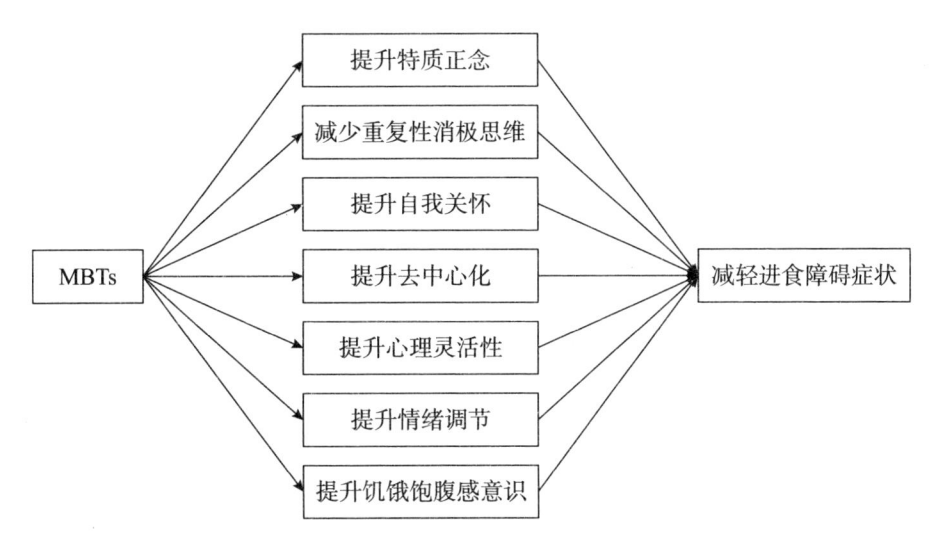

图5-2 进食障碍治疗的正念机制假设初始模型

1. 特质正念水平提升

特质正念可以细分成很多维度,其中正念的接纳、不反应和有觉知地行动这三个维度作为机制得到了很多研究的验证。个体对内外经验的不反应水平越低,进食障碍行为就越少;如果个体有觉知地行动水平很低,那么随着时间的累积很可能会导致个体更想减肥和暴饮暴食的行为增加。当然,也存在一个情况是当有意识行为水平很高时,更能够让进食障碍患者意识到一些不恰当的行为,如"我意识到我吃得太多了,肯定会胖",从而导致代偿行为的发生(吃泻药、催吐等)。那么,正念训练带来的自我关怀或接纳可能会减少进食障碍患者对体重、体形的批判,通过增加对身体形象的接纳程度来阻断对身体不满和进食问题之间的联系。

2. 重复性消极思维下降

重复的消极思维既指向过去,也面向未来。重复的消极思维是进食障碍一个显著的特征,患者会在心里反复忧虑有关体重、体形、热量等与进食有关的消极想法。正念过程会将个体的注意力拉回到当下,减少反刍频率,降低进食的羞耻感,从而减轻限制进食行为、暴饮暴食以及后续的补偿行为。

3. 自我关怀提高

自我关怀是一种对自己不批评,将自己的经历视为人类共同经验的一部分的能力。自我关怀的个体通常不会苛责自己的体形、体重没有达到完美标准,因此增加自我关怀可以减少个体对体重、体形的评判,通过促进对身体的接纳来切断对身体不满与进食障碍间的关系。

4. 去中心化

去中心化是一种将情绪和想法视为暂时的心理反应而不是现实的能力。去中心化可以帮助进食障碍患者将他们的身体和与食物相关的认知、情绪视为大脑中的短暂事件,而不是现实。当个体暴饮暴食后,脑海中可能会浮现出"我吃得太多了",去中心化就会把这种想法只当作想法,不需要对此反应做出什么行为。

5. 心理灵活性增加

心理灵活性是一种保持当下、接纳不断产生的想法和情绪，采取和自己行为与价值观一致的能力。对情绪和身体的高度关注可能会导致进食障碍行为，那么心理灵活性会减轻进食障碍行为的诱因。前文提到进食障碍很难治疗，增加心理灵活性有助于患者遵从治疗，提高治疗的依从性。比如，提高了心理灵活性的个体会认为，"虽然吃东西会让自己变胖或自责，但我还是吃了，我可以将这件事解释成：我重视健康和身体的恢复"。

6. 情绪调节能力提升

进食障碍的情绪调节模型（Lavender et al., 2014）将进食障碍行为（如暴饮暴食、净化和限制进食）解释为应对负性情绪的方法。进食障碍的核心特征之一是情绪调节困难，进食障碍严重程度和情绪调节困难呈正相关。通过正念练习可以帮助个体提升对于负性情绪的耐受度和调节能力，提升对情绪的认知和接纳，对情绪不加以评判，可以把负性情绪作为日常生活的一部分，就算有负性情绪，也不会加以苛责，认为其不该出现。通过改善情绪调节能力，增加个体对于负性情绪的容忍度，将进食障碍行为的导火索切断，减少采用暴饮暴食和清除等不适应的想法行为，那么进食障碍行为自然而然就会减少了。

某些进食障碍类型，如神经性厌食的个体，会出现难以表述自己的情绪状态的情况，即具有述情障碍。这类人难以识别和向他人描述自己的情绪，在躯体感觉和情绪之间做出区分很困难，缺乏对内心世界的关注，通过正念治疗可以增加对于情绪的感受和辨别。

7. 身体饥饿和饱腹感受的提升

进食障碍的个体通常对于饥饿和饱腹的感受能力不强，因为他们在日常节食的过程中会压抑自己的食欲，就算再饿也克制自己不要吃。久而久之，他们对感应身体发出的饥饿信号的能力也就丧失了。对具有暴饮暴食问题的个体，暴食的特征是进食快速、大量、无意识进食。如果说吃饱是十分，那么进食障碍者在暴食时停下来的感受就是十五分，真的是吃到"嗓子眼儿"了。我们要知道，进食障碍中的"暴食"和普通情况下的"吃饱"是两个概念，长时间、高频率地暴食对于个体饱腹感的感知敏感程度也会降低。因此，相对普通人来说，不管是限制进食还是暴饮暴食的人，对自然饥饿、饱腹的信号感受更弱，从而更容易长时间不吃东西，限制食物摄入，在普通人已经感受到吃饱的情况下，可能他们还没有吃饱了的意识，所以会吃得更多直到不舒服。

正念干预治疗进食障碍可以提高个体对饥饿和饱腹的感受。具有进食问题的个体长期压抑天然的食欲，克制饥饿的感觉，久而久之，对饥饿和饱腹的感受力消退。正念训练能够帮助人们靠身体给出饥饿或饱腹的感受决定是否进食、进食多少，而不是靠定量、手边有吃的等外部触发因素而进食，学会听从"身体的声音"。正念使得人们重新连接进食的欲望和身体的感受，区分是由生理性饥饿还是其他因素导致进食。此外，在吃东西时，将注意力放在食物本身的特性上有助于个体控制体重。同时，正念训练也会增加选择健康食物的可能性，降低对不健康食物的选择，减少热量的摄入。

但是正念训练是否有效的持续性有待探讨。有正念干预的追踪研究发现，在干预半年或者一年后，进食障碍的改善没有持续作用，因每个研究参与者的人数不同，参与过程中的脱落人数比例不等，因此正念干预对于进食障碍严重程度不同的人群来说，持续发挥作用的时间和稳定程度仍不能确定。

四、如何进行正念进食

正念与进食相结合的正念进食是一种缓慢进食的做法，正念进食要求参与者不对食物本身进行评判，专注于食物带来的感官体验，如气味、颜色、质地、形状、味道等。正念进食可以让参与者意识到，我们与食物不是对抗的关系，我们可以采用更加和谐的角度看待与食物的关系，不需要通过意志力、苛刻地计算热量的食谱来进食，放下对于热量的焦虑，而是靠直觉或者身体发出的信号来决定要不要吃。

正念进食主要集中在五个方面：一是练习对于生理信号的感受，也就是对饥饿和饱腹感的觉察；二是对于食物特性的感受上，观察食物的质地、颜色、味道等；三是关注与食物相关的感受和想法；四是对于身体的反应、感觉、想法不加批判地接纳，减少对于外界环境刺激的反应，当看到旁边有食物存在时，觉察并接纳对进食的渴求，同时，也会减少对食物和身体相关感受的过度关注，提高对于情绪的表达和对负性情绪的接纳度；五是意识到并且逐渐改变日常意识模式和饮食习惯。正念进食主要是让人们体验进食过程中食物本身的味道，充分品尝每一口食物，以及食物带给自己的感受，觉察饥饿饱腹程度。根据这些细微的线索进行健康饮食，减少热量摄入是正念进食的"副产品"。

五、正念进食方案

正念进食方案参考克里斯特勒（Kristeller）和鲍曼（Bowman）的《学会吃饭》(*The Joy of Half a Cookie: Using Mindfulness to Lose Weight and End the Struggle with Food*)。作者在美国完成了整合医学专科训练后，曾在医院推动健康饮食运动，并开设体重管理门诊。正念进食，也就是正念进食训练，是正念饮食觉知训练结合正念、饮食科学、认知心理学及健康知识，要求个体配合自己的生理和心理信息，为健康做出合适且自在的选择。以下列出一些可以练习的方法。

1. 迷你静坐练习：可以在一天中的任何时候去做，鼓励在用餐前后进行。首先进行几次深呼吸，感受气息的进入和呼出。如果发现身体有紧绷感，想象自己随着吸气将空气流入这些部位，让呼吸协助放松肌肉，其次放慢呼吸的速度。留意内心的想法，将注意力放在想要的位置上。例如，刚刚浮现的想要吃零食的想法，是不是因为饿了？还是因为你看到别人吃，所以想吃？观察自己的想法，以接纳的态度观察它，有意识地选择接下来自己要做什么，而不是自动化的反应。培养1—2周正念觉知后，对日常进食食物进行觉察。

2. 将自己所吃的食物列出一个清单，明白自己一天大概会吃什么食物，大概吃了多少，并填写平衡饮食清单（见表5-3），记录过去一周与进食相关的行为。

3. 觉察自己每天大概花了多长时间在与进食相关的行为上，包括食物的选择、有关食物的想法，还有涉及因减肥而去运动消耗的时间，如果时间过长，那么就会影响专注于日常生活中其他事物的时间。

4. 学会感受饥饿的程度，这样就可以辨别自己是由于生理饥饿想吃东西还是因为情绪、触手可及的食物、进食习惯、社交因素等原因想要进食，可以对自己的饥饿程度进行1—7的评分，1表示完全不饿，7表示非常饿。

5. 在进食前、进食过程中和进食后感受自己对于食物的欲望，感受身体摄入食物后能量补充的变化。进食过程中，充分品尝食物的味道和带给自己的感受，如情绪、满足感。可以在进食过程中对饱腹程度进行评分，1表示完全不饱，7表示非常饱。

6. 不限制进食，不按照严格的食谱进食，认识到食物没有"好坏之分"，允许自己进食高热量、高脂肪的食物。

7. 允许自己剩下食物，感觉吃饱了就停。我们从小受到的教育是不能浪费食物，如果一开始给自己定下要求完全不浪费可能导致自己吃到饱还要继续吃，不仅热量摄入过剩也会导致体重增加。意识到自己吃到什么程度就吃饱了之后，我们就可以掌握自己的食量，这样日后按量取餐也就可以做到既不剩餐也可以不浪费食物。如果去外面餐厅进食可以进行打包，这样既不会过度进食，也不会浪费食物。

8. 类似正念进食葡萄干，尝试选出自己最喜欢吃的食物，高脂肪、高热量的食物也可以，如炸鸡。我们可以准备好一份炸鸡，用全新的视角去仔细观察它，想想形状、光泽、颜色，和平时看到的有不一样的地方吗。闻一下食物的味道，放入嘴里咬一口，闭上眼睛感受味道如何，忍受住咀嚼的冲动，感受食物在嘴里的质地、味道、油润或湿润程度。开始咀嚼，体验味道，味道有没有变化，用嘴里哪个部位咀嚼，什么时候开始吞咽的，吞咽的感觉如何。按照这种方式，每吃一口都留意食物带给自己的满足感，到第六口时停顿一下，感受自己是不是真的想吃这个食物，是否有想要继续进食的欲望。如果想继续吃，按照以上步骤继续享受美食，感受自己对于食物的渴望，对于食物满足感的变化，直到不想吃为止。过程中允许自己停下来，结束时，感受对于自己喜欢吃的食物的感觉与之前相比是否有变化，是否有新的感受和发现，进食量是否也有变化。

9. 建立食物能量觉知。大致了解食物的热量，避免过度饥饿引起的过度进食，允许自己进食喜欢的食物，与其克制食欲，把很多喜爱的食物归类为不能触碰的食物（反而经常破戒），不如直接享受美食。寻找增加体能消耗的运动，但是不要建立"我运动了，所以我可以吃更多"的意识。

10. 两周后重新列出食物清单，观察自己的进食模式、进食种类、进食量和最初列出的食物清单是否有所改变。重新填写平衡饮食清单。

正念进食可以让我们更加享受美味，接纳进食的欲望。对传统减肥的人来说，食物可能是一个让人又爱又恨的存在，正念进食可以帮助人们摆脱食物的"枷锁"，自在地进食。

表 5-3　平衡饮食清单

	1= 上周不曾发生	2= 上周至少发生一次	3= 上周发生好几次	4= 一天一次	其他
可以增加正念进食的技巧					
1. 我察觉到身体的饥饿感					
2. 我在感到适当饱足时就停止进食					
3. 我在察觉食物带来的味道减少时就停止进食					
4. 我缓慢且用心地体验我所吃的每一口食物					
5. 我因为食物过度甜腻、油腻或太咸而停止进食					
6. 我决定不吃诱惑食物，心想：我以后还有其他机会可以吃它					
7. 我适量地吃了一个自己喜爱的食物					
8. 我允许自己享受及品尝食物带来的所有味道及口感					
9. 我在聚餐时吃了适当分量的食物					
10. 我在平日饮食中加入了更多健康的食物或食材					
11. 我在平日饮食中减少了一些不健康的食物					
12. 我因为已经满足而决定不再续碗					

续表

	1=上周不曾发生	2=上周至少发生一次	3=上周发生好几次	4=一天一次	其他
13.我在进食前先估算该食物的热量					
14.我为了减少整体热量，只吃了一小份想吃的食物					
可以减少的盲目或节制性行为及想法					
1.我因为对某件事情感到难过而过量进食					
2.吃了高热量食物后，我认为反正已经撑着了而继续吃更多					
3.我因为不想做某件事情而吃东西					
4.我把餐盘里的食物（或整份点心）全吃完，而没有留意到是否已经饱了					
5.我因为无聊而吃东西					
6.我无心、不经意地将全部的餐点或点心吃完					
7.我因为害怕面对而不去查询该食物的热量					
8.我花费太多时间担心自己的体重、体态及饮食方式					
9.我因为感到焦虑不安而重复测量体重					
其他生活行为					
1.我花了至少10分钟进行静坐练习					

续表

	1=上周不曾发生	2=上周至少发生一次	3=上周发生好几次	4=一天一次	其他
2.我花了至少20分钟进行静坐练习					
3.我称体重是为了了解身体状况,而不是为了鞭策自己					
4.我刻意在日常生活中增加体能活动					
5.运动的同时,我感恩自己的身体及体力可以完成的事情,而不是对无法完成的事情感到唾弃					

拓展资源:

微信公众号:SMHC进食障碍诊治中心。这是上海精卫中心进食障碍诊治中心官方公众号,介绍有关进食障碍的识别、治疗、预防、教育、培训、国内外研究进展、国内外资源、治疗项目及治疗团队等信息,致力于打造医生、患者及家属紧密合作、共同成长的学术平台。

书籍:《与进食障碍分手》《帮助孩子战胜进食障碍》《战胜暴食的CBT-E方法》《学会吃饭》。

第六节 正念对睡眠的作用

你是否有过这样的感受?夜晚睡前,收拾好一切躺在床上准备睡觉,却感到无比清醒,没有任何入睡的迹象。于是你摸出手机,看看微博,刷刷视频,玩玩游戏,不知不觉过去了一个小时。你一看时间,想到明天还要早起，意识到你必须马上睡觉，于是你放下手机，调整了一下身体的姿势，闭眼等待睡意袭来，但进入头脑的却是白天工作时与老板的争执，或是想到自己和某个朋友的关系，自己是不是说错了什么话。随着想法的杂乱涌入，你感到越发烦躁，一看时间更晚了，再不睡着明天白天就会打瞌睡，工作效率也不高……

睡眠是人恢复精力最重要的方法，占据我们每天约 1/3 的时间，但随着社会节奏加快，工作和学习压力增加，许多人在睡眠方面也存在一定问题。《2022 中国健康睡眠调查报告》显示近 3/4 的人曾有过睡眠困扰，而入睡困难是其中的第一大问题。目前已有许多科学研究表明，正念水平与睡眠质量有关，如笔者所在研究团队发现，正念水平在知觉压力和睡眠问题的关系中起中介作用，也就是说，一个人感知到的压力越大，他的正念水平可能就越差，进而使得睡眠问题更加严重（徐慰等，2013），而基于正念的干预可以起到提升睡眠质量的作用。

一、睡眠及睡眠问题

睡眠既是一种意识状态，也是一种行为，在学习、记忆等方面具有重要作用。我们每晚会不断经历五个睡眠阶段（见图 5-3），在不同的阶段大脑的活动有所不同，对应的功能也不尽相同。第一到第四个阶段被统称为非快速眼动睡眠（Non-rapid Eye Movement，NREM），在这一阶段大脑细胞的新陈代谢速度降低，得到休息；第五个阶段被称为快速眼动睡眠（Rapid Eye Movement，REM），这一阶段对大脑的发展和记忆的形成非常重要。

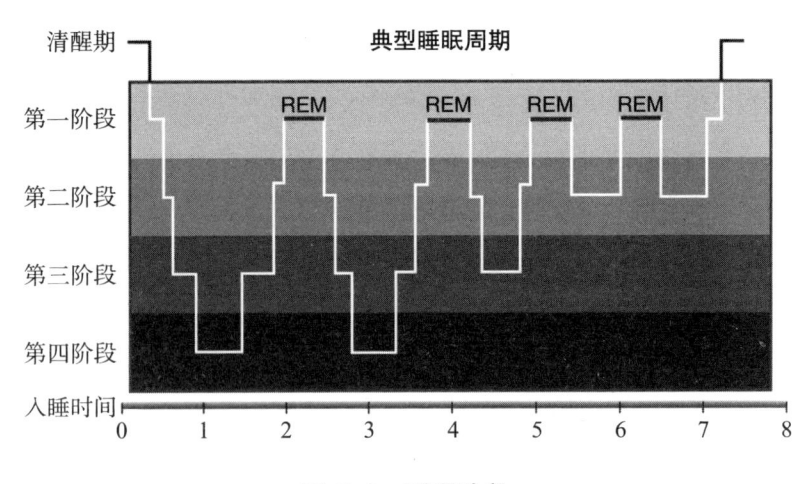

```
                典型睡眠周期
清醒期 ┌─────────────────────────────────┐
第一阶段      REM      REM      REM      REM
第二阶段
第三阶段
第四阶段
入睡时间
       0    1    2    3    4    5    6    7    8
```

图 5-3　睡眠阶段

睡眠对我们恢复精力、巩固知识非常重要，但在现如今快节奏的社会生活下，许多人的睡眠质量却并不好，甚至发展到睡眠障碍的地步，严重影响人们的日常生活。常见的睡眠障碍有失眠、嗜睡等，在人群中最多发的是失眠，且入睡时长延长成为较普遍的现象。失眠的具体情况常从三个方面来看待：主观睡眠质量，也就是个体主观上觉得自己睡得怎么样；入睡时间，也就是从躺下到真正进入睡眠的时间；日间功能障碍，即第二天的精神受影响的状况，常见的表现如疲劳、难以集中注意力等。

失眠的可能原因有许多种。从个体本身来看，不同的人具有不同的生物钟，人体的温度和激素水平也会随之改变，如临近睡眠时人的体温会降低，由此带来困倦的感觉，如果体温变化延迟，人感到困意的时间也相应延迟；从环境上来看，睡觉时卧室的光线、噪声、温度都可能产生影响，如房间过亮会抑制人体内的松果体分泌褪黑素的过程，进而影响入睡时间和睡眠质量。除了上述客观因素以外，人的主观想法也会造成影响，如认为自己必须睡满 7 小时，或者反复思考如果今晚没睡够会给第二天带来什么负面影响，这些想法加上其带来的焦虑和压力让入睡变得更加困难。

在一天的工作学习后，夜间无法得到充足休息来恢复精力，第二天的生活很容易受到相应的影响。众多研究表明，睡眠质量越好，学习效率、记忆效率越高，而缺乏睡眠则会恶化这些方面的表现。长期的失眠还会给人体的生理和心理健康埋下隐患。在生理方面，缺乏良好睡眠本身就不利于身体的休息缓解，而睡得不好的人在白天又更加疲惫，因此也更不喜欢运动，同时有研究发现睡眠质量差的大学生更喜欢进食高热量的食物，进一步加重了身体的负担；在心理健康方面，失眠所导致的认知、情绪方面的异常使个体更容易出现抑郁、焦虑等心理疾病的相关症状，前一天没睡好的人在第二天会更关注消极的事件，对自我的控制能力更差。笔者研究团队通过运动手环收集个体的睡眠数据，并采用生态瞬时评估的方式每日5次，持续7天地收集参与者的情绪数据，发现睡眠时长短的人在抑郁情绪方面有更高的惰性，这意味着情绪灵活性缺失的个体，容易长期陷入负面情绪（Wen et al., 2022）。

为了降低失眠给我们的生活带来的诸多不良影响，研究者探索出许多用来干预失眠的方法，正念干预便是其中一个重要而有效的途径。

二、正念干预的应用及效果

前文对正念干预的各种方法进行了详细的介绍，在针对睡眠问题的干预中，主要使用的是正念减压、正念觉知练习（Mindfulness Awareness Practices, MAPs）、正念认知疗法和正念失眠干预（Mindfulness-Based Therapy for Insomnia, MBTI）。前三种方法是通过正念训练对个体整体的思维、态度进行训练，而最后一种方法是在正念的原则下发展出更针对失眠的内容，再加以一些行为方面的策略，如刺激控制（睡前不做过于兴奋的事，如打游戏等）、睡眠限制（减少花在床上但又没有睡觉的时间）等。正念失眠干预一般包括八次（见本节最后一部分），每次的活动侧重点各不相同，循序渐进，最终达到干预的目的（Ong & Sholtes, 2010）。

正念干预睡眠问题主要可以分为两大方面：一是对于临床上的病人；二是对于普通人群。针对临床病人群体又可以分为生理疾病和心理疾病群体两大类。在生理疾病上。以癌症为例来说，它对人体健康有极大的威胁，而睡眠又与个体的精神状态、免疫功能等密切相关，故睡眠在帮助癌症患者康复中具有重要作用。

处于放化疗过程中的癌症患者，因多次反复进行治疗，恶心呕吐、脱发等相应的副作用会给患者带来极大的痛苦，在心理上也会产生恐惧、悲伤、无助等情绪，这些不良反应加上癌症本身的症状、复发的风险等让患者很难休息好，晚上难以入睡，而好不容易入睡后也可能在夜间惊醒，无法获得足够好的休息使得患者在白天也很容易疲惫，身体也不能得到很好的恢复。

癌症患者在情绪方面较常人有更多的困扰，这类困扰往往来源于不合理的信念，也就是说，癌症这一事件会给患者带来巨大的压力。为了维持心理平衡，患者会调节自己的情绪，但在面对这样的消极体验时，人们往往会在第一时间采取回避的方式来应对，逃避使自己感到痛苦的想法和经历，但过度使用这种策略反而会加重痛苦的感受，进一步恶化睡眠质量。而正念的重要观念便是觉察然后进一步接纳各种想法。

除了肝癌以外，目前已有对胃癌、喉癌、大肠癌、妇科癌症等多种癌症群体的实证研究，接受正念干预的患者整体睡眠质量提升、入睡时间缩短、总睡眠时间延长，并且他们在白天的情绪状态、身体功能也变得更好（李国鹏，2017）。正念干预还被用在慢性阻塞性肺疾病、脑出血、糖尿病等其他疾病群体中，也被证明可以有效提升睡眠质量。

睡眠与大多数心理疾病均有关联，或者说睡眠问题是诊断许多心理疾病的标准之一。对心理疾病患者来说，正念干预不仅能作用于睡眠，同时也能直接改善部分疾病的症状。例如，一个抑郁症患者除失眠外还感到平时难以集中注意力、觉得自己没有价值等，正念中的不评判和安住当下的思想可以帮助个体从沉溺于对过去事件的反复思考中抽身出来,真实、全然地看待自己。

在普通人群中,正念常被用在干预学生、职场人士等群体,有效地降低他们在学业或工作方面的压力、提高睡眠质量。例如,一项丹麦的研究表明,银行员工在接受基于正念的干预后,参与者相比对照组报告了更少的压力、更好的整体睡眠,且工作效率更高(Klatt et al., 2017)。笔者研究团队发现,为期6周的正念干预对短期和长期的监狱服刑人员的睡眠质量有显著提高作用,且效果对长期服刑人员更好(An et al., 2019)。不同人在接受正念干预后的效果也存在个体差异,从人格来看,以目前常见的大五人格模型为例(Big Five Factor Model, BFFM,将对人格的描述分为五类,分别是开放性、尽责性、外倾性、宜人性和神经质),其中外倾性较高和神经质较低的人(也就是情绪更稳定、更加乐观热情的人)会收到更好的效果(Fang et al., 2019)。

三、正念干预睡眠质量的机制

正念对睡眠质量的干预作用可以从两个方面来看:一是正念冥想对人生理方面的影响;二是对心理方面,如认知和情绪的作用。

在生理方面,得益于飞速发展的现代科技,我们可以运用较精密的仪器探测人体诸多生理指标的变化,如某些激素的含量、某些生理结构的形态等。已有研究发现,接受正念训练的个体大脑中的前脑岛及海马和颞叶的密度增大,杏仁核、海马、眶额皮层等区域的结构发生变化,是睡眠质量得到长期提高的一个可能原因。正念训练还能影响自主神经系统、内分泌系统,如降低肾上腺激素、提高褪黑素的分泌等。人在遇到压力时,肾上腺会分泌大量的肾上腺素来应对可能的困难,接受正念训练的个体的整体分泌量会有所下降,表明其感知到的压力下降,由此减少可能影响健康的风险。褪黑素是人脑中的松果体分泌的一种激素，在白天分泌较少、晚上较多，它能缩短人们的入睡时间、提高睡眠质量、使人在半夜醒来的可能性降低。研究发现，正念训练能延长第三阶段睡眠和快速眼动睡眠的时间、提高褪黑素的分泌水平，帮助睡眠（Hoge et al., 2018; Nagendra et al., 2017）。

心理方面的机制可以从认知和情绪两个维度来看待。在情绪上，正念训练主要作用于个体的情绪调节策略和负性情绪，如正念能降低个体的反刍思维，避免其在睡前反复、被动地加工白天发生的事件，避免由此产生的消极情绪。同时，正念本身也能增加个体的积极情绪体验，从而降低睡前的觉醒水平，提高睡眠质量。

在认知上，正念强调对当下的注意和不加评判的接纳。在练习过程中，个体的感知觉能力、注意能力都会发生很大的变化，表现为对刺激的感受性提高、接纳程度上升，能更加容忍内外部环境。也就是说，正念并不试图去改变外在环境或事件，而是改变我们与它们的关系。在睡眠困扰时，正念训练针对的是我们对自己因失眠而产生的困扰，而非失眠本身，我们可以通过失眠的元认知模型来进一步了解这一过程。

元认知是个体对自己的认知活动的意识、监控和调节，也就是你如何认识你的认知。具体来说，在失眠时，我们会产生各种各样的想法：现在还睡不着就会休息不够，明天就无法打起精神工作，或者想要马上睡着，这些想法会直接引起情绪的扰动，使得人更加清醒，这便是初级唤醒，也就是认知的部分。而我们将注意力转向这些想法、反刍和发酵它们，则会进一步引起二级唤醒，也就是元认知的成分。正念使我们关注初级的感受，对它们不加评判地接纳，降低二级唤醒，从而作用于初级唤醒，使我们以一种更具适应性的、安定的状态来对待失眠。在这种状态下我们的生理唤醒程度下降，入睡也就容易了（Ong et al., 2012）。

在元认知模型以外，还有一些其他心理变量是正念训练有效提升睡眠质量的可能机制，如心理灵活性、不执着。心理灵活性指的是个体有意识地与当下充分接触，并在自己价值方向的指引下，改变或坚持行为的能力，是接纳承诺疗法的核心概念。心理灵活性与压力、抑郁等消极表现相关，在疗法的体验当下、接纳等六个过程的共同作用下建立起心理灵活性，从而降低消极情绪，提升睡眠质量（赵菁菁等，2020）。不执着的意思是不执着于寻求快乐体验和避免消极体验。与正念相比，不执着更强调个体不试图控制意识中发生的事情，以灵活的方式持续回应内外在世界，其与正念存在一定的关联，但在本质上并不相同。正念练习让我们可以清楚地体验内心的想法和身体的感觉，而非自动化地做出反应，这样的觉知和不评判促使我们放弃对各种欲望的执着。睡眠是自发的生理活动，我们减少对睡眠的执着——寻求快速入睡、避免一直睡不着，则更容易体验到好的主观睡眠感受。

虽然正念干预对睡眠的影响方面已有许多研究，但在实际的践行上，我们又能如何将正念加以运用以改善我们的睡眠状况呢？

四、正念干预睡眠的实际运用

结合前文的内容，想要运用正念练习来提高睡眠质量可以从睡前和平时两个方面看。在平时，我们可以进行一些正念冥想训练，如呼吸空间、身体扫描等，提高正念水平，培养觉察、接纳的能力；在睡前，则以正念的态度安住当下，不对失眠产生的情绪或生理唤醒做出进一步的评价，以放松的状态对待流逝的每一刻。

正念失眠干预（Mindfulness-Based Therapy for Insomnia，MBTI）与睡眠医学、行为疗法和冥想练习进行整合，主要目标是帮助个体觉察其在失眠时的身心状态，进而发展出适应性的解决方法来处理这种情况。干预往往以6—8人的团体形式开展，一期完整干预的主题及相应的活动，如表5-4所示，干预设置为一周一次，每次两个小时左右。团体的带领者指导参与者由浅入深地开展活动，每次均由冥想练习开始并讨论各个成员上周对睡眠的感受，随后开展不同的具体内容。每次活动后也会布置一些家庭作业，监督和帮助参与者逐步习得正念的技能和行为策略并将之用于具体生活中。

表5-4 正念失眠干预的主题及主要活动

次数	主题	主要活动
1	引入并概述整个活动流程	概述课程和参与者的期望；介绍正念的概念和失眠的模型；带领参与者进行第一次正式的正念练习
2	跳出自动导航	从正式的冥想和询问开始；探讨冥想治疗失眠的相关性；讨论关于睡眠卫生的指导
3	关注疲劳和觉醒	从正式的冥想和询问开始；讨论嗜睡、疲劳和觉醒；提供关于睡眠限制的指导
4	面对夜间的困倦	从正式的冥想和询问开始；讨论有关睡眠限制的问题并对整个流程做出调整；为刺激控制提供指导
5	失眠的领域	从正式的冥想和询问开始；介绍失眠的相关知识并讨论
6	接纳并放手	从正式的冥想和询问开始；解释接纳与放手和失眠的想法和感受的关系
7	与敌人同眠：重新思考与睡眠的关系	从正式的冥想和询问开始；讨论参与者与睡眠的关系（对睡得好和不好的夜晚的反应）；讨论日常生活中的非正式冥想
8	进食、呼吸和睡眠正念：与"灾难"一起生活	从正式的冥想和询问开始；为未来可能的失眠设定行动计划；讨论在干预活动结束后如何继续冥想

具体来说，每一次活动都会从冥想练习开始，而后团队领导者带领大家一起讨论在练习中的发现和如何能将其运用到失眠中，除了冥想的部分以外，其他每次活动将有不同的主题。第一次活动主要是团体成员相互熟悉并了解整个干预的安排，简单介绍正念的相关概念和知识，体验正式的正念练习；第二次活动详细介绍冥想如何能够为失眠提供帮助，并教授一些睡眠卫生的知识，如睡前不要大量饮水、不做兴奋的事情，睡眠的环境

要保持合适的亮度、温度等；第三次活动讨论不同清醒状态的感受，并指导如何进行睡眠限制，即把在床上的时间限制为平均的睡眠时间，具体来说，就是通过推迟上床时间来提高睡眠效率；第四次活动进一步对睡眠限制进行完善和调整以保证其更有效地执行，并引入刺激控制的模块，即减少在床上没有用于睡觉的时间（或者说不在床上做除了睡觉以外的事情），建立床和睡眠的条件联结；第五次活动对失眠相关的知识进行系统的介绍；第六次活动详细指导如何接纳睡不着的状态并试着放下对想要睡着的执着；第七次活动讨论参与者如何看待自身与睡眠状况的关系，睡了一个好觉或没睡好会给自己的生理上和心理上带来怎样的感受，并为讨论如何在干预活动外有意识地自己进行一些非正式的冥想练习，为活动结束后的自主发展做准备；最后一次活动对未来进行计划，教导一些未来自助的方式，保证更长期的效果。

第六章

正念在非临床领域的应用

正念的科学应用最初是对专注于情绪问题、行为问题等心理痛苦的缓解,随着对正念探索实践的逐步深入,人们发现正念能够发挥的作用远不止是对临床相关问题的解决。本章将从领导力的提升、运动竞技水平的进步、幸福感的改善、浪漫关系的促进以及特殊职业中正念的作用来阐述在其他非临床领域正念的研究与实践。

第一节　正念提升领导力

A先生因为工作表现优异被晋升为部门总监。然而，几周之后，本想要在这个岗位上施展才华的他开始觉得力不从心，扑面而来的繁重事务压得他透不过气来。巨大的业绩压力、各种等待完成的方案、来不及回复的邮件、永无止境的会议、不够称职的下属……使A先生的工作和生活变得一团糟，他常常被各项工作缠绕，加班到半夜2点，但工作还是做得不尽如人意。

一天清晨，A先生正在办公桌前准备开展当天的工作。全天排满了会议，在他抽空查看新的邮件和信息时，合作伙伴发来需要校对的合同文档，同事发来新的数据统计报告让他审阅……虽然他努力按优先级回复邮件，但顶头上司又立刻安排了一次紧急会议。于是，他匆忙拿着材料走向会议室。刚起身，下属突然跑过来说，一个重要客户对他们改了好几版的方案表示不满，A先生此刻感到无比烦躁，在交代下属如何安抚客户后，一时恍惚，竟差点忘记自己还要去会议室……

观察一下公司走廊里的同事或者写字楼前人行道上的人，你就会发现由于"多任务处理"产生的"失联"现象。你会注意到有些人在走路的时候发消息、查邮件，很可能会冷不丁撞到墙或者其他人。现在无论是在和别人一起走路还是谈话时刷手机等都曾被认为是不礼貌的行为，几乎都被人们普遍接受了。抛开礼貌不说，持续的间断注意力同样是非常劳神且低效的。

对此，我们能做些什么呢？关注当下的领导力是少数人的天生特质还是能够后天培养的呢？我们能不能通过训练自己的心智从而在匆忙、碎片化和复杂的生活中始终保持专注、清明、充满创造力与同情心呢？

很幸运，答案是有的。实现卓越领导力、对我们正在做的事情保持全然的临在、与他人建立联结，这些都是我们每个人拥有的内在能力。通过一些练习来锻炼自己的注意力以及随时对自己的身心状况保持觉察的能力，我们就能合理地运用自己所有的能力，包括清晰的思维、温暖的爱心以及明智的决策。

一、正念领导力

领导力作为一种影响力，是领导者在一定情景中运用领导资源、影响追随者实现愿景的核心能力。领导者正念作为一种状态性特质，是对当前体验所采取的一种持续性的态度和品质。

正念领导力是当代正念研究在领导研究领域的应用，具体指通过正念对领导者自身内在专注、觉知、调节的正念能力的作用，产生发现价值、心智清明、了悟变化、富有同情、关注当下、洞见创新的领导行为，从而影响下属正念和心智状态，由内到外实现领导效能的态度与行为总和。正念领导者对生命的意义与变化的本质有所了悟，并包括以下三个特点：（1）无论是从正念的特质还是状态角度，一个人的正念水平对领导力的发展都具有重要作用。这种关注当下的正念领导力作为一种切实的品质，可以提高领导者的一系列管理效能。（2）领导者正念不仅影响领导者个人的内心效应，还会影响他人与团队。正念领导力能够让领导者对当下有完整的、不带评判的关注，在团队和组织中产生正向涟漪效应。这与领导力是领导者和追随者相互影响过程的本质是一致的。（3）正念领导力可以通过参与培训和自我习练获得，帮助领导者突破从优秀领导向卓越领导发展的瓶颈，并促进内在领导力的融合发展（Lange & Rowold，2019）。

二、正念领导力的作用

1. 员工层面

（1）缓解员工压力

正念型领导能够有效缓解员工压力，减少员工倦怠及挫败感等消极情绪。他们对周围的环境非常敏感，能够监控员工的表现，监测员工何时表现出过度的压力或负面情绪（Rupprecht et al., 2019），不会给下属施加不适当的压力，增加其不满，导致更大的负面情绪。同时，他们能够与下属建立良好的关系，为其提供一定程度的关怀，以缓解员工的压力并减少消极情绪。

（2）提高员工工作投入

工作投入是工作场所的一种积极情绪，它是指一个人持续的、积极的情绪激活状态，主要特点是精力充沛、投入以及专注。正念型领导对内部和外部的敏感度不断提高，有助于增加对员工个人的关注，从而了解其真正的需求，提供更多的关怀。员工感受到领导者的支持和关怀，因此在他们和管理者之间建立起信任的桥梁，并更加投入工作中，从而保持高度的工作投入。

（3）促进员工组织公民行为

组织公民行为是指个人自发的行为，它不属于组织的正式奖惩制度，但对自己或组织有利。正念型领导在员工表达意见时，即使不喜欢也不会表达自己的主观意见，而是保持非评判、非对抗性，而这一点会让员工感受到自己被公平对待（Rupprecht et al., 2019）。感到被关心和尊重的员工会对组织产生一种归属感，并有工作动力。作为回报，他们会主动去做超出职责范围但对组织有利的工作。

（4）提升员工创造力

员工的创造力是指员工提出新的和实用的想法的能力。正念型领导能够打破自动的心理认知过程，不受既定思维的束缚，能够将过去的经验与当前的认识相结合，创造出新的见解。当领导者富有创造力和想法时，他们会激发员工的创造力（Huang, Krasikova, & Liu, 2016）。此外，正念型领导能够平和心态，对外部环境保持高度敏感，从而充分掌握当前形势，并能及时了解该领域的动态方向。这一点还能给员工带来新的想法，丰富他们的想象力，从而提高他们的创造力。

（5）增进员工工作绩效

正念型领导会聚焦于当下每时每刻的感觉，同时会结合以往的经验形成对当前情况的反应。因此，正念型领导不会过多地关注过去的错误或糟糕的表现，而是在当前的背景下看待这个人，从而鼓励员工参与到工作中来，并有助于提高工作绩效。同时，如果员工敢于提出其他建议，积极的管理者也不会立即用"正确"或"错误"的评价来回应。这样一来，员工就会觉得自己得到了领导的认可，从而更加努力工作，提高个人业绩。

2. 组织层面

组织绩效是指组织在战略目标上的实现程度。正念型领导能够关注当下发生的具体事件，并集中精力于此时此刻的工作，这样可以给下属起到模范带头的作用，促进集体的效率，提高组织的绩效。此外，正念型领导对正在发生的事情有更加深入全面的了解，知道自己能做什么，并认识到其中的利弊得失（Rupprecht et al., 2019），因此能够带领组织进行有效的决策，促进组织绩效的提高。

三、正念领导力的作用机制

正念领导力究竟是怎么产生效果的呢？有学者认为，正念干预或正念训练能够有效提升领导者的觉察力、判断力、有序学习的能力和解决问题的能力，降低领导者的焦虑，从而更好地应对和管理不确定性，改善领导效能。正念领导力会从认知和情绪上促使领导者进行自我反思，全面觉察当下状况，由内向外地实现正念领导过程（Rupprecht et al., 2019）。

领导者需要通过自身正念的修行，提高自我意识和情绪调节能力，把自己打造成一个拥有正念特质的领导者，从而更好地应对工作中的压力和挑战，从容面对复杂的人际关系，这就是正念领导者的发展。

领导者的这种变化会影响整个团队，缓和领导者和下属之间的关系，对工作产生积极的影响，进化到正念领导力发展阶段。我们接下来逐步阐述这两种由内至外的发展。

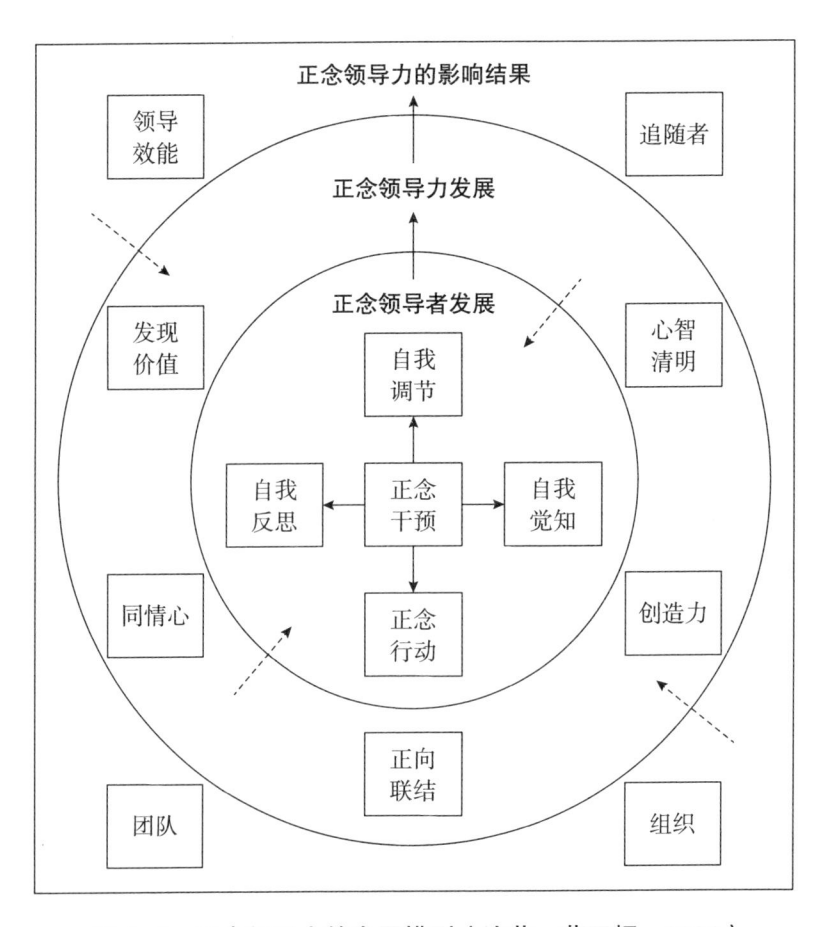

图 6-1　正念领导力的发展模型（沈莉，葛玉辉，2021）

正念领导者的发展（见图6-1），主要体现在正念干预促使领导者优化对自身的管理，从以下四个方面展开（沈莉，葛玉辉，2021）。

第一，自我觉知。即有意识地将注意力专注到自己的身体感受上，通过对自己身体的联结，实现自我觉察和理解的过程。觉察身体能使人回到当前，并看到事情本身，而不是纠结于思维中的想法。这样可以减少压力和焦虑，做出更加客观的判断，提高决策能力。如果领导者掌握了正念的技巧并持续进行训练，觉察能力会日益增强，越来越容易脱离想法的旋涡，不被想法带着跑，拥有内在的、更为稳定的力量，对周围环境的感知更加敏锐，对当下的判断也更加清晰、客观。

在前文案例中，领导者在同一时间被多件事情困扰，产生了极度烦躁的情绪，对工作造成了一定的负面影响。如果在这个时刻，他能够进行一下身体觉察，会更加理解自己的急躁情绪，这有助于不被情绪操控，并重新审视工作内容本身，尝试寻找进一步的解决办法。

第二，自我调节。领导者经常面对错综复杂的事务，在工作中容易遇到各种困难和挫折，面对挫折时会产生相应的情绪，如愤怒或无力等挫败感。如果他们不能很好地调节情绪，很容易跟着情绪做出进一步的行为，也就是我们常说的情绪失控，进而产生冲动的行为和决策。有学者认为，在面对压力时，正念干预对情绪的调节能够促进领导者对情绪的觉知，接纳情绪的产生，而不是进一步使情绪加成，从而表现出较低的负面情绪，这种对情绪的感知作用有助于避免领导者在"懊悔过去"和"担忧未来"的情绪中反复挣扎，展现出稳定的心智（Rupprecht et al., 2019）。可见，正念可以使领导者有意识地跨过情绪，将注意力灵活地用于直接观察产生情绪的事物本体，冷静地思考和解决问题，而这些行为会进一步影响和调节情绪，加快负面情绪的复原速度。

前文案例中的领导者，一直被烦躁的情绪牵着走。而在正念干预下，领导者会转变另一种处理方式。对于烦躁的情绪，领导者可以试着看见它，确认它，理解它想要告诉自己什么。原来它在不断告知自己完不成任务的后果很麻烦，可后果还没有发生，那是一种幻想出的未来。如果一直沉浸在那个未来中，就会导致极度的焦虑，并干扰此刻的状态。在正念的态度下，正念领导者只需要感谢这份情绪，它通过告诉自己未来的可怕后果来提醒自己要在此刻努力，应该继续回到当下，继续完成手里的任务。如果在当下付出了全部努力，即使完不成，那也没有什么可遗憾的。此后，情绪还是时不时地来，但是正念领导者可以一边看到它，确认它的到来，一边回到当下。如此一来，就学会了与情绪共处。

第三，自我反思。领导者一旦增强了自我意识和自我调节能力，自我反思能力也会随之增强。通常，领导者由于自身地位和视角，往往认为自己理所当然是对的，犯错的是下属，这就会阻断自我反思，专制的领导就这样产生了。但正念领导者则可以通过觉察来放慢评估的速度，启动领导者更高层的概念，采取多种选择，来反思和考虑当下问题，观察当前的情景，充分理解下属，避免进行惯性反应。自我反思能促进领导进一步认识自己，开放地听取他人意见和建议，接纳和缓解负面情绪，改进领导风格。

在高压之下，案例中的领导者总是被具体的事件困扰，当事情进展不顺利时，会归咎于执行人工作不力，把怨念都放在执行人身上，厌烦、愤怒等负面情绪进而不断升级，在情绪之下做出的决策往往有失理性，后果也不尽如人意。领导者在情绪裹挟时，若能够自我觉察并进入反思，恰恰是一种能在情绪之下暂停，跳出惯性反应，进行理性决策的能力。

第四，正念行动。正念帮助领导者将注意力聚焦到当下重要的任务，更多地观察和思考，从而在行动上，会基于更加准确的判断后做出，而不是为了急于完成目标而仓促应战。正念领导者在多任务同时袭来时，不会被任务裹挟，可以选择屏蔽过多的电话、邮件、会议等，专注于核心事件的决策，提升工作效率；秉持正念态度的领导者，在面对下属时，更富有耐心，不会急于对下属的工作做出评价或批判，而是公平地讨论和完善，营造出更宽松的工作环境，使领导者的人际关系更强大，更有效地领导团队。

案例中的领导者在面临同时需要处理多个任务时，可以通过正念练习，学会一次聚焦一件事情，即使大脑不断分神，不断告诉自己还有其他事情，自己也会不断地将注意力拉回到当下，同时也清楚手里这项正在进行的事情的重要性。领导者通过不断地集中注意力，可以在繁忙中感受到一丝平和。当前这项任务就像孙悟空画的一个圈，自己在里面可以全身心地完成它，而这种态度和心理状态能使自己更加快速而专注地解决问题，尽管自己能看见外面还有其他事情在排队。

正念领导力的发展基于正念领导者之上，不断与正念领导者发展相促进。具体体现在对他人和环境的作用，有以下五个方面（沈莉，葛玉辉，2021）。

第一，发现价值。领导者最重要的能力是可以发现事物明确的价值和意义。正念领导者可以通过对自身深入的觉察，明确自己的价值观、原则和使命。清晰的价值如灯塔，帮助领导者在如迷雾般多变的压力中不迷失方向。正念领导者对自我更深入的觉察和理解，产生强大的使命感，让身边的追随者相信，工作不再是寻求薪资的场所，而是自我实现的舞台。

第二，心智清明。正念领导者可以更加开放地看待复杂问题的实况，能够尽量客观地吸收信息，避免因自身的特点而过滤掉某些信息。

在工作遇到问题时，正念领导者会广泛听取各方的意见，采用头脑风暴、单独沟通等方式，从不同角度综合分析，找到问题的根源，再探索解决问题的路径。每个人都能带给自己全新的信息，提升自己的认知。

第三，同情心。富有同情心的领导者拥有能够感受到他人的痛苦，并能施以关怀的能力。而正念领导者有关爱他人以及关爱自己的能力，可以对自我和下属都更具有同情心，对他人友善，能够将权威感和慈悲之心同时用到自己的管理中，为团队创造温暖和包容的氛围，促进下属工作更加乐观，积极，高效。

同情心是建立在理解他人不易的基础上的，这种不易要通过与人的正念沟通，带入他人的真实情景才能感受到。正念领导者会主动寻找机会和下属沟通，了解他们在工作、生活中遇到的困难，对人生、对未来的迷茫，然后帮助下属做些力所能及的事情，提供一些在自己职权范围内的协助。领导者的这些发自内心的善意做法会进一步影响到下属，当下属感受到了领导者释放的善意，人心会进一步团结，促进效能提升。

第四，正向联结。正念的开放、接纳、不评判的态度可以给人际关系带来积极的影响。正念领导者可以更好地与他人进行富有专注力和同情心的联结，从而进行正向的正念沟通。这样的沟通方式也会带给下属更低的压力，增加员工之间的公平感，促进更高的员工业绩的产生。

当遇到问题时，正念领导者选择直接去找问题的症结，不去纠结下属的工作是否做到位，不让对人的意见占据自己的情绪。在与大家的沟通中，正念领导者没有疑问和指责，取而代之的是真诚地探讨问题，和同事之间的关系也会越来越融洽。下属越来越愿意和正念领导者讨论问题，工作的自觉性也有非常显著的提升。

第五，创造力。创造力的核心是敏锐的洞察力。正念领导者具有可以专注当下，情绪稳定，深入思考的能力，对事物保持好奇，这些品质都为领导者的创新提供了更多的条件，使其更加愿意提出新的问题和想法。正念促进领导者在面对各种复杂的念头之间可以切入暂停，提升灵感和顿悟，产生决策创造力和预见。正念领导者以包容、不评判的态度对待下属，也促进下属的创新力得到更多可发挥的空间。

还记得前文中的领导者被诸多任务缠身，效能低下的状态吗？正念领导力可以让人彻底转变工作方式。首先，领导者不必再亲力亲为地处理每一件事，而是充分授权给相关负责人，自己充当教练和指导者的角色，遇到问题不会指责下属办事不利，而是在此过程中与下属进行正念沟通，开放地倾听下属的看法和建议，在各种信息之中深入洞见，进一步做出理性决策，与下属合力共同解决问题。领导者的这种行为能带给下属信任感和支持感，下属会更加积极地发挥自身主动性和创造性来参与工作，进而促使工作往前推进。这可以减少亲自制订每一项具体方案并跟进、复盘的巨大工作量。其次，领导者在多任务缠身时，可以在优先级排序后，每次将注意力专注在一件事情上，正念地处在每个当下，逐个完成，避免分心，提升效率。自我关怀也促进领导者对工作产生合理的期望，避免多任务且高期待，使得自己感到压力重重。最后，摆脱了凡事亲力亲为，领导者能把更多的时间用来从全局视角思考，思考战略，思考工作部署，在各种信息之间深入思考发挥自己的创造力和预见，明确工作价值，并长久地激发下属的工作热情。

四、正念领导力的干预方法

正念领导力的干预方法，第一代是正念减压（MBSR）和正念认知疗法（MBCT），旨在改善表现、健康和福祉。针对领导力的第二代正念干预方法，超越正念的观点，不仅将其作为一种减少持续变化中固有压力的手段，而且将正念作为工具去支持领导力的发展（King & Badham，2020）。

目前比较前沿的干预是第二代干预办法（Rupprecht et al., 2019）——工作场所的正念训练干预。这个干预方法采用为期10周的正念课程，要求参与者接受每周2个小时的课程学习，还需要参加为期两天的培训，其中包括与领导者和工作场所相关的内容和练习，并且学习各种正式和非正式的冥想练习，包括正念冥想、步行冥想、暂停冥想、身体扫描和慈悲冥想，以及每天至少进行练习10分钟。此外，鼓励参与者在日常生活中练习正念（非正式练习），包括在工作中的倾听和对话以及团队会议前一分钟的沉默，以正念的方式使用电子邮件和日记等。

正念领导力干预框架见表6-1。

表 6-1　正念领导力的干预方法（Rupprecht et al., 2019）

模块	目标	方法
沉浸日	了解正念	正念冥想 正念行走 简单对话框 反思日记
模块1：注意力和聚焦	理解并体验同时处理多任务对注意力和健康的负面影响	多任务暂停冥想 正念写邮件
模块2：情绪	理解情绪的神经科学，对情绪好奇，发展自我关怀	正念练习 情绪对话框 身体扫描 与情绪共处
模块3：幸福	学习如何培养幸福感，以及它如何影响参与度和表现	无目的神游 欣赏反思
模块4：时间	理解我们不能管理时间，但我们可以管理我们的注意力，学习心流	时间觉察练习 反思对时间的觉察 一分钟暂停 心流讨论
模块5：复习和过渡	通过更多的实践，深化以往的学习，强化实践	正念冥想 仪式 身体扫描（20 min）
模块6：交流	扩展正念到与他人打交道	正念倾听 非正式正念倾听 深入正念对话
模块7：协作与信任	认识到人与人之间的关系是一切协作的基础	正念对话 改变视角/欣赏反思 正念反馈 正念开会 慈悲冥想

续表

模块	目标	方法
模块8：自我管理与领导	理解正念在领导我们自己的生活和培养领导能力的真实性中所起的作用	正念行走 空间意识练习 反思决策练习
最后一天	反思整个旅程和承诺	回顾过往所学模块 开放空间：主题的收集 世界咖啡馆：对话 主题的最后介绍

第二节 体育运动领域的正念干预

据运动员王明说，自己是经过了层层选拔之后才来到省队的，更是带着亲朋好友的期待来队参训的。在刚来集训的两个月里，虽然每天很辛苦，但看到自己在一点点进步，整体感觉还是挺好的。最近他在学一个新的技术动作时遇到了瓶颈，虽然教练员给了不少指导，自己也练习了很多次，眼看着比赛一天天临近，但自己却一直没能突破，以至于王明现在都害怕去做动作了，完成的情况变得越来越差。再看看一起来的队友们，好像大家都在稳步向前，唯有自己被困在了这个动作上，怎么都突破不了。渐渐地，王明对每天单调重复的训练生活有了情绪，在训练时开始走神儿，当发现自己走神儿的时候又会责备自己，觉得不应该，也常鞭策自己"要集中注意力，要努力学，要保持信心，要像刚来时那样不怕困难，一定要努力证明自己……"即便如此，王明依然无法将自己调整到期待的状态上。训练效率越来越低，越来越抗拒去场馆训练，每次在场上他都会感到紧张、不安，变得越来越不自信，觉得通过比赛来证明自己这条路很难走通，甚至后悔来参训。最后，他参与训练的积极性越来越低，训练效果也越来越差，陷入了恶性循环……

运动员作为一个特殊的群体，像案例中王明这样的情况并不少见，因为他们在平日的生活和训练中面临的困难和挑战常常是一般人难以企及的。运动员既承担着要有好的比赛成绩的压力，又耐受着每天重复训练的枯燥，还要忍受训练所致伤病的痛苦，为此他们常常承受着极大的身心压力。从王明的例子我们也可以看到，他既想要取得好成绩证明自己，遇到瓶颈时又无法平静客观地对待，变得对训练生活越来越不耐受，在这种身心不稳的状态之下，训练效果越来越差。那么，怎样才能打破这种恶性循环的怪圈呢？

随着认知行为第三次浪潮的发展，有学者提出的以正念和接受为基础的心理训练也引起了运动心理学工作者的兴趣与关注。近20年来，正念训练已被广泛应用于花滑、射击、飞镖、网球、排球等传统运动项目，以及诸如电竞之类的新兴运动项目的训练中。

相比其他类型的训练，正念训练是一种以接受为基础的心理行为训练方法，要求个体觉察当下，接受当下的心理状态，不评判，允许消极想法和情绪的存在，把注意力集中在当下的任务上。相较于传统心理训练，正念训练不强调最佳的心理状态，不要求个体去控制和改变消极的内部经验，而是不过于关注地接受它们的存在，把注意的焦点放在与任务有关的线索和刺激上，做出与任务有关的行为选择，从而促进行为任务的顺利完成。如前文例子中的王明，特别想让自己一直处在一个好的训练状态，但占据了其很多心理资源的却是对负性后果（拿不到名次）和价值被否认的（我不行）担心、忧虑，对消极体验进行着积极的对抗，也根本无法将注意力放在当下应该做和需要做的事情上。若对王明进行正念训练，则需要帮其学会接受自己各种不适的身心体验，允许它们的存在，不评判、不反应，让其将注意力聚焦在当下的技术动作上，全身心地知觉做动作时的实际感觉，逐渐领会动作要领，稳定训练状态，调整备战心态，积极面对。

从训练方式上看，目前比较主流的方法包括正念—接受—承诺训练（Mindfulness-Acceptance-Commitment，MAC）、正念运动表现促进训练（Mindfulness Sport Performance Enhancement，MSPE）、运动正念冥想训练（Mindfulness Meditation Training for Sport，MMTS）。2014年，我国学者姒刚彦在MAC的基础上，整合本土"社会定向价值观"和"觉悟"的概念，发展出了专门针对亚洲运动员的正念—接受—觉悟—投入训练（Mindfulness-acceptance-insight-commitment，MAIC），已有不少的实证研究证明其在很多运动项目中有着良好的训练效果。

一、正念训练在运动领域的干预效果

正念训练是否真的能够帮助运动员提升他们的运动能力或运动表现呢？该领域已有许多研究者专注于探索正念训练的干预效果以及正念训练会给运动员带来哪些变化。目前的研究结果主要反馈了正念训练对运动员运动表现、生理表现、心理特质和心理体验的干预效果。

1. 运动表现

运动心理学中，使用各类干预方法帮助运动员提高运动表现是非常重要的目标之一。正念训练目前被认为能够有效帮助运动员提升运动表现，并且广泛应用于篮球、射击、射箭、花样游泳、长跑、自行车等多个竞技项目当中（Birrer et al.，2023）。例如，2013年，某花样游泳队省队在备战全运会的过程中，有部分运动员出现了不专注、情绪起伏较大、训练态度有问题以及人际冲突等情况，我国学者冯国艳和姒刚彦（2015）使用正念—接受—觉悟—投入（MAIC）对六名即将参赛的花样游泳运动员进行了为期7周的正念训练，帮助运动员更好地进行自我觉察、以更加接纳的态度进行良性的情绪状态管理，并培养专注能力，从而提升其训练质量和运动表现。结果发现，运动员在接受正念训练后训练质量和运动表现水平得到了提高。同时，这项研究中，运动员在专注水平、负性情绪调节、人际关系等因素上也得到了改善和提高。2014年，我国学者使用正念—接受—投入训练对三名散打运动员进行干预后，对三名运动员进行了访谈并结合对教练员的问卷评估和运动员在接受干预后的比赛成绩，认为正念—接受—投入训练对于提高散打运动员的运动表现是有促进效果的（卜丹冉，姒刚彦，2014）。

然而，在许多运动项目中，竞技表现提升缺乏客观的量化手段，难以直接测量或者获得准确的测量结果。在这种情况下，心理学家希望能够通过干预和测量其他一些和运动员的竞技表现密切相关的因素来帮助运动员调整他们的竞技状态，减少负面状态可能对运动员造成的不利影响。

2. 生理表现

正念训练可以对运动员的部分生理指标产生影响，而一些生理指标也常被用来反映运动员的心理状态。比如，有研究发现正念训练可以降低赛前射击运动员的唾液皮质醇水平，而唾液皮质醇指标经常被用来作为压力的生理指标，更高的唾液皮质醇往往意味着更高的压力水平（John et al., 2011）。此外，有运动心理学家使用心率变异性作为反映射箭运动员赛前情绪的生理指标，发现正念训练能够显著增强射箭运动员的副交感神经系统活性并帮助植物系统维持动态平衡（吴尽，王骏昇，贾坤，2021）。

3. 心理特质和心理体验

（1）特质正念水平和行为表现

许多正念训练的干预研究发现，正念干预使运动员的特质正念水平发生了变化，同时这种变化也反映在了运动员的行为表现上。有研究者认为，正念干预能够使运动员更加"正念"地体验他们的情绪和认知过程，从而帮助他们在行为上发生变化。经过正念训练的干预，运动员可能会对负面信息保持更加开放的心态，在面对消极的竞技或生活场景时，他们也能够以更加开放和积极的方式进行应对。

（2）竞赛焦虑

运动员在比赛前感到紧张是非常正常的，但是如果运动员在比赛前或比赛时的焦虑水平过高，很容易无法集中于比赛和训练本身、无法发挥出最优水平或是发挥失常，会严重影响运动员的竞技状态和发挥，甚至是降低运动员对比赛的专注力和自信心。竞赛焦虑包括认知焦虑、身体焦虑和自信三个部分。值得一提的是，竞赛焦虑的组成中的身体焦虑：运动员维持适当程度的身体焦虑有助于其更好地在比赛中发挥。但是，一旦身体焦虑超出一定范围，那么这种焦虑的感受可能会对运动员在比赛中的发挥产生负面影响。正念训练经常被用来帮助运动员缓解竞赛焦虑，帮助运动员不被他们的情绪困扰，更好地集中于比赛本身。研究显示，正念训练可以显著缓解运动员的认知焦虑和身体焦虑，令运动员更容易放松，同时能够帮助运动员提高自信。另外，正念训练也能够帮助运动员更好地将注意力集中在他们当下的目标行为上，不对正在感受到的经验进行评判，不放大所感受到的生理或心理的焦虑感受（Scott et al., 2016）。

（3）心理流畅状态

有心理学家提出了巅峰体验的概念（Csíkszentmihályi, 1990）。巅峰体验是指当个体完全投入当下正在进行的活动中时，取得巅峰成绩的心理过程，后来用心理流畅来描述这种心理过程。运动员在达到最佳竞技状态，能够全然关注、将注意力集中于自身的竞技动作时，往往能够体验到心理流畅状态。而如何能够帮助运动员提高流畅水平也成了运动心理学家关心的话题。有心理学家开始尝试使用正念训练干预运动员的心理流畅水平，研究者使用正念训练对六名大学生运动员进行了为期六周的正念训练。结果发现，接受了正念训练的大学生比没有接受干预之前感受到了更强的心理流畅体验；另外，与控制组相比，干预组的六名大学生感受到更强的心理流畅体验（Aherne et al., 2011）。在另一项研究中，研究者对射箭、高尔夫和长跑运动员进行了正念运动表现提升（MSPE）训练并且在一年之后对干预效果进行了追踪，检验正念训练对于心理流畅等心理体验的短期和长期干预效果。结果发现，正念训练可以提高运动员的心理流畅状态，并且这种效果在一年之后的追踪研究中仍然能够被观察到（Thompson, 2011）。

二、正念训练的起效机制

有研究者提出，正念训练不是直接影响运动员的运动表现，而是通过对不同的因素产生影响从而间接作用于运动表现的提升，也就是我们常说的作用机制（Birrer et al., 2012）。有研究者将正念训练和心理训练模型相结合，提出了正念训练的九种可能的作用机制，该理论模型现在仍然是研究作用机制领域的重要根据之一。这九种作用机制分别是：纯粹觉知，经验性接纳，价值明晰，自我调节/负性情绪调节，对内部感受的澄清，暴露，灵活性，不执和更少的反刍。

1. 纯粹觉知

研究者认为，正念训练中的纯粹觉知能够直接提高运动员的注意以及知觉和认知技巧，从而使运动员能够更少地分心、更好地控制自己的注意力并且将注意力放在与目标相关的活动上。另外，纯粹觉知也能够改善运动员的行为方向，当运动员不再将注意力集中于与当前情境任务无关的内容上时，他们能够将更多的注意空间放在与当前任务有关的内容上，帮助他们更好地解决当前的问题，获得更好的成绩。

2. 经验性接纳

正念训练可以提高运动员的接纳水平，接受过正念训练的运动员会对自己的运动表现更加接纳，无论是出现比预期出色很多的成绩还是比预期差得多的成绩，运动员的心态不会出现过大的起伏，意料之外的运动表现也不那么容易引起运动员的慌乱。通过正念训练，运动员能够对自己的表现更加接纳，在出现预料外表现的时候会更少地尝试去进行控制或者打断原本早已在训练中形成的自动化过程。简言之，正念训练能够帮助运动员接纳自身当前的运动表现，并继续按照已经形成自动化的正确的竞技动作继续比赛而更少受到意外情况的影响。

3. 价值明晰

正念训练对价值明晰的干预作用可以帮助运动员更加明确他们的个人价值到底是什么。在竞技状态中，当他们的个人价值和当前的目标产生冲突时，对自身价值清晰的了解能够帮助他们在这种情景中更好地发挥自我一致性并有利于他们做出符合自我决定的行为，这也许能帮助运动员更好地满足他们的需要。因此，价值明晰可能对提升动机技巧、人际技巧、发展技巧和与自我有关的技巧有一定的积极作用。

4. 自我调节 / 负性情绪调节

正念训练被认为可以有效地提高个体的特质正念水平，而更高的特质正念水平有助于提高个体的自我调节。因此，运动员能够更好地处理气愤、恐惧等负性情绪。而自我调节和负性情绪调节水平的提高有助于提升运动员的唤醒调节、应对技巧、沟通以及领导力。

5. 对内部感受的澄清

对内部感受的澄清是指运动员能够更加清晰地对表达自身当前的内部感受以及当处于消极情绪时控制自身行为的能力。对内部感受的澄清可能对运动员的生活和职业发展、自我、康复、应对技巧、沟通以及领导力技巧存在不同程度的帮助，运动员能够根据自身对训练和生活中的事件进行表达，这可能会帮助运动员减少过度训练和提前退役的风险。

6. 暴露

正念训练能够使运动员更愿意在不愉快的体验中进行停留，因此当运动员面对逆境和负性情绪时，他们会表现得更加耐受，愿意尝试体验负性情绪和逆境，而不是选择逃避。暴露能力的提升也许可以帮助运动员提高他们的意志、疼痛管理水平和压力处理技巧。这些能力的提升能够让运动员在面对更加困难的比赛场景时，更不容易感受到疼痛并且能够处理比赛中更加困难和复杂的问题。

7. 灵活性

正念训练可以帮助运动员提高他们认知、情感和行为的灵活性，使运动员能够以更加具有适应性和更加灵活的方式对情境做出反应。更好的灵活性对运动员的个人发展、自我技能、沟通和领导力技巧是有帮助的。

8. 不执

不执是指个体认为自身的快乐和幸福与积极的结果并无直接关系。正念训练被认为能够提高个体的特质正念，而特质正念水平较高往往意味着个体的不执水平较高。不执能够对个人发展、应对技巧、沟通和领导力技巧等方面产生积极的影响。

9. 更少的反刍

正念训练能够减少运动员的反刍，让运动员不再投入大量时间沉溺于对过去已经发生事件的思考或懊悔。而更少的反刍思维能够影响运动员的生活与发展、康复、应对、唤醒调节、注意等心理技巧。

三、运动领域的正念训练的方案

现在比较主流的正念训练方案有正念—接受—投入（MAC）训练、正念运动表现提升（MSPE）训练、运动正念冥想（MMTS）训练和正念—接受—觉悟—投入（MAIC）训练（黄志剑，苏宁，2017）。这几种方案当中，学者对 MAC 和 MSPE 的研究较多，而 MAIC 方案结合了我国文化和社会背景，在我国得到了较为广泛的应用。

1. 正念—接受—投入（MAC）训练

该正念训练方法以正念认知疗法（MBCT）为基础，与接纳承诺疗法（ACT）相结合，以帮助运动员培养正念为核心，逐渐形成了手册化的干预方案。与上一代干预方法不同，正念—接受—投入训练要求个体是受到个人价值驱动的、投入的。它认为，运动员在面对负面情绪或想法时，不要试图去控制或是消除那些想法，而应不评判地觉察、感受并接纳自身的内部状态（Gardner & Moore, 2004）。运动员尽量减少对内部状态的评价或是想要控制和改变的想法，尝试将注意力集中于目标导向的外部刺激上。

在干预方案的设置上，MAC 干预一般为 7—12 小时的团体设置，每周 1 个小时，一共持续 7—12 周。该方案共包含了 7 个模块，分别是心理教育，对正念和认知去融合的介绍，价值以及价值驱动的介绍，接受的介绍，增加投入，正念、接受与投入的结合与平衡，保持和增加正念、接受和投入。在 MAC 方案中，经常使用的练习和技术有正念定力练习、正念呼吸练习、正念洗盘子练习和其他各种与身体、行为有关的正念练习（Gardner & Moore, 2007）。

2. 正念运动表现提升（MSPE）训练

在正念认知疗法（MBCT）的基础上，结合正念减压（MBSR）发展而来。MSPE 的主要干预目的包括提升运动员的流畅状态、提升运动员的运动表现和改善与运动表现有关的心理特质。有学者认为，MSPE 可能对关注精细动作、以封闭技能为主、有明确得分的运动项目更加有效，如射箭和长跑等，因为这类运动项目可能对自控节奏和心理聚焦的要求更高（Kaufman et al., 2009）。另外，MSPE 对压力应对的干预是特别有针对性的。

在方案设置上，MSPE 和 MAC 有较为明显的不同。MSPE 干预一般持续 4 周，每周 1 次，每次 2.5—3 个小时。MSPE 干预中经常使用 MBSR 和 MBCT 两种干预手段会使用的正念技术，包括静坐冥想、身体扫描、正念行走和正念瑜伽等。

3. 运动正念冥想（MMTS）训练

虽然上述两种干预方案都有一定的效果和应用价值，但是两种干预方案都要求运动员花费大量的时间和资源来完成整个干预。运动心理学家考虑到运动员的时间成本，发展出了另外一种干预方案——运动正念冥想（MMTS）训练。该正念训练方案持续6周，共12次课程，单次课程约30分钟。MMTS放在出现之初并未像MAC和MSPE一样，将干预的目标放在提升运动表现上，而是希望能够提高运动员的正念水平和接纳水平，通过这种方式提高运动员的竞技表现。MMTS的干预核心以正念冥想技术为基础，经常使用的技术包括观呼吸、自我关怀练习、正念呼吸等。

4. 正念—接受—觉悟—投入（MAIC）训练

我国学者姒刚彦等在正念—接受—投入（MAC）的基础上，发展出了正念—接受—觉悟—投入的干预程序。MAIC的目标除了和MAC较为相似的提高运动员的运动表现以外，还有提高运动员的"觉悟水平"这一非常具有东方文化特色指向的目标。提高觉悟是指运动员能够以新的觉知与体会看待生活与训练中的大事小情。MAIC的训练设置一般为每周1节课，每次课程60—90分钟，共进行7—8次。整体训练分为7个模块，分别是正念训练准备，正念，去自我中心化，接受，价值观与觉悟，投入，综合练习。

虽然MAIC是在MAC的基础上发展而来的，但两者的侧重点却有所不同。MAC比较强调价值以及价值驱动行为，希望通过正念训练帮助运动员明确他们的自身价值，并且将这种价值转换为个体对于自身价值驱动行为的承诺行动以及对目标导向行为的投入。而MAIC虽然同样强调运动员需要明确自身的价值观，但更加强调对认知的干预，希望通过提高运动员的觉悟水平在生活和训练中获得新的体验。除此之外，MAIC还融入了部分与我国文化背景相关的内容，如"逆境应对""社会定向价值观"等概念，令整体方案与我国的国情更加匹配和适用。MAIC方案一般参考姒刚彦等人编写的《运动员正念训练手册》。表6-2是我国学者卜丹冉等人（2014）参考该手册对我国精英羽毛球运动员心理健康进行干预的研究中所使用过的正念训练（MAIC）干预方案。

表 6-2　正念训练（MAIC）干预方案

干预主题	干预内容	练习
走进正念 正念 去自我中心 正念接受	介绍正念课程相关内容 什么是正念；正念的核心因素 正念注意；正念觉知 正念接受；经验性接受及回避	定心练习 正念呼吸练习 正念走路练习 正念吃水果练习
价值观与觉悟 投入 综合	价值观与目标的关系；什么是觉悟 什么是投入和定力；投入、价值观、觉悟和定力之间的关系 正念训练的回顾与综合	正念冥想、数数字练习 忘我行为练习 综合练习

第三节　正念提升幸福感

幸福是人类永恒的追求，多年来，"幸福"一直都是社会上的热门词汇。从前些年央视对老百姓街头采访的问题"你幸福吗"，到这几年中国最具幸福感城市榜单排名，都说明了国人对幸福的关注。中国社会科学院社会学研究所社会心理学研究中心与社会科学文献出版社共同发布的《社会心态蓝皮书：中国社会心态研究报告（2021）》显示，"在迈向共同富裕的进程中，我国民众安全感、公平感、信任感有所提高，获得感和幸福感逐步提升"。然而，在"世界处于百年未有之大变局"的今天，对未来的不确定性却大大影响了我们每个人的心态。

一、幸福感概述

如果此刻问你："在你的人生中，你如何定义幸福？"很多人会不自主地想到，可能是拥有一帆风顺的工作、高额的薪酬、甜蜜的爱情、美满的婚姻、完整的家庭、良好的人际关系等。但我们发现，身边有些人拥有了这一切却依然感到不开心。实际上，人们总是倾向于将幸福与某一时刻的快乐等同起来，如开着豪车、住着别墅的你是幸福的，又或者站在领奖台上倾听全场掌声雷动的你是幸福的，又或者说幸福就像炎炎夏日中你拥有的一杯冷饮，冰天雪地里你拥有的一杯热茶。快乐当然是幸福的一部分，但是在千年以前，哲学家就已经非常仔细地思考了什么是幸福，最终肯定了幸福的含义一定远远超出那些转瞬即逝的感受。

我国春秋中叶以前的《尚书·洪范》将幸福的要素定义为长寿、富足、健康平安、爱好美德、善终正寝。而西方最早在公元前4世纪希腊哲学家阿瑞斯提普斯认为，幸福源自欲望的满足。近年来，研究者开始采用科学的方法研究幸福，于是逐渐形成了一门有关幸福的科学——积极心理学。研究者发现，每个人眼中的幸福都是不同的，所以幸福对每一个人来说都有不同的答案，幸福是一种主观的感受和体验。有些人觉得幸福就是开开心心、无忧无虑，而另一些人则认为幸福应该是平安与祥和。

其实"幸福"一词有时指幸福感，有时指幸福观。一般而言，哲学主要关注幸福观，而心理学更侧重于幸福感。在英文语境中，关于幸福感的表述有"happiness""well-being"等。对于幸福感的探讨在哲学和心理学等领域由来已久，并且形成了两大研究取向——快乐主义（hedonism）和幸福主义（eudaimonism）。之后，以两大研究取向为基础，发展出以快乐主义为基础的主观幸福感和以幸福主义为基础的心理幸福感、实现幸福感和社会幸福感（苗元江，陈浩彬，2020）。

快乐主义强调我们对欲望的满足以及对感官快乐的追寻，生活目标就是追求愉悦感、避免不愉悦和痛苦。所以幸福的生活就是快乐最大化、痛苦最小化。不难想象，享受美食、欣赏美景、闻到花香都会让我们轻松和愉悦。基于实用主义传统和快乐主义的研究取向，主观幸福感（subjective well-being）被定义为积极情感（没有消极情感）和一般生活满意度的结合，而且用主观幸福感这个术语作为幸福"happiness"的同义词。

那么，对于好的生活，刚刚提到的幸福就足够了吗？假设一个人只喜欢吃、喝、玩、乐，他是幸福的吗？积极心理学家塞利格曼提出一个假设：假如我们被放到一个"体验机器"上，这个机器能让你持续体验到快乐，而且你会得到你期望的任何一种积极情绪，还会使你的快乐感觉不麻木。因为过于快乐，人一旦进入这个机器，就不愿意出来，在机器中耗完一生。

这时，问题来了：你，愿意接受吗？

这不免让人想到科幻电影中的场景，将人类大脑连接进入虚拟游戏世界去享受、去战斗，又或者如同电影《流浪地球2》中那样将人类意识上传到计算机中，实现"数字永生"。对于这个假设，也许每个人都有自己的答案。也许我们刚开始会很喜欢这种体验，但接下来，如果把自己的一生交给单纯的快乐，我们的生命可能也会随之失去了意义。先不说这种欲望是否能够满足，就是这种纯粹快乐的体验也会时刻和我们内心的节俭、克制等原有价值观产生激烈冲突，我们会在享受快乐的同时，内心陷入持续的挣扎与纠结中。从这个角度来说，没有人愿意"躺平"，没有人愿意脱离现实的快乐。

心理幸福感（psychological well-being）来源于幸福主义，吸收了人本主义的思想。该研究取向认为，幸福是客观的，不以人们的主观意志为转移。这也说明了虽然快乐属于幸福，但幸福不能仅仅指向快乐和满意度，而更应该是人积极心理功能的反映。

心理幸福感强调完整的人生经历和潜在价值的实现，它从发展角度理解人的本性，认为幸福的内涵不仅限于主观的快乐体验，而更应该关注个人的潜能和成长、独立自主等更具有意义的内容。心理幸福感弥补了主观幸福感，只强调个体对于生活状态的主观感知的弊端，涉及了更多客观个体行为指标，可以说心理幸福感的出现，将幸福感研究推向了一个新的高度。心理幸福感被定义为"努力表现完美的真实的潜力"，学者们提出了心理幸福感的六维度模型，表明了个体在人生经历中面临的挑战，具体包括：自我接纳、个人成长、生活目标、良好关系、环境控制、独立自主。

实现幸福感（eudaimonic well-being）进一步发展了幸福主义思想。进入21世纪后，部分学者以自我实现论为理论基础，兼以自我决定论和自我目的论，整合了主观幸福感和心理幸福感，将主观体验指标和客观评价指标相结合，提出了实现幸福感，强调个体通过发展自己的潜能，并充分利用这种潜能实现"人格展现"和"自我和谐"，以追求卓越的自我实现的过程。实现幸福感将"生活满意度"和心理幸福感的"生活目标""个人成长"等自主性要素纳入其中，关注于行动的体验和自我的实现。所以实现幸福感整合了主观幸福感的主观因素，也囊括了心理幸福感的客观因素，幸福感的内涵和实质得到进一步升华。实现幸福感主要包括自我发现、生活目的、潜能感知、才智追求、活动投入、人格展现六个方面。

实现幸福感和心理幸福感都源于幸福主义，但是心理幸福感更多探讨的是个体的积极品质，忽视了即时体验。而实现幸福感以个体活动视角为切入点，对个体的积极特质进行研究。

社会幸福感（social well-being）源于社会学中关于社会道德沦丧和社会疏离的问题。社会幸福感是指人们对自己当前的社会处境和自身社会功能的评价，反映了个人机能的实现对他人或社会产生的意义或价值，以及社会机能是否处于良好状态。社会幸福感包含五个维度：社会整合、社认同、社会贡献、社会实现和社会和谐，把个体对自己与他人、集体、社会之间的关系质量，以及对其生活环境和社会功能的自我评估纳入个体的幸福评价体系中。

总的来说，如果说主观幸福感更多关注的是情感体验和生活质量的整体评价，心理幸福感关注个体潜能的实现，实现幸福感更重视以人为本、关注人的自我实现、强调个体潜能的最佳发挥，而社会幸福感则更关注社会和他人的贡献与融合。

综上所述，学界对于幸福感的界定，在哲学层面主要有快乐主义和幸福主义两种取向，包含以快乐主义为基础的主观幸福感和以幸福主义为基础的心理幸福感、实现幸福感和社会幸福感四种指标。

二、正念训练提升幸福感的效果

我们每个人都想追求幸福，既然幸福感如此重要而且诱人，我们可不可以主动地、持续地增加自己的幸福感呢？在积极心理学出现之前，大多数心理学家普遍持有的是一种悲观的态度。有一项对彩票中奖者的追踪研究发现，他们在中奖后的几个月内会感到很幸福，但是很快又跌回到了他们原来的幸福指数附近，赢得大奖的快乐并没有使他们比其他人更幸福。这项研究打破了改善外部环境以持久增进幸福感的希望。所以，在现实中我们很快就会适应发财、晋升或者结婚这样的喜事，这种幸福感也会随着时间的推移迅速下降。而且想要提升我们已经开始下降的幸福感，就必须继续收获更多的好事，这就是塞利格曼在《真实的幸福》中提到"幸福跑步机"的比喻。其实幸福感就像胆固醇水平一样，是一个受遗传影响的特质，遗传的基因为我们设定了一个稳定的幸福基点。但正如胆固醇会受饮食、锻炼和药物的影响一样，我们的幸福感在某种程度上也可以提升。

正念训练提升幸福感的研究起步较迟。21世纪之前，仅有研究探讨正念与幸福感的关联。21世纪之后，无论是临床还是非临床方面，正念训练提升幸福感的研究都开始增多起来。例如，有研究运用正念减压的干预方案提升临床病人的幸福感，取得了显著的成果。在非临床的健康人群方面，也有诸多研究发现正念训练对其幸福感的提升出现了显著效果（徐慰，刘兴华，2013）。

　　正念训练提升主观幸福感方面的研究很多，大多数研究正念与幸福感关系的理论和实证都认为，正念所培养的对当下经验的有意识的觉知，与主观幸福感的提升有着密切的相关。笔者所在研究团队曾采用随机对照设计，将招募的72名被试分至正念训练组或对照组（每组36人），训练组进入每周1次，共6次的正念训练，对照组等待6周。结果发现，训练组的幸福指数提升程度显著高于对照组，训练组的负性情绪降低明显优于对照组，即正念训练降低了参与者的负性情绪，进而正念训练能有效提升参与者的主观幸福感（刘兴华等，2013）。国外学者对20—65岁的健康人进行了为期8周的正念认知疗法课程，之后进行2个月随访。研究发现，该群体主观幸福感和正念技能在8周时得到显著改善，并且这种效果在随访期结束前有所增强，主观幸福感的积极情感方面在16周时得到显著改善（Kosugi et al.，2021）。

　　在心理幸福感方面，也有研究表明，正念与之存在紧密关联。例如，在心理幸福感的自我接纳方面，有研究表明，高水平的正念能力与高水平的自我接纳有关，自我接纳在正念对抑郁情绪的预测中起到中介作用。独立自主方面，有研究者对高中生的调查发现，自主性在特质正念和心理痛苦与心理幸福感之间的关系中起中介作用，正念可能通过自我调节的活动以及基本心理需求，即自主性的需求满足来促进幸福感。

　　在社会幸福感方面，大量研究证明，正念训练可以有效促进亲社会行为。国外学者发现，参与正念训练的人更愿意把座位让给陌生人。也有学者发现，正念训练可以使人们对被排斥者持有更宽容的态度，更愿意施以援手。一项研究通过对1024名美国大学生的调查得知，社会支持与通过正念降低的负面心理健康结果（抑郁、焦虑、功能失调的态度）间接相关，社会支持可以通过正念等途径改善心理健康（Wilson et al., 2019）。

通过20多年的研究发现，一个人的正念能力和幸福感息息相关，而系统提升正念能力的正念干预则可以显著促进参与者的幸福感。

三、正念训练提升幸福感的机制

目前提升幸福感机制的研究相对薄弱，尤其是正念的心理、脑机制和正念对情绪调节的神经生理机制探索研究日渐成熟，对幸福感影响机制的探索需求愈加紧迫。本书此前章节提及的正念意义理论可以较好解释正念提升幸福感的机制。该理论认为，生活中的事件是不确定的，可以是积极的，也可以是消极的，而正念能促使个体寻找生活的终极意义，进而积极地应对负性事件。在此过程中，通过培养积极的重评和情绪，正念可以产生深层的实现意义，促进心理弹性和参与有价值和有目的的生活，进而获得实现幸福感。该理论指出正念的练习实际上唤起了一种元认知状态，它改变了一个人的经验，从而促进了个体的积极重评，进而产生积极的情感和适应性行为。因为实现幸福感的特点就是当一个人的生命活动与其价值观相一致时，即使在逆境的条件下，也会让个体产生一种有目的和有意义的积极生活。而积极重评作为一种适应性的认知改变策略，可以在面对压力时提供有意义的体验，进而产生实现意义，提升幸福感（Garland et al., 2015）。

其实，当我们遇到应激事件时，负性情绪会让我们的认知狭窄，进而诱发我们本能的习惯性反应，然后对负性心理内容和当时所处环境特征信息进行加工，所以往往得到的是负性的评价和不理智的应对。该理论借助本章此前提及的正念的上升螺旋模型，提出的正念积极情绪调节过程模型，展示了正念在这个过程中是如何起作用的（见图6-2）。

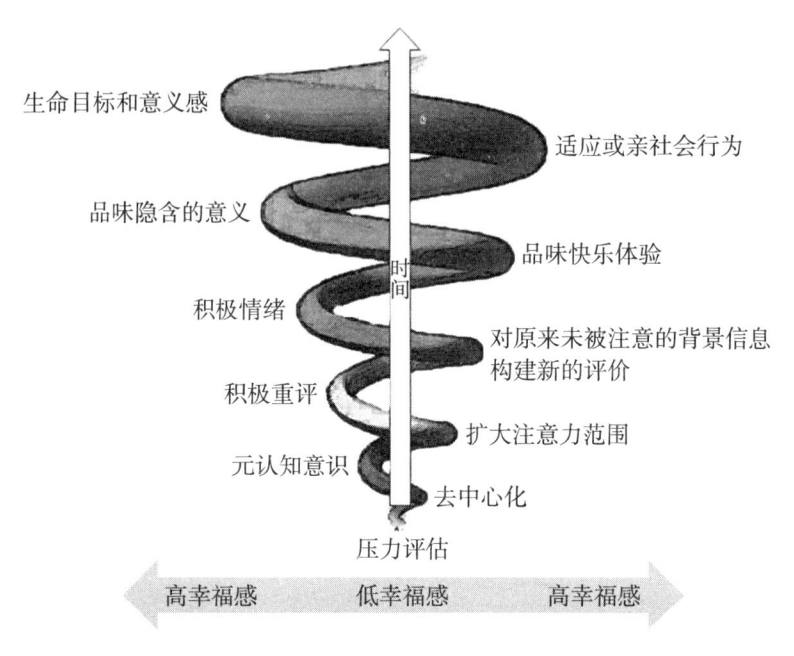

图 6-2　正念积极情绪调节过程模型

在整个调节过程中，模型随着时间的推移而展开，螺旋宽度的增加意味着实现幸福的幅度和深度的增加。

首先，正念训练有助于将个体从压力评估中解脱出来，进入非评估性的、元认知的正念状态，这使习惯性的认知集合去中心化，并诱发积极的情感基调，从而扩大注意力的范围，包括以前没有注意的背景信息。

其次，注意力系统的积极调整获得了新的数据，对压力源进行积极的重新评价，从而产生积极的情绪，在这个过程中，个体可能品味到快乐体验，以及品味隐含的意义。这个循环最终会让个体对压力性生活事件产生适应性或亲社会行为，以及明确自己对生命的目标和意义感。

举个例子，假设有一个遭遇车祸的人，经过了截肢手术后痛苦万分。每天都对肇事司机充满了愤怒与埋怨，对自己感到懊恼和悔恨。之后，他开始了正念练习,自己能够逐渐意识到,并且承认和接受每天负性的认知和情绪的存在。他能够将"我从此之后就是废人了——我什么都干不了了"的负性评价放下,开始在元认知层面观察到自己的绝望和无助,感觉身体的沉重与乏力。

当他将注意力的焦点重新回到他的呼吸时,这种消极的负性情绪终于不会继续困扰他,自然而然他就能从负性情绪状态中解脱出来。随着他的注意力不断地走失、返回,使他多次能够对自己的感受、想法采取元认知的观点,停留在此时此刻。这就是去中心化的手段,使他的注意力得以扩展,既包括他呼吸的感觉,也包括此时此刻身边一切的风景。对他当下生存的这些事实的关注促进了积极重评——"我能活下来已经非常幸运了"的出现以及解脱和满足的情绪。

不一会儿,当身边一个小朋友跑步,他会想到"我再也不能和他一样奔跑了"的时候,再次开始练习正念,然后意识到自己恐惧的感受并观察这种感受,且逐渐平静下来,进而又一次积极地重评,意识到"其实生命中还有很多可以做的事情"。此时的他注意力进一步扩大,包括他过去和现在生活环境中的其他积极方面,包括他的事业,热爱的运动以及与家人的关系。随着他开始品味这些沉思时刻产生的积极情绪,他意识到"生活可以慢下来,让我去做些平时因为忙碌而没办法去做的事情"。这种重评随后成为深深的喜悦。

最后,他可以利用自己的优势,从事一些慈善事业,去走未曾走过的路,去看未曾看过的风景,在这样充满意义的生活中感受生命的力量。这就增强了他在生活中的意义感和目的性。

其实,在获得幸福感之前,个体可能不得不在消极评价中通过正念练习不断地解脱出来,然后在产生重新评价之间反复摇摆,反复去中心化,来构建积极重评以激发品味和实现意义。这种不断地迭代再加工的反复拉扯,会产生更持久的积极情感。

这就像我们经常听到的那句一样，"水到绝境飞瀑，人到绝境重生"。在面对不利条件时，如经历灾难之后，留给人们的不仅仅是哀伤，其实人们普遍还认为自己可以从处理压力事件中获得成长。正念训练能让人对压力事件进行重新构建，进而从逆境中学习和发展抗逆力，进而提升幸福感。

四、正念训练提升幸福感的方法——慈心冥想

正念训练提升幸福感的方法大多是以正念减压为主的。除此之外，还有一种特殊的提升方法——慈心冥想。

慈心冥想可以提升自我接纳度，培养积极情绪、缓解消极情绪以及改善人际关系。目前，认知神经科学的研究也证明慈心冥想对大脑内部协调整合性具有巨大作用。

慈心意味着爱与善意，而慈心冥想就是在集中注意力的基础上，对自己和他人进行善意的祝福，从而获得愉悦和幸福感。慈心冥想可以产生温暖、爱、喜悦、希望、感恩、安宁、祥和等多种积极情绪，并多次被学者推荐用于提升幸福感。

每个人在过往的人生中都会遇到愤怒、烦躁、焦虑、抑郁等负面情绪。举个例子，从生理上讲，愤怒这种情绪会触发与健康问题有关的激素（如肾上腺素、去甲肾上腺素和皮质醇）的释放。根据交互抑制原则，个体不能同时感受到仁慈与愤怒。如果你不想感受愤怒这种负面情绪，就可以通过仁慈这种积极的情绪来替代。值得注意的是，我们需要先从对自己仁慈开始，而不是去尝试对让你愤怒的人产生仁慈之心。一旦做到对自己仁慈，我们就更容易对他人仁慈。

慈心冥想可以直接产生爱、喜悦、安全、宁静、希望、感恩等多种积极情绪，让我们更好地认可和接纳自己，让爱和善意的心境带来喜悦、轻松的感受。如同在心底种下一颗宽容和慈悲的种子，在阳光下茁壮成长，

长成参天大树来给自己和他人带来庇护。像这颗种子一样，让自己成为爱和善意的中心，同时向身边的一切人和物表达这种爱与祝福。

慈心冥想训练方法

第一步，首先做几次深呼吸，逐渐将注意力转移到自己的呼吸和坐姿上。其次心里反复默念下面这些话。

愿我幸福快乐。

愿我身体安康。

愿我远离负面情绪。

愿我平安。

每一句话都要在心里慢慢地、轻轻地默念，真诚恳切地祝福自己，表达对自己的美好期许。

第二步，当你准备就绪，想象一个你最亲近或者最想感恩的人，坐在你的面前，随着呼吸一进一出，在心里反复默念这些话。

愿你幸福快乐。

愿你身体安康。

愿你远离负面情绪。

愿你平安。

第三步，以相同的方式将练习扩展至一个朋友、"中立者"（或者一个你不太熟悉的人），以及一个曾经伤害过你的人（对你有恶意的人），真诚恳切地祝福他们，表达自己对他们的爱，宽容他们的不足。

愿你幸福快乐。

愿你身体安康。

愿你远离负面情绪。

愿你平安。

第四步，将这样的心意传递给众生。从内心传递给世界，当祝福响起，我们已然与整个世界融为一体。

愿大家幸福快乐。

愿大家身体安康。

愿大家远离负面情绪。

愿大家平安。

第四节　在爱情中更加接纳：正念与浪漫关系

你的这段恋爱关系已经持续了一年多，但是你和伴侣还是偶有争吵。比如，这一次，你们之间又产生了矛盾，你非常郁闷。你感到对方对你的关注变少了，希望对方能多花一些时间陪你，但你的伴侣则觉得他已经在努力平衡工作与对你的陪伴，反倒觉得你不如刚谈恋爱那会儿关心他的感受。因为这件事，你们暂时停止了交流。你不知道你们的"冷战"要持续多久，也不知道如何向他开口谈论这件事。

上面一段文字描述的是一对情侣在产生矛盾时的表现。也许在你的浪漫关系中，也会遇到类似的场景。浪漫关系或伴侣的"缺点"是让你感到难过、失望、无助，还是让你感到愤怒，有时觉得这一段关系没有意义？对处于浪漫关系中的情侣或夫妻来说，与伴侣产生冲突是很平常的事。浪漫关系中的冲突可能是因为伴侣双方在性格、兴趣爱好、对对方的期待等方面的不同引起的。对个人来说，浪漫关系中的冲突会使得关系中的个人产生消极情绪，严重时还会产生身体上的不适，或影响日常生活功能（贾茹，吴任钢，2012）；对双方来说，浪漫关系中的冲突可能会导致伴侣间的争吵、冷战，甚至是关系的结束。那么，在伴侣之间产生冲突时，正念是否可以保护个人的心理健康，并保障浪漫关系健康稳定地发展？通过对本节的学习，伴侣双方可以学会在与伴侣产生冲突时不纠结于浪漫关系质量暂时的下降，用接纳的态度，关爱自己、伴侣，以及浪漫关系本身。通过将正念的态度融入与伴侣的相处，从容地面对浪漫关系中与伴侣的不协调，逐渐提高关系质量。

一、正念与浪漫关系

正念可以创造的"奇迹"除了被广泛研究的减少个人的痛苦和困扰的"奇迹"以外，其他大部分"奇迹"都与正念在创造爱、同情，以及更好的人际关系方面的强大作用有关。浪漫关系是人际关系的一种，是指两个人之间基于爱情的个人关系，涉及对承诺、亲密感和联系的深刻感受（Diamond，2004）。对许多人来说，浪漫关系是人际关系中非常核心而关键的一部分。考虑到正念对人际关系可能存在积极作用，且浪漫关系是人际关系中重要的一部分，近年来，学者对正念可能对浪漫关系带来的益处进行了理论和实证研究。

大部分的研究结果表明，正念对浪漫关系存在积极作用，正念可以提高恋爱双方的浪漫关系满意度（Barnes et al., 2007; Quinn-Nilas, 2020）。同时，正念也可以减少浪漫关系中伴侣的消极体验。比如，正念可以缓冲依恋焦虑带来的关系破裂的概率（Saavedra et al., 2010）。也就是说，在浪漫关系中有依恋焦虑问题的人更容易分手，但正念可以降低这种分手的风险。

实证研究也尝试从不同的角度解释正念为什么对浪漫关系的质量有积极影响。一方面，正念帮助个体对浪漫关系带有不评判的觉知，可以让个体更愿意关注伴侣的思想、情绪和在浪漫关系中的幸福感受，即使与伴侣产生冲突时，也能将冲突当作挑战而非威胁来处理，而不会冲动地做一些破坏浪漫关系的事。不仅如此，正念可以帮助人们倾向于接纳伴侣，包括他们的优点和缺点。他们会用一种不评判的方式与伴侣沟通，也就是不会对伴侣做出批评或指责，而是努力理解和接纳伴侣。另一方面，正念帮助个体在与伴侣相处时更多地关注当下与伴侣的互动和体验，而不是沉溺于过去，或为未来担忧。最后，在与伴侣发生矛盾时，正念可以帮助人们不受情绪的控制，冷静地分析和理解伴侣的立场，表达自己的感受并倾听伴侣的感受，从而通过积极和谐的沟通，为亲密关系中的冲突寻求适用于伴侣双方的建设性解决方案。因此，正念对促进浪漫关系质量的提升有积极作用。研究发现，正念训练可以通过提高处于浪漫关系中的个人的共情能力、情绪调节能力和个人幸福感等，进而让伴侣双方对浪漫关系更满意（Kozlowski，2013）。

二、正念与浪漫关系的理论模型

虽然实证研究探究了正念如何对浪漫关系产生积极影响，但这些研究的着眼点各不相同，不能系统地解释正念对浪漫关系的积极作用机制。那么，如何从理论的角度，系统思考正念影响伴侣双方浪漫关系满意度的机制呢？研究者提出了正念塑造浪漫关系的过程和结果理论模型（见图 6-3）来回答这个问题（Karremans et al.，2017）。这个模型认为，伴侣双方各自的正念是通过影响其自身的基本机制（如对其他内在过程的觉察，情绪调节，专属控制，自我与他人的联结等），从而影响其自身的浪漫关系过程，也就是个体在恋爱过程中产生的行为、情感、认知反应。进一步讲，伴侣双方的浪漫关系过程会相互影响，并最终影响伴侣双方对浪漫关系质量的评价，也即伴侣双方的浪漫关系满意度。此模型为正念影响浪漫关系的机制提供了理论层面的设想，为实证研究提供了理论基础。

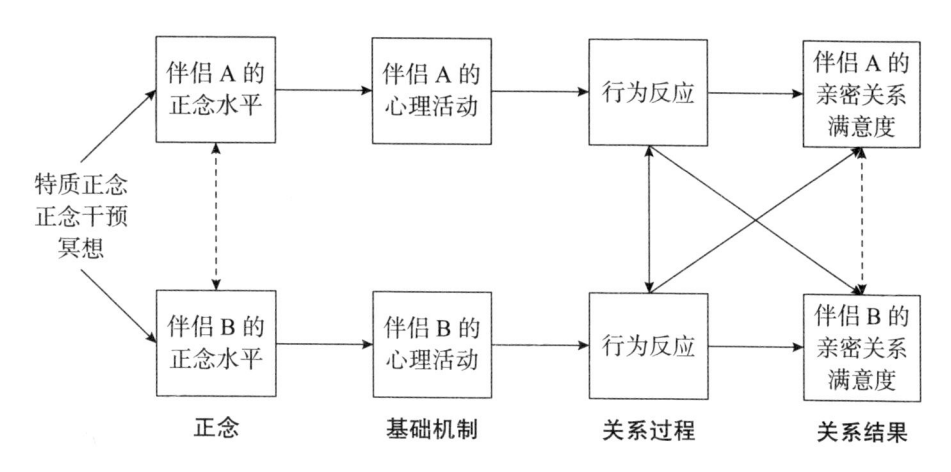

图 6-3　正念塑造浪漫关系的过程和结果理论模型

1. 正念促进发展浪漫关系的动机与行为

在与伴侣交往的过程中，发生矛盾在所难免。你们可能会对约会时到底是去打游戏还是逛街难以抉择，是否需要在恋爱后与其他异性保持距离没有定论，伴侣希望你改掉的习惯到底要不要改意见不一……实际上，矛盾的产生是因为伴侣双方的想法与需求并不一定一致。从个人的角度来说，在与伴侣意见不统一时，能做自己想做的事当然是最好的，但在浪漫关系中，这可能就意味着另一方需要做出牺牲。那么，在你与伴侣因意见不统一而产生矛盾时，你是会寸步不让，要求伴侣迁就你，还是会考虑关注对方的想法和需求，寻求能让双方都满意的解决途径？后面一种应对矛盾的方式被称为动机的转变，有利于维持浪漫关系的质量与稳定性。

正念可以促进这种动机的转变。正念地关注当下可以帮助个体意识到，自己的想法和需求与对方的想法和需求是不同的，并且认识到，要求伴侣迁就自己的喜好是自私的，与伴侣产生争吵也不利于浪漫关系的健康发展。进而在矛盾发生时，正念可以帮助人们以开放和包容的心态与伴侣进行沟通交流，也更愿意为了浪漫关系的和谐而做出让步。因此，正念可以促进在浪漫关系中的人们转变动机，以求得浪漫关系的稳定与发展。

2. 正念减少浪漫关系中的坏情绪

研究表明，消极情绪，如愤怒、悲伤、压力，是影响伴侣幸福的一个关键因素。在与伴侣的交往中，消极情绪仿佛会传染，浪漫关系中一方经常处于令人痛苦的消极情绪中时，他与伴侣的关系可能也会走向困境。比如，某一段时间内丈夫的工作压力非常大，回到家时总是精神紧张，对自己的妻子脾气暴躁、怨声载道，这使得妻子心生不满，婚姻质量急转直下。

众所周知，正念对帮助人们调节情绪、释放压力，并最终缓解痛苦非常有效，因而可能会促进浪漫关系质量的提升。一方面，正念可以帮助人们更好地接受生活的方方面面，不要求，不强求，自然会有更少的消极情绪。另一方面，即使是在消极情绪已经产生的时候，正念也可以帮助人们应用更具有适应性的应对技巧，使得自己的消极情绪不去影响自己的伴侣。最后，正念可以帮助人们更敏锐地意识到自己当下的情绪。比如，前文案例中，通过正念觉察，丈夫能意识到自己将工作中的不如意带到了家庭中，自己的坏情绪给妻子带来了困扰，从而能及时对自己的状态做出调整，让坏情绪不再被带到家庭中来，影响自己与妻子的关系。同时，通过正念意识到自己为什么会产生坏情绪后，就此与伴侣进行交流，也能得到伴侣的安慰，减少消极情绪，形成良性的循环。

3. 正念改变个人对浪漫关系的看法

（1）对伴侣的看法

在谈恋爱时，你是如何看待你的伴侣的呢？我们经常希望伴侣有良好的外在形象，在自己的事业中努力上进，保持良好的生活习惯，同时也希望伴侣能做到温柔体贴，善解人意，为自己提供充足的心理支持。在浪漫关系中，我们多多少少会对伴侣抱有期待，希望自己的伴侣在各方面都能更好。随着时间的流逝，刚恋爱时的新鲜劲儿过去，情侣们的期待会逐渐转变为失望，对伴侣、对浪漫关系的满意度也会逐渐降低，甚至有一些人试图按照自己的喜好"改造"自己的伴侣，这样的尝试往往无法得到让人满意的结果，反而会引起伴侣的不满，从而引发矛盾。

但是一个正念的人可能会接纳伴侣的缺点，并且不试图去改变对方，这并不意味着正念可以完全杜绝因伴侣的缺点给自己带来的困扰，而是会帮助自己接受伴侣的缺点的存在，以及接受这些缺点偶尔会给自己带来烦恼的事实。从长远来看，接纳伴侣的缺点且不试图改造伴侣是更加有利于浪漫关系的可持续发展的。实际上，夫妻治疗也越来越多地使用接纳的概念，这对促进浪漫关系质量的提升有积极作用。

（2）对浪漫关系的看法

谈过恋爱的人都知道，浪漫关系并非时时刻刻都完美和谐，矛盾和争吵是经常会发生的，因此我们说，浪漫关系的质量是不断波动的。那么，当一个人与伴侣产生矛盾、发生争吵时，是会感觉到伴侣没救了，还不如分手了好，还是会意识到即使发生争吵也只是暂时的，长远来看并不会破坏浪漫关系？

对缺乏正念的人来说，与伴侣产生矛盾与争吵可能是难以忍受的，他们会认为，这是浪漫关系破裂的征兆，从而对伴侣、对这段浪漫关系感到不满。这种不满会表现在恋爱的方方面面，使得伴侣也受到影响，从而促使浪漫关系逐渐恶化。正念会帮助个体以接纳的态度看待这些矛盾与争吵，并意识到与伴侣的矛盾和争吵只是暂时的，也就不会怀疑自己是否处在正确的浪漫关系中，长远来看不会对浪漫关系产生消极的影响。

三、正念对浪漫关系作用的 A 面 B 面

目前，大部分研究表明，正念对浪漫关系质量的提升有积极作用。那么，正念是否总是有益于浪漫关系的运作？答案是否定的。有学者指出，正念对浪漫关系的积极作用可能主要发生在具有承诺的关系中，不发生在不具有承诺的浪漫关系中（Carson et al., 2004）。也就是说，只有当伴侣双

方有维持这段浪漫关系的意愿时，正念才有助于提高伴侣的浪漫关系满意度。这是因为正念可以带来有利于促进亲密关系质量的过程，这种过程可能进一步有助于忠于浪漫关系的伴侣将潜在的威胁浪漫关系的反应调节为更有利于浪漫关系的反应，对浪漫关系的承诺为个体提供了上述转换动机。而对浪漫关系没有承诺的人来说，没有了上述转换动机，也就不需要在与伴侣产生矛盾时，通过寻求让双方都满意的解决方法，来促进浪漫关系的稳定发展。在这种对浪漫关系没有承诺的"潇洒"的恋爱中，正念即使可以帮助个人意识到自己和伴侣在想法和需求上有所不同，也无法促使他们做出让步，因为他们没有考虑过要延续这段亲密关系。因此，在没有承诺的浪漫关系中，正念无法促进伴侣动机的转变。

不仅如此，当一段浪漫关系本身具有缺陷时（如存在虐待、冷暴力等），正念反而可以促进浪漫关系的结束。这是因为正念可以使得人们具有更多的自我关怀，从而更少地认同自己消极的或自我批判性的想法和感受（Hölzel et al., 2011），这使得在本身存在缺陷的不健康关系中，会更少出现类似"这一定是我的错"之类的观点。并且，在伴侣不断为自己带来消极体验时，个人会产生类似"我值得被更好地对待"的想法，从而及时从具有缺陷的浪漫关系中抽身出来。因此，正念被认为可以阻止有缺陷的浪漫关系的持续，从而让人们"及时止损"。

最后，正念的不同成分被认为对浪漫关系有不同的作用。根据正念的监控和接纳理论（Lindsay & Creswell, 2017）来看，正念的觉察（监控）可以使得个体更加敏锐地觉察到浪漫关系中的消极经验，从而可能导致对浪漫关系满意度的下降；而正念地接纳可以帮助个体以接纳的态度面对浪漫关系中的偶尔的消极经验，从而有利于浪漫关系的健康发展。笔者研究团队的一项动态研究在日常生活的动态层面证实了上述观点。此研究以101对大学生情侣为研究对象，持续14天在每天上午10点、下午4点及晚上10点的时间测量情侣双方的觉察、接纳与浪漫关系的满意度水平。研究结果显示，人们在觉察的时刻对浪漫关系的满意度低，而在接纳的时刻对浪漫关系的满意度高。对于觉察和接纳对浪漫关系的协同作用，此研究进一步发现，接纳可以缓解觉察为亲密关系带来的消极影响。具体而言，人们在一个时刻觉察力越强，他们对亲密关系越倾向于不满意；但是如果在这个时刻人们同时也是接纳的，那么他们在这个时刻觉察能力越强，对亲密关系反而越倾向于满意（闻学等，2021）。因此，如果人们希望通过正念练习提高浪漫关系的质量，需要注意在练习中保持对觉察能力和接纳能力的平衡培养，这样才能使得正念练习对提高浪漫关系质量的作用最大化。

四、提升浪漫关系的正念干预方案——正念关系习惯

我们已经知晓，正念可以帮助人们与伴侣之间的相处更加和谐，拥有质量更好的浪漫关系。因此，通过干预提高个体的正念水平，让伴侣们都能更愉快地恋爱是可行的。

目前热门的针对伴侣浪漫关系的干预方案为正念关系习惯（Mindful Relationship Habits，MRH；Scott & Barrie，2018）。MRH旨在为伴侣提供采取积极的新习惯、改正坏习惯的策略，激发伴侣在婚姻或爱情关系中更加用心，从而使伴侣间的浪漫关系更加牢固、亲密和欢乐。MRH通常包括正念沟通、正念冲突处理、正念接触和正念欣赏的部分。MRH提供了25个提高亲密关系质量习惯的培养方案，方案提出者建议人们进行30天的练习。个人可以通过阅读书籍中描述的方案，自己独自进行练习，也可以和伴侣一起练习，每次练习的时间不等。下面举例说明MRH如何培养情侣从伤害中快速恢复和共情的习惯。

1. 培养从伤害中快速恢复的习惯的干预措施

（1）发明一个暂停信号

当交谈演变成一场全面的争吵时，双方需要在不断升级的冲突中暂停

一下，以便冷静下来并防止进一步伤害的发生。这是因为当你生气或受伤时，你与伴侣互动的时间越长，就越有可能在你们之间制造更深的隔阂。当意识到谈话正在变得糟糕时，你需要休息一下，这样你们才能以更好的心态回到一起。愤怒、恼火或受伤的感觉需要成为你暂停的诱因。与伴侣讨论可以用来表明你们都需要暂停的信号或词语。在剑拔弩张的时刻，我们都想继续为自己的立场辩护，所以不如现在就彼此承诺，当你们中的一个人在冲突中发出这个信号时，你们会无条件尊重这个信号。写下信号是什么，并考虑在你们容易发生争吵或冲突的房间里贴上提醒。

（2）暂时分开并让自己喘个气

在暂停期间，到单独的房间里待上15—20分钟。你的首要任务是冷静下来，重新获得情绪上的平衡。你现在的工作是简单地呼吸和放松，而不是纠结于分歧或准备你的辩护。

坐下来，闭上眼睛，练习冥想式呼吸。用鼻子慢慢吸气，呼气时数数，每次呼气时从一数到十。重复这个十次数的呼吸练习，直到你感觉自己变得平静，愤怒消散。如果你发现15—20分钟的时间不足以管理你的情绪，那就多等一会儿，但不要等到几天之后才和伴侣一起解决问题。

（3）思考你的立场和伴侣的立场

一旦你平静下来，精力集中，就拿起笔和纸，写下你对与冲突有关的立场的所有想法以及你所经历的相应感受。写下你想让伴侣了解你这一方的情况。一旦你写完了你的感受和立场，就站在伴侣的立场上，写下你认为他对这种情况的看法以及他可能的感受，真诚努力地从伴侣的角度来看待这种情况。

这个练习的后面一部分将使你对你的伴侣更有同情心，软化你的态度，这样你就可以怀着仁慈和共情与伴侣重新建立连接。

（4）与伴侣重新建立连接并解决问题

当你们都平静下来并完成反思练习后，一起重新审视这个问题或冲突。

开始时，向伴侣表达爱意和肯定。给对方一个拥抱或手牵手，对彼此说"我爱你"。即使你有一些挥之不去的怨气或不满，也要这样做，因为这将加强你在这次谈话中想要的积极和爱的氛围。

（5）轮流分享你认为的伴侣的立场

开始讨论时，你和伴侣轮流分享你们认为对方在这种情况下的感受和立场可能是什么。在沟通时注意尝试共情和理解对方将使你们更容易相互妥协或找到解决方案。

（6）表达你的看法和感觉

一旦你们都对对方的立场提出了自己的想法，就可以各自肯定或澄清自己的想法和感受，并对如何解决问题提出自己的要求。你可能需要你的伴侣改变行为，在解决方案上做出妥协，或简单地承认你的感受。尽量以友好的方式，具体和直接地说明你的目标是什么。在这个过程中，确保使用"我需要"或"我感觉"的陈述，而不是指责或羞辱你的伴侣。

（7）讨论并确认解决方案

一旦双方都分享了自己的观点、感受以及你们希望实现的目标，就进一步讨论你们可以同意的方案。本着慷慨和爱的精神，而不是怨恨或冷漠的态度，提出对任何行为改变的妥协。在平静地分享和讨论之后，如果你们不能得出一个解决方案，或者你们中的一个人不能提供对方需要的东西，尽量不要生气或沮丧。等待几天，看看情况是否有什么变化，或者你们中的一个人是否有什么新的见解。如果没有，考虑与治疗师或其他专业人士交谈，以帮助你们达成一个解决方案。

2. 培养共情习惯的干预措施（节选）

（1）通过观察分辨伴侣的感受

显示共情的一个方法是你在伴侣还未表达感受时就感受到对方的感受。你可以学习观察伴侣的表情、情绪和身体语言。这需要一些练习，一开始是简单地多注意你的伴侣，以及他似乎在向你表达什么。

你是否看到烦躁、沮丧、悲伤、疲惫？你是否注意到他的情绪发生了微妙的变化，或他身上出现了一种安静的感觉？花点时间真正注意伴侣的行为，如果你感觉到有什么不对劲，就问他："你看起来有点累，一切都好吗？""我注意到你在今晚的晚餐中很拘谨，你有什么心事吗？"通过注意和询问，你在向你的伴侣传达你想了解他的内心世界。你也在邀请伴侣与你在一起，给他一个安全的方式来释放压抑的情绪。

（2）设身处地地为伴侣着想，并告诉对方

当你的伴侣告诉你让他感到痛苦、不安全、不舒服、难过或引起他其他消极的情绪的场景时，花一点时间设身处地地想一想，你在这样的场景中会感到如何，并告诉你的伴侣你正在这么做。你可以说："我在想如果我也遇到了这种情况，我将感到非常糟糕。我知道你真的很痛苦，而我在这里陪着你。"如果说快乐因分享而加倍，那么痛苦因与你爱的人分担负担而减半。当你用言语表达你"理解"伴侣的感受时，会减轻他的痛苦，帮助他知道自己并不孤单。这也认可了伴侣的感受，因为你承认了他痛苦的真相。

（3）放下判断并展示你对伴侣的智慧/能力的信任

无论你是否认同伴侣的情绪，不要因为他有这些情绪而评判他。情绪是强大的，当一个人正在经历这些情绪时，任何常识性或逻辑性的建议都是没有用的。通过简单地允许他把情绪表达出来，可以表现你对伴侣的情绪上的共情。

同时，尊重你的伴侣的个人判断和智慧，除非伴侣要求，否则不要发表你的意见。当你被问及时，试着帮助伴侣为自己找出解决方案。通过这样做，你将赋予伴侣权力，并表明你对他的信任。

（4）承担伴侣的一些责任，以便更好地理解对方

当你承担起伴侣的日常责任时，你会对他的生活有一个更清晰的认识，并能对他面临的挑战产生共鸣。站在别人的立场上，而不是想象自己站在

别人的立场上，会给你带来更多的清晰感。如果你想真正共情伴侣，自愿承担他的家务或责任一个星期（或至少几天）。比如，你的孩子主要是你的妻子在照顾，那么让妻子在周末出去度假放松，而你承担起育儿的责任。

一旦你完成这个练习，向你的伴侣表达你对其每天处理的事情有多大的了解，以及你有多欣赏他的努力。

（5）练习包含爱意和善意的冥想

爱的冥想的目的是培养对他人的接纳、善良和温暖的感觉，那么还有谁比你的伴侣更适合成为这种冥想的焦点呢？各种研究已经证明了练习爱的冥想对精神和身体有益处，其中一项研究发现，练习七周的爱的冥想可以增加个体的爱、喜悦、满足、感激、自豪、希望、兴趣、娱乐和敬畏，从而提高对伴侣的共情。

找一个安静的地方，在那里你不会被打断。坐在椅子上或地板上的垫子上，双腿交叉。开始时，像任何冥想一样，数几分钟的呼吸，以平静你的心灵。

注意任何心理或情绪上的困扰、自我判断或自我憎恨的地方。开始爱的冥想，首先对自己表示同情和爱。

当你继续呼吸时，对自己说出以下祝福。

"愿我远离内在和外在的伤害和危险。"

"愿我得到安全和保护。"

"愿我没有精神上的痛苦或苦恼。"

"愿我快乐。"

"愿我没有身体上的痛苦和折磨。"

"愿我健康和强壮。"

"愿我能够快乐地、和平地、愉快地、轻松地生活在这个世界上。"

在你说出这些关于你自己的祝福后，把你的注意力集中在你的伴侣身上，用他的名字重复这些祝福。

"愿我的爱人远离内在和外在的伤害和危险。"
"愿我的爱人得到安全和保护。"
"愿我的爱人没有精神上的痛苦或苦恼。"
"愿我的爱人快乐。"
"愿我的爱人没有身体上的痛苦和折磨。"
"愿我的爱人健康和强壮。"
"愿我的爱人能够快乐地、和平地、愉快地、轻松地生活在这个世界上。"

当你重复关于你对伴侣的每一句祝福时，要注意每一句祝福的含义和你对伴侣幸福的深切渴望。专注于你对伴侣的爱、温柔和共情的感觉。想象你用爱编织一个温暖的保护罩包裹着你的伴侣。

（6）用行动表现你的共情

仅仅说自己对伴侣共情了是没有用的，改变你的选择和行为以表现你的共情才是有用的。比如，如果伴侣的父母酗酒，因此在他身边有喝酒的人时会感到痛苦，所以你选择不在伴侣身边喝酒，因为你不想引发他的痛苦。再如，你怀孕的妻子在早上想吐，食物烹饪的气味让她感到恶心，所以你提前把孩子叫起来，在上学前带他去吃早餐，因为你不想让你的妻子受苦，尽管这对你来说很不方便。改变某些行为确实需要精力和牺牲，但你的努力充分说明了你对伴侣的爱。

第五节　正念在特殊职业中的应用

由于正念干预在缓解躯体症状、改善消极情绪、提升领导力、增强心理韧性以及提升幸福感等众多领域均有卓越的效果，因此，人们逐渐将其推广到针对职业人群的心理问题缓解或是能力的提升上。同时，正念干预在各种职业人群中的积极效应也逐渐得到了众多验证。

几乎每个人都会获得各自的职业身份，每种职业都有其特有的工作模式。这些职业的特点可能给每个人带来各式各样的问题。例如，消防员的职业特点是他们时常处在危险程度较高的情境中，这就要求消防员拥有高水平的情绪调节能力，以适应在各式各样的高危情境下保持高品质的职业素养；医务人员通常在高负荷工作情境下，同时工作中处处需要情绪劳动，由此产生的职业倦怠也不容忽视；警察维护社会秩序，尤其是派出所民警，不可避免存在未知的警情需要处理，其应激状态的缓解也是一个重要的议题；飞行员肩负着航空安全，其工作特点要求其具有高水平的警觉性与心理素质，对飞行员的疲劳、心理压力的缓解以及注意品质的提升成为飞行训练的一大难点。

下面以正念干预在消防员情绪调节能力的提升、医务人员职业倦怠的改善、警察应激状态的改善以及飞行人员疲劳缓解和注意品质的提升为例，阐述正念干预在职业人群中的潜在应用价值。

一、提升消防员的情绪调节能力

2022年8月，重庆涪陵北山坪，橘红色的火舌从山脚斜着向上一路攀升，很快照亮了整座山，火星儿和烟雾向四方喷散，染红了半边天。正值重庆最热的时候，却燃起了山火，整整烧了两天。重庆市蓝天救援队在接到重庆市应急管理局的通知后，很快集结了一支消防队伍赶往着火点。队员们站在山脚下，火光和高温逼近，映红了消防员们的脸，他们的内心不禁升起一种说不出来的震撼，"突然觉得人好渺小"。面对这样的突发灾害，冲到最前面的，无疑还是他们——消防员。

试想当你面对这样的情景时，是否会心跳加速，内心感到害怕、恐惧。消防员同样会害怕，不过不一样的是，肩负的责任让他们一往无前，走在救灾抢险的最前线。他们的日常工作布满了各式各样的体能训练、专业培训以及救灾抢险等，工作中总是存在危险性、高机动性和紧张性，这使得他们经常处在紧张状态下，精神压力大。尤其是在重大灾害事故处置过程中，时常会出现爆炸、人员伤亡等突发情况，由此引发的心理压力可想而知。

1. 消防员的心理压力：不得不面对的拦路虎

从2018年1月20日到2020年10月31日，全国就有39起消防员因公殉职的事件。2019年3月30日，四川木里某原始森林发生火灾，林火爆燃造成27名消防员牺牲，事故发生后，当地6名消防队员出现了不良的应激心理反应。精神疾病和特殊环境的暴露造成的健康问题已经成为威胁消防队伍战斗力的重要因素，在对参与过哈尔滨"1·2"火灾、漳州"4·6"PX项目爆炸事故、山东日照"7·16"爆炸事故以及天津"8·12"大爆炸事故的一线消防员中进行的调查结果显示，整体上参与过以上重大灾害事故的消防员心理健康状况明显差于消防员的总体情况，尤其体现在躯体化、强迫、抑郁、焦虑、敌对、偏执等不良的心理问题表现上。

在经历重大的灾害性事件后，部分消防员会有反复出现的、不由自主的创伤画面的回忆，回避相关的事物，对创伤相关事物高度警觉，与此同时，也会出现一些想法、态度的消极改变，这些症状就是"创伤后应激反应"。2008年,我国汶川地震发生后的三个月,参与救灾的消防员创伤后应激障碍的阳性率高达35.3%;在地震发生六个月后,创伤后应激障碍的患病率降低至6.5%。同时,经历过汶川地震且患有创伤后应激障碍的消防员呈现出更明显的焦虑和抑郁情绪。调查显示,16.3%到22.2%的消防员呈现出创伤后应激障碍症状。

除了重大的灾害性事件的影响以外,平时的工作模式、高强度的训练也让消防员面临其他心理问题的侵扰。调查结果显示,28.3%的特勤消防员存在轻度心理健康问题,尤其体现在强迫、躯体化和睡眠饮食问题等。值得关注的是,消防员的自杀风险增加,在对1027名美国消防员中进行的调查结果显示,46.8%的人存在自杀的想法,19.2%的人有过自杀的计划,以及15.5%的人甚至尝试过自杀行为,这些自杀相关的问题与消防员的职业压力密切相关,尤其是24小时待命的工作模式给他们带来了巨大的心理压力。

2. 应对压力的好帮手:良好的情绪调节

良好的情绪调节无疑是保持良好身心状态的重要工具。尤其是对消防员而言,工作性质需要他们经常暴露在灾难、痛苦的事件中,他们的日常工作也处在高度紧张状态下,良好的情绪调节能力可以帮助其提升工作的满意度、个人的幸福感。

好的情绪调节方法可以帮助消防员应对好心理压力。"认知重评"是一种好的情绪调节方法,它是指在情绪发生的早期,通过调整对诱发情绪事件或情景的认识,从而改变情绪。例如,一位在经历完山火扑救的消防员半夜梦到火灾的场景,感到自己快被大火吞没。此时,他突然惊醒,一阵恐惧漫上心头,大汗淋漓的同时,想到"差点就没命了"。认知重评即调整自己对这种情境的认识——"还好,还好,我们队里有严密的组织和保护措施,我的工作是非常有价值的",恐惧的情绪由此得到缓解。

总的来说,"认知重评"保护消防员的心理防线,让他们在高危险性、机动性和紧张性的工作环境下仍然保持高品质的工作能力，同时也保护其免受心理压力的伤害。能积极地进行认知重评的消防员总是在经历重大灾害后能产生积极的变化，如拥有更好的人际关系，对生活更加珍视，在工作中的适应能力更强。

然而，也有一些不那么好的情绪调节方法，如"表达抑制"，它是指当个人的情绪完全激活后，出于种种原因有意识地抑制情绪表达，尽管能有效控制、减少情绪行为的表达，但这种情绪调节的方式会导致内在感受与外在表现的矛盾，常常会增加不良情绪的发展。例如，"当消防员面对无情的山火，明明害怕得发抖，却表现得面无表情，装作若无其事，强压内心的恐惧"，尽管面上看起来没问题，但恐惧会在其内心留下不可忽视的负面影响。由于其在救援抢险工作后，内在的恐惧、担忧和害怕无法得到表达，通常会出现更多的创伤后应激症状。

为了使消防员拥有良好的情绪调节能力，正念干预的方法可以有所启发，以后也许可应用在消防员日常训练中。

3. 提升消防员的情绪调节能力：多样化的正念干预模式

正念可以帮助消防员感知、解释自己内在的感受和外在的环境。不沉浸于内在令人困扰的想法或画面中的消防员，哪怕经历了创伤事件，也呈现更少的问题，心理上也更容易获得抢险救灾后的积极转变。笔者研究团队系统考察了特质正念能力对消防员的作用，通过对341名我国消防员的三个月追踪调查发现，特质正念能力越高的消防员，他们在感受到社会支持之后更容易催生出高水平的创伤后成长（Chen et al., 2021）。另外，也有相关证据表明，正念水平更高的消防员哪怕存在睡眠问题，其自杀风险也更低。

同时，正念水平高的消防员有更低水平的表达抑制，即能对当下更加觉察与接纳的消防员不倾向于压抑自身的情绪表达，他们能采取更为积极、有效的情绪调节方式，因此，正念干预可以进一步作为消防员日常心理压力缓解的方法。有如下的方法可供消防员们尝试。

（1）呼吸调整、有意识的肌肉放松练习

针对消防员的心理训练，2012年12月26日已经发布了公共安全行业标准GA/T 1039-2012《消防员心理训练指南》，在指南中较为详细地介绍了消防员心理训练方法，其中就包含心理调节，即通过调整呼吸、有意识的肌肉放松练习来提升对情绪、行为的控制能力。具体方法如下：

其一，以坐姿或卧姿进行，深呼吸一次，然后屏住呼吸，同时轻微地使全身肌肉紧张5—7秒，然后一边尽量放松全身肌肉，一边缓慢呼吸，反复9—10次，每次均延长屏息和呼气的时间，并增加放松肌肉的程度。

其二，仰身躺下，叉开双膝，使双脚掌着地，在突然并拢双膝时，做一次深吸气。用这种姿势屏住呼吸几秒钟，然后一边做一次缓慢的呼气，一边使双膝自然地倒向两侧，反复9—10次。

其三，在站立、静坐或躺卧时，按一定速度做若干次缓慢而不紧张的深呼吸，吸气时轻微地使各部分肌肉紧张，呼气时尽量使全身肌肉放松，持续2—3分钟。

（2）正念为基础的注意力训练

正念为基础的注意力训练（Mindfulness-Based Attention Training, MBAT）最初针对军事环境，随后在消防员的应用中进行了调整。MBAT包括连续4周、每周2个小时的练习。该项目包括四个中心主题。

其一，以"专注"为核心了解正念相关的知识。在该主题下，首先是对正念"基础知识"的介绍，包括对集中注意力、走神和正念科学的讨论。

其二，以"身体意识"为核心觉察身体的感觉。该主题包括通过关注身体的感觉，并开始学习觉察内在升起的想法、冲动，学习区分自己"过分的"反应来培养更加清晰的自我意识。

其三，以"开放式监控"为主题提升自我调节能力。该主题不指定特定的关注点，通过学会关注当下的体验，以更加开放、接纳的方式和一些不好的体验以及与生活的不确定性进行相处。

其四,以"联结"为主题提升团队凝聚力。该主题着重于培养有效的领导力和凝聚力强的团队。通过与团队成员的积极联系,形成团队内部"利他"的氛围,使得消防员对同伴、整个团队都有积极的想法和情感。

同时,在每个主题的练习环节中都引入了相应的正念练习,如在"专注"主题里也会介绍正念静坐、正念呼吸等。以正念为基础的注意训练在消防员中的效果已经通过研究得到了验证,研究将消防员分为3组,分别是正念干预组、放松训练组以及空白对照组,正念干预组与放松训练组均通过不同主题共4次、每次2小时并辅以"家庭作业"的练习。结果显示,不同于放松训练组以及空白对照组,通过正念训练的消防员不仅可以在心理韧性上呈现明显提升,还在持续性注意任务中的表现更好(Denkova et al., 2020)。

正念训练也可以结合其他的心理干预方法,提升消防员的适应水平。比如,融合表达性艺术疗法和正念减压疗法,让消防员将自己的心理压力用泥塑具象化出来,并重新体会心理压力应对的过程,同时用正念呼吸的方法使消防员学会放松,从而进一步缓解其压力。

二、改善医务人员的职业倦怠

"忙",印刻在每位医务人员的身上。H的妻子也不例外,新型冠状病毒感染疫情期间,除了完成科室的正常工作以外,外派进行核酸采样的担子也不轻。有任务的时候,早上6点就乘坐医院大巴出发,穿着防护服,在现场工作10小时以上,经常手臂举到抬不起来。晚上8点回到医院,之后还要开始安排班务。最头疼的是,经常有护士所住小区临时被封,班务要重新调整,有时一晚上要调整三次班务,几乎没有了休息日。她说"穿上防护服之后,不能喝水、上厕所,脸上被口罩勒出印痕,有时皮也会破掉,手也酸得厉害,的确很辛苦"。不仅如此,在核酸采样中,医生要掰断采样棒插入试管内，别小看这一动作，一天1000多根棒子掰下来，手指钻心得疼。

医务人员的"忙"从忙碌的医院、急诊中心、就诊室中就能看到。如果你是一名医生或者你的家人是一名医生，你是否也曾有过或听过这样的感叹："哎，不想干了，这么辛苦！我是为什么要干这样的工作？"

1. 医务人员的职业倦怠：显见的职业压力

职业倦怠是经历长期的职业压力后，呈现出生理和心理上的疲惫状态。例如，在经历了一段时间的高压力的工作后，你感到自己的情绪资源都耗尽了，对工作缺乏热情，感到紧张，有挫折感，甚至害怕工作，从而对工作和相关的人员都保持距离，不再想要投入工作中。同时，对工作中自己的价值感评价低，甚至认为自己不能有效地胜任工作。

尽管不同层级的医疗卫生机构的医务人员职业倦怠发生率有差异，但总体上，医务人员的职业倦怠问题非常突出。医生、护士常年承担着重大的责任、风险和超负荷的情感付出，每日面临着高强度的诊疗工作、沉重的工作压力和复杂的医患关系。对北京市海淀区基层医务人员的职业倦怠调查结果显示，在1047名基层医务人员中，职业倦怠的发生率高达98.3%。在这些医务人员中，包括社区卫生服务中心的医生、护士、管理人员以及其他医务人员。在公立医院的医务人员中，职业倦怠的发生率也不低，如2021年在江苏省南通市，对381名公立医院医生进行职业倦怠调查，241名（63.3%）的医生存在明显的职业倦怠，并且女医生的职业倦怠发生率高于男医生。另外，河北省某三甲综合医院的医务人员的职业倦怠发生率为60.6%，其轻中度和高度职业倦怠发生率分别是52.01%和8.62%，重症医学科人员、急诊科人员、护士、中级职称者、工龄较低者等职业倦怠水平更高。

医务人员出现职业倦怠的症状后，会有很多负面的反应。例如，医生、护士会对工作持有负面的态度，工作绩效与满意度水平下降，离职率也会增加。职业倦怠不仅损伤医务人员对工作的投入与满意的程度，还影响其心理健康状况，如出现更多的药物滥用、抑郁情绪甚至自杀倾向等。

2. 应对医务人员的职业倦怠：需要一套组合拳

医务人员的职业倦怠干预方法，简单来看，可以分为针对组织的干预策略与针对个人的干预策略。针对组织的干预策略包括排班的调整、减轻医务人员的工作负荷、提升其团队合作水平、不当评价方法的调整、监控医务人员工作要求的减少、增加对工作的控制以及决策的参与水平等。针对个人的干预策略包括正念技术、认知行为疗法、沟通交流技能以及压力应对方法培训等。

针对个人的工作倦怠干预策略，可以采用多样的形式。例如，可以通过团体、小组讨论的形式介绍一些自我关照的方法，如运动、健康的饮食习惯、良好的睡眠技巧，自我关怀的态度和正念的方法等。随着人工智能、计算机技术的高度发展，这些自我照顾的技巧和方法逐渐被开发成App、小程序的形式，可以引导使用者更为方便地使用。例如，22名医生通过接受伦敦大学研究者开发的手机自助方案，心理压力、工作倦怠得到了有效的缓解，并反馈他们愿意在一个安全的空间来讨论压力，并且开始运用这个App来管理他们的压力和倦怠，切实增加了自我照顾的程度。

另外，针对组织的干预策略可能比针对个人的干预策略在减少医务人员的工作倦怠上更加有效。通过集合共1550名医生、19项研究的结果，研究发现，相较于针对个人的干预策略，针对组织的干预策略在医生职业倦怠的缓解里效果更好，尤其是在那些有经验的医生中。这提示大家，医务人员的职业倦怠的产生与其工作环境、工作性质大有关联，因此，从环境上调整医生的待遇、减轻医生的工作负荷、增加医生在工作中的控制感和对医生的支持程度，对改善其工作倦怠大有裨益。

3. 改善医务人员职业倦怠：正念干预的卓越成效

尽管改变医务人员的工作环境可能是积极有效的，但改变工作环境、调整组织的激励政策、提高团队协作能力这些方法应用起来相对困难。尤其是在大环境无法被轻易改变、无法被快速调整时，医务人员可以采取下列正念干预的方法来缓解倦怠。

（1）传统的8周正念减压课程

传统的8周正念减压干预方案由于本身带有压力缓解的属性，在很多情况下可以直接用于改善医务人员的职业倦怠，而且有相当不错的效果。

（2）开放式的团体讨论

拥有一个受到保护的场所和固定的时间，医务人员在这里可以谈论工作中好的经验。由一名训练有素、经验丰富的带领者来引领整个讨论的进行。讨论原则是用"欣赏式询问"的方法来了解参与者的好的工作经验。例如，鼓励一两个参与者谈论他们的专业工作经验，也可以谈谈和病人、同事接触得好的具体例子，参会的其他人也被鼓励提出自己的思考和积极的经验。

（3）压力管理与心理韧性训练

压力管理与心理韧性训练包含了90分钟的心理训练。由于人的注意力会本能地关注威胁和不完美，因而容易导致过度思考或极力克制负面的思考，行为上表现为各种回避。压力管理与心理韧性训练指导学习者延迟判断，更多地关注世界的新奇性，帮助参与者将他们的解释从固定的偏见转向更灵活的模式，同时培养诸如感激、同情、接纳、宽恕的态度。

（4）以正念为基础的瑜伽练习

瑜伽练习可以有效缓解医务人员的职业倦怠，如通过6周、每周1次的正念瑜伽练习，护士和卫生保健专业人员不仅在心理压力、工作倦怠水平上表现出明显的下降，还在活力、正念水平、内在的平静等方面有所提升。

（5）基于智能手机应用程序的正念练习

此外，国内外目前陆续出现各种基于智能手机应用程序的正念练习，练习方便、简单，具有巨大的应用前景，也能有效缓解医务人员的倦怠水平。

上述方法的效果均已得到诸多验证。值得注意的是，医务人员的正念干预需要注意干预形式的选择、考虑合适的干预时长，融入针对组织的策略，这样可以对改善医务人员的职业倦怠起到更好的效果。

三、缓解警察应激水平

"我和同事一起在北京通往河北的高速公路上执勤时，大概下午2点半时，我想要上厕所，但高速公路上又不太方便，所以我只能去路边随便解决一下。正当我走到路边时，一辆满载着快递箱子的大卡车失控了，撞上了正在接受我们检查的小轿车。同事当场被大卡车撞死，我因为离得远一点，逃过一劫。自此以后，我感到原本该死的人是我，同事的死也有我的责任，或许下一次就轮到我了，每次想到这里，我都浑身发抖，也不敢出去执勤了。"一位交警这样说到自己的一次可怕的工作经历。

正如上面这位交警所述，警察的工作不免会碰上各种突发的、危险的情境。在这些危险情境里，试想一下，如果你是这位警察，是否也会产生极端恐惧的感觉，甚至久久不能释怀。如果这种工作环境是你不得不面对的每天的"常态"，你该怎么去适应？

1. 警察常见的应激反应

在维护国家安全与社会稳定中，警察是核心力量，也为此做出了巨大的牺牲。他们肩负着国家安全和社会稳定的职责，经常暴露在应激的场景中，处理各种紧急情况。近年来，公安民警常常需要处理恶性暴力事件、重大交通事故等，甚至需要处理警民冲突，在开展各种事件处理、救援活动的过程中，维护人民生命和财产安全的同时，也会经历流血事件。

据研究统计，警察的心理压力水平明显高于普通成人。不论是由突发性事件引发的急性应激水平，还是由慢性、持续的压力导致的长期应激都需要引起人们的重视。遭遇重大突发性事件会提高警察创伤后应激障碍的患病率。在全国12个省份中对3160名警察的调查结果显示，发生率高的职业风险包括言语辱骂、恶意投诉、受到殴打和威胁恐吓，17.2%的警察经常处在创伤后应激障碍高风险状态。尤其是在青壮年警察中，创伤后应激障碍的风险更高。高风险下，产生的不安全感也会引发慢性的职业压力，警察更多地表现出担忧的情绪，这种担忧既包含对自己的担忧，也表现为担心家人遭受牵连，可能会进一步产生职业倦怠、情绪问题等。值得注意的是，应激事件也会同时带来生理健康的损伤，持续的应激反应会导致机体免疫能力下降，带来失眠、肥胖、胃部疾病、高血压等健康问题。

2. 警察心理应激问题的调节

在警察经过应激事件后，恰当的心理干预有助于确保其在心理状态良好的情况下返回工作岗位，重新行使公共安全职责。自1985年以来，美国警察协会成立了警察心理服务部（Police Psychological Service Section，PPSS），为警察提供心理相关的服务，解决警察执法的心理问题。具体包括了警察录用前的心理评估、心理适应性评估、警察参与枪击的心理干预、警察同伴支持、咨询警方心理学家等。尤其是在开枪事件发生后，关注警察的心理状态充分体现了人文关怀。我国陆续也有基层的公安局开始开展对警察的心理健康服务的工作，通过心理健康筛查，及时发现压力、睡眠等问题，建立警察个人的心理健康档案，开展个体、团体心理辅导，为改善警察心理应激状态，提高抗压能力提供了组织上的保障措施。

具体在警察的心理应激状态干预方法上，研究上已经采用了多种方法进行尝试。这些方法包括应激状态识别与管理、优化应对方式、呼吸训练、渐进式肌肉放松、生物反馈放松训练、心理咨询、关键事件应激管理、增加社会支持等（Patterson et al., 2014）。然而，在警察应激状态的干预上，存在一些不可忽视的局限性。其一，一些冥想、瑜伽等方法容易被认为太过"深奥"，令警察们望而却步，另一些需要意象化的自我对话式的方法会被警察群体认为太过"普通";其二,警察职业强调情绪克制,这在一定程度上阻碍了他们对自身应激状况的调整;其三,以上的干预方法通常解决的是应激产生的症状,而没有对应激产生的原因进行调整,限制了干预方法的持续有效性。尽管诸多干预方法尝试应用在警察的应激调整上,但其有效性被质疑(Patterson et al., 2014)。因此,研究者仍然需要探索其他的心理干预方法应用在警察应激水平的缓解上,正念干预则是其中的重要方法之一。

3. 缓解警察心理应激反应：正念干预的潜在作用

特质正念水平高的警察通常更少出现抑郁情绪、敌意和攻击性。同时,那些遇到问题不急于做出反应、更快冷静下来的警察,哪怕遭受慢性应激,也会更少地被身体的不适干扰(Colgan et al., 2021)。在经历心理应激反应后,警察可以尝试下列正念干预的方法来进行缓解。

（1）传统的正念减压课程

传统正念减压课程能有效缓解心理应激水平。研究发现,通过6周或8周,每周2个小时的正念干预,20名西班牙警察的特质正念、自我关怀程度和主观压力都得到了明显的缓解(Márquez et al., 2021)。

（2）日常身体扫描练习

每天进行15分钟,持续一周的身体扫描练习可以有效缓解警察的心理应激反应（房衍波,2022）。跟随指导语,把注意力依次放到身体的各个部位。

（3）其他灵活的正念练习方式

正念用于警察应激水平的缓解,可以采用多种干预模式。除每日的躯体扫描练习外,其他方式,如静坐冥想、正念运动、正念行走、正念进食、正念武术等,均可以应用在应激症状缓解上,这些干预形式的目的均是让参与者学会使用内在的、正念的资源来有效地应对生活中的问题。

另外,在干预前针对正念干预的本质、应激的生理反应进行学习也是必要的。除正念干预的模式可选外，干预时间也是灵活的，这使参与者既可以融入每日生活、用每日较短的时间进行练习，也可以固定时间、用每日较长的时间进行集中练习。

此外，正念干预不仅可以缓解警察的应激症状，还可以进一步提升其生活质量、缓解工作倦怠和疲劳感。在实际应用中，可以根据警察工作的实际情况，有针对性地设计正念干预的方案。

四、缓解飞行员的疲劳和心理压力、提升飞行员的注意力品质

2015年3月24日上午，一架空客A320客机从西班牙巴塞罗那机场起飞。客机进入法国境内后，空管员发现客机有未经许可便开始下降的情况，呼叫飞行员也没有得到任何回应。客机在1分钟内下降了1万英尺（约3048米）高度，随后从雷达屏幕上消失，最终在法国境内阿尔卑斯山海拔2700米的山区坠毁。机上150人遇难，事故调查结果的出炉也震惊了世界，是副驾驶飞行员驾驶客机撞山。这名副驾驶为什么要故意驾驶飞机撞山呢？

事后调查发现，副驾驶安德烈亚斯·卢比茨在机长离开驾驶舱上厕所期间，反锁驾驶舱，将飞机直接坠毁，导致144名乘客和6名机组人员丧生。事后调查显示，卢比茨饱受精神折磨，患有抑郁症并且有自杀倾向，飞行员的心理问题是造成此次事故的直接原因。试想，活跃在天空中的飞行员存在我们不清楚的心理问题，甚至饱受心理压力的困扰，飞行安全如何保障？

1. 飞行员的疲劳与心理压力：萦绕在天空的潜在风险

据统计，四分之三的飞行事故源于人为因素。尽管飞行员只是人为因素的其中一个岗位，但也是关键岗位之一，是飞行事故发生的最后一道防

线，其疲劳、飞行心理压力等都是行业重点需要关注的问题。

为什么飞行员的疲劳问题受到广泛关注？在日常的工作过程中，高强度的工作模式使得飞行员常常处在睡眠剥夺的情景中，尤其是洲际航线的运行模式使得飞行员不得不面对昼夜节律调节的困难。与此同时，飞机驾驶舱的狭小空间、较高强度与密度的飞行噪声也让高负荷工作的飞行员更容易产生疲劳。在这些因素的共同影响下，飞行员的疲劳问题显而易见，这可能引发航空事故。

飞行员的心理压力问题同样引发了众多关注。和疲劳问题不同的是，飞行员对自身的"心理问题"通常不愿提及。一方面，飞行员群体往往是男性，对"男子气概"的认同感使得他们很少出现脆弱、情绪性的表达模式。另一方面，在飞行员的职业成长过程中，他们倾向于被塑造成坚毅、自信并富有高度规则意识的群体。这导致飞行员在遭遇现实问题时，更容易出现回避情绪反应。更重要的是，飞行员每隔一年或半年都会要求体检合格。在体检中，如被诊断出精神问题，将直接导致其暂时停飞。这一系列问题，导致患有抑郁症等心理问题的飞行员无法得到有效的评估与干预。

尽管心理压力问题在飞行员群体中无法被坦然表达，但也有一些好消息，能促进飞行员心理压力的缓解。2021年12月7日，美国联邦航空管理局局长史蒂夫·迪克森在精神健康峰会上提到"飞行员如若报告了精神问题就不能驾驶飞机，这是一种误解"。这鼓励了飞行员在出现心理症状时，积极地寻求帮助，并在问题恶化之前得到治疗。我国民航医学中心编写并出版了《空勤人员应激事件心理健康维护与支持手册》，关注到包括飞行员在内的空勤人员的心理压力问题。

关于飞行员的疲劳和心理压力情况究竟如何，已有相关研究进行了调查。通过对924名军事飞行员的调查研究发现，疲劳症状阳性比例为37.1%。民航飞行员的疲劳问题同样不容忽视，货航飞行员的睡眠质量显著低于普通成年人，疲劳状况较为严重；对739名航线飞行员进行的疲劳调查研究结果显示，60%的长程航线飞行的飞行员和49%的短程航线飞行的飞行员报告，疲劳会导致警觉性和注意水平的下降。同时，值飞长程航线往返的飞行员的主观疲劳感以及警觉性程度也受到过站时长的影响，在目的地停留62小时的飞行员疲劳程度显著低于停留39小时的飞行员。

在飞行员心理压力上，一项国外元分析结果显示，商业航空公司的飞行员与普通人群相比，面临着同样的甚至是更高的抑郁症风险，抑郁患病率在1.9%到12.6%之间，飞行员的职业压力，如高工作负荷、昼夜节律紊乱和疲劳问题，也被认为与心理问题发展有关（Terouz & Stokes，2018）。另一项在1837名飞行员中进行的匿名网络调查结果显示，在近期有飞行任务的飞行员中，193人（13.5%）可能存在抑郁症的问题，甚至有75人（4.1%）报告在过去两周有自杀的想法。这些研究结果提示，社会大众对飞行员的心理健康持有的乐观估计可能并不是真实情况，当前飞行的数百名活跃在天空的飞行员可能正在经历未报告的心理健康问题。尽管国内的横断历史研究均发现飞行员群体心理健康水平优于普通人群，但航空安全对飞行员心理健康的要求并不仅是无精神障碍，或是健康水平优于普通成人，而是要有优秀的心理健康状态，高水平的心理胜任力，因此，采用科学有效的方法提升其心理健康水平，对进一步保障航空安全具有重要意义。

2. 飞行员的注意品质：保障飞行安全的核心

尽管现代科技进步在航空领域内使得飞机的自动化程度越来越高，但人在飞机控制上仍然处于中心位置，对航空系统的安全负最终的责任，并且飞行员在飞机的运行上仍然保持指挥地位。在此以人为中心的自动化原则下，飞行员的注意品质无疑是至关重要的。尤其是在飞机的起飞和降落过程中，需要飞行员具有优秀的注意品质来监控飞机的飞行状态，不仅需要注意到每个仪表的状况，对飞机可能发出的各类报警保持高度敏感，与此同时，还要与地面保持准确的通信。

由于注意问题引发的飞行事故也引发大众的关注。例如，2009年6月1日，法国航空公司AF447在从巴西飞往巴黎的过程中与地面失去联系，寻找后发现，飞机已经在大西洋失事。然而，此次飞行的飞机是当时最为安全的空客A330，这让大家感到不可思议。经过事故调查发现，飞机在飞越大西洋上空时，机组过于依赖自动驾驶系统，以至于飞机处于失速状态也毫无察觉，直到飞机发生失速警告，机组仍然没有采取正确的措施，导致了飞机坠落，造成了228名人员的丧生。

飞行员在飞机运行不同的阶段，包括起飞、巡航、着陆等阶段，要精确地处理飞机驾驶信息，与机组成员保持良好的合作，完成飞行任务。在这过程中，要求飞行员具有高品质的注意水平，这不仅包含了持久的注意稳定性、卓越的注意分配能力，还包含了快速的注意转移与良好的注意广度等。因此，国内外在进行飞行员心理选拔时，会对候选者的认知能力、实际操作能力以及人格特征进行评估，其中注意能力是不可或缺的关键一环。

飞行员的注意品质在其安全操作中的作用显而易见。在206名我国男性飞行员中进行的为期4年的追踪研究，通过分析飞行员的注意品质与其每年的飞行QAR[1]（Quick Access Recorder）数据反映的安全表现的关系，结果显示飞行员注意分配能力越强，其入职时的安全表现越好（王永刚，方琛亮，2021）。同时，注意分配在飞行特情处置中具有关键性作用，在飞行模拟机上进行的眼动实验结果提示，在单发失效[2]的情景下，表现绩优组能够保持对所有仪表区域合理分配注意资源，同时对失效改出有关键

---

[1] QAR（Quick Access Recorder）快速存取记录器，继承与发展于飞行数据记录器（俗称黑匣子）系统，是一种重要的记录飞机飞行参数的机载电子设备，QAR通常是指QAR中存储的飞行数据，即QAR数据。

[2] "发"是指飞机发动机，民航客机一般都为双发或多发，"单发失效"是指飞机一台发动机发生故障，只剩一台发动机飞行的特殊情况。现代双发客机明确要求单发失效可以保证安全降落。

作用的区域注视频率增加。

3. 缓解飞行员疲劳、心理压力和提升注意品质：正念干预的积极成效

当前航空系统采用的疲劳管理方案，以休息期、执勤期、飞行时间等信息预测飞行员疲劳程度及波动情况，国际上已有多个计算模型与软件实现了对飞行疲劳的预测，如波音警觉性模型（Boeing Alertness Model, BAM），Interdynamics 疲劳评估工具（Fatigue Assessment Tool by Interdynamics, FAID）。通过调整工作的排班，来减少疲劳的影响。但实际上，疲劳随着工作时间的累积，随着休息时间缓解的快慢受个体差异的影响，甚至是受个体不同时间心理状态的影响。例如，一项对汽车驾驶员进行的疲劳研究发现，从清醒到疲劳的变化趋势和幅度存在显著的个体差异。正念干预可以提供个体化的疲劳缓解措施，尤其是在飞行员高强度的工作模式下，缓解由于昼夜节律紊乱与睡眠问题带来的疲劳问题。

在心理压力缓解上，正念干预同样具有潜在积极的作用。特质正念更高的飞行员，在工作中更不容易出现焦虑，能更积极地融入工作且成就感更高。正念干预也可减轻高负荷工作条件下的生理应激反应和挑战性任务的精神压力，提升与注意力调节和唤醒调节相关的自我认知技能（Meland et al., 2015）。

正念干预同样可以为飞行注意力的训练提供新的方法。通过使个人的注意觉知一次一次地温柔地回到当下，可以提升持续注意的品质、减少思维漫游、提升警觉性，还对注意分配能力、注意广度水平的提升有效果。经过正念训练后，注意广度、注意稳定性以及注意分配能力都得到了显著的提升。此外，正念干预对接纳态度的培养，也可以使得个体在保持觉察的过程中，减少个体内部消极情绪、态度的干扰，提升其注意品质。

正念干预应用在飞行员上应采用何种模式？可以参照以下方法。

（1）网络正念减压课程

基于网络的形式，开展传统的正念减压课程。例如，通过网络会议平台，由资深导师带领团体进行正念减压课程的学习和课后日常的练习，每次课程包含如冥想、呼吸练习、身体扫描等正念练习。课后增加一些日常练习，如正念饮食、正念刷牙、正念沟通等内容。这样的模式可以使得更多人受益于正念练习（Aikens et al., 2014）。

（2）书籍指导下的正念练习

书籍指导下的自我正念练习也是备选的方法之一。一些书籍会介绍正念的理念、相应的练习的方法和指导音频。通过自助练习，可以增加对正念的认识，也可以习得一些练习的方法。

（3）生活正念干预

"生活正念"干预模式，即将正念干预放在个体日常生活中进行。这种正念干预模式囊括正念起效的至关重要的心理过程，既包含了注意力的集中练习，也包括了对每时每刻体验内容的监控。通过缩短每次练习的时间，每日多次练习，在保持正念干预浓度的同时，实现正念干预的目的之一，这样的训练模式具有灵活性，可以更为有效且方便地应用在飞行员疲劳与心理压力的缓解以及注意品质提升上。

第六节　正念与儿童青少年发展

在心理学领域，儿童青少年的发展一直以来都是众多心理学研究者和临床实践工作者的关注对象。不管是从国家层面还是从个人层面，儿童青少年全面、积极、健康的发展都至关重要。在最新的正念研究实践探索过程中，研究者发现正念在儿童青少年当中的潜力，并开发出针对家庭和学校的正念干预方案，其效果显著，在未来拥有着远大的应用前景。

一、面向儿童青少年的正念

许多成年人致力于练习正念，学习无条件接纳、身心合一和无条件的爱，而孩子们其实早已经掌握了这些东西——婴儿天生就有专注感知生活的能力。

一个刚出生的婴儿，几周后就会开始专注于观察世界。他们的目光会跟随你手中的玩具，会紧紧盯着在他们眼前与他们互动的每一张面孔，他们的注意力从一个地方转移到另一个地方，直到观察对象在视野内消失。他们的关注点永远在"此时此刻"。

遗憾的是，虽然婴儿生来就有正念能力，但随着年龄的增长，正念的能力会逐渐减弱。孩子的专注能力是在长时间的内省中培养出来的，参加课余活动和接触过多的电子设备会使孩子的精神意识逐渐流失。然而，我们都知道孩子们是不可能不受这些干扰的，但如果父母给他们足够的时间，让他们有更广阔的心理空间去感知那些看不见、难以理解的事物，那么他们也许就不需要通过训练来拥有正念能力。

大多数成年人起初对儿童青少年练习正念的作用的期待可能会集中在注意力的提升进而提高学习成绩方面。事实上，在我国，学业成绩也确实是学龄儿童的主要议题。随着教育水平的发展、教育理念的进步，学校和家长越来越重视学生综合能力的提升和心理素养的培养，因而正念的作用也渐渐体现在情绪调节、社会适应、同伴关系、亲子互动等方面。在更具体的层面，许多临床研究也表明，正念练习也有助于儿童期障碍的症状改善，如降低品行障碍儿童的攻击性、改善进食障碍的行为等，最终提高他们的心理健康水平。

与成年人相比，儿童青少年在正念特质的养成以及练习效果方面都是更具有优势的。一方面，他们对新事物的接受程度更高；另一方面，他们的思绪和想法跟大人相比也会更加直接坦率，这本身就是更接近正念状态的一种天然优势。相应地，由于认知发展的影响，他们对正念相关抽象概念的理解可能会有些困难，不过这也无关紧要，我们在帮助儿童青少年进行正念练习的过程中可以在操作层面上规避掉一些难以理解的意象和概念。

总体来说，正念练习对儿童青少年群体产生的效果可能受多个方面的影响。首先，个体的先天特质可能会影响正念的形成，如高敏感、高需求的个体可能会有更丰富、更复合的情绪体验，所以他们更有可能体会到负面情绪，因而进行正念练习的动力会更强，同时这也要求他们做出更多的努力来进入正念的状态。其次，父母的正念水平也很有可能影响孩子——孩子很容易从一个在日常互动中就习惯评判的家长身上学会这种模式，也更有可能将父母对自己的评价内化，这无疑对正念的形成是有影响的。此外，可能的影响因素还包括儿童青少年对正念的理解、年龄与发展阶段等。

（一）正念在儿童青少年中的运用

儿童及青少年时期的精神健康对个体一生的心理、生理和社会适应有着尤为重要的作用。在世界范围内，有10%至20%的儿童青少年存在心理健康问题。儿童青少年心理健康问题与健康危害行为、自伤及自杀等结局密切关联，如未得到有效干预，常持续至成年期并产生终身危害效应。全球范围内，精神障碍首次发病年龄多为12—24岁，由此针对儿童青少年开展心理健康促进，及时预防和干预儿童青少年心理健康问题，对个人、家庭、社会均具有重要意义。随着正念训练在成人心理健康方面的效果不断显现，研究者开始思考是否可以通过向年青一代传授正念技巧，让他们在迈入社会之前学会正念练习的方法并理解它的原理，将这种技巧带向成年生活，从而为他们一生的健康幸福打下基础。

正念应用到儿童青少年群体的工作虽然不及成人那么广泛，但也在飞速发展，尤其是近十年来，随着人们对教育越来越重视，学校对学生的培养也更多元化，越来越多的研究者将正念运用在学校教育领域中，并且取得了很多显著成果。而且近些年国家对家庭教育也越来越关注，将正念运用于家庭教育的正念教养（mindfulparenting，MP）是一个很新且很有实践意义的研究方向。正念在儿童青少年群体中的应用是有前景的、被广泛接受的。

正念应用到儿童青少年群体可以分为两大部分：一是应用到特殊背景下的儿童青少年群体（如达到临床诊断标准的儿童青少年群体），二是应用到更为普遍性的儿童青少年群体。正念应用到儿童青少年群体的趋势，正从临床背景的干预不断扩展到面向正常的儿童青少年群体。

1. 正念在特殊儿童青少年群体中的运用

目前，正念在儿童青少年群体中的应用主要包括针对特殊群体的正念干预和全体儿童青少年的正念干预项目。前者聚焦于存在焦虑、学习困难、问题行为等情况的特殊学生群体或弱势群体，调整负性情绪，提升抗压能力，从而提高其社会适应力，改善学习和生活状况。后者是面向全体学生的正念干预项目，惠及学生数量较多，呈蓬勃发展趋势。

（1）学习困难学生

学习困难又被称为"学习障碍"。全美学习障碍联合会（NJCLD）将学习困难界定为：在听、说、读、写、计算或者推理能力的获得和使用上表现出显著困难的异质性障碍群体。自美国特殊教育专家柯可首次提出这一术语以来，它受到了教育及心理学等领域内的专家越来越多的关注。据统计，狭义的学习困难发生率高达10%至17%，学习困难学生不仅存在学习成绩上的明显落后，在社会化发展过程中也常出现许多行为及情绪问题。这不仅严重影响了学习困难学生自身的发展，也对我国基础教育质量的提升及教育公平的实现带来了极大的挑战。

学习困难是学习困难学生因学习障碍及其社会心理因素引起的，而非智力落后引起的学习落后。学习困难学生存在不同程度的感统失调，注意缺陷是导致他们学习困难的重要原因。学习困难学生普遍存在注意力不集中、多动等问题，且相当一部分的学习困难学生伴有注意缺陷多动障碍。注意缺陷直接导致学习困难学生做作业时间延长，出现错误和遗漏题目等现象频繁发生，从而导致其学业成绩明显落后。

注意障碍是学习困难发展性障碍的重要类型，他们通常不能长时间持续某一活动，容易出现好动、注意力分散等现象。注意稳定性相比学习能力对学习成绩的影响更大。学习困难学生在上课或做作业时出现"走神"的状态都是其注意稳定性差的表现；注意力转移的速度则是思维灵活的重要体现，它是认知加工形成决策的重要保证。正念机制的核心在于注意力训练，通过正念训练，儿童青少年在注意稳定性和注意转移上都会有一定程度的提高（Semple et al., 2010）。

学业情绪是在教学或学习过程中，与学生学业相关的各种情绪体验，包括高兴、厌倦、失望、焦虑和气愤等，它是学习过程中认知活动顺利开展的重要保证。基于学业情绪对学习成就的影响，目前对学业情绪的干预已成为对学习困难学生干预的重要内容之一。在学业情绪的正念训练过程中，学习困难学生学会了采取接纳、非评价的态度进行自我觉察，但不对感知到的情绪、想法等做出习惯性回应，而是倾向于以更加自然、开放的态度看待这些问题，从而改变了认知并使其情绪得到了一定调节（唐海波，罗黄金，张现利，赵龙，2012）。在"想法不是事实"及"自我关怀"主题中，学习困难学生增强了对消极学业情绪的觉知力，并且尝试将消极情绪看作一次精神活动，这是独立于自己存在的，而非是自己现实的精确反应，这种方式能更好地唤醒学习困难学生希望、平静、放松等积极学业情绪。并且当他们受到外界的不利评价时，能习惯于将注意力聚焦到当下的活动体验中，从而减少焦虑、厌倦、无助等消极学业情绪。

（2）问题行为群体

问题行为是指儿童青少年在社会化进程中，个体由于不能很好地适应环境而产生的一系列情绪和社会适应方面的问题行为。内在表现为情绪上的低落、抑郁、焦虑，被称为内化问题；外在行为为多动、攻击、违纪等，被称为外化问题。

儿童青少年的生活环境较为稳定，家庭和学校是儿童青少年生活最密切的社会环境，深刻地影响儿童青少年的心理和社会化发展。在家庭环境中，家庭结构、家庭经济地位、父母受教育程度、教养方式、婚姻冲突等都影响着儿童青少年的发展。在学校环境中，对儿童内外化问题行为影响较大的两个因素是师生关系和同伴关系。长期成长于不利环境中的儿童青少年不能很好地完成社会化和形成良好的心理品质，将会出现更多的问题行为。

一方面，正念干预可以有效缓解儿童青少年身心疾病以及减少内外化问题行为，如焦虑、抑郁症复发等心理和问题行为，尤其有益于青少年和儿童心理康复。儿童青少年在不断进行正念练习后，心理韧性水平可以显著提高，焦虑抑郁水平明显下降，获得更高水平的接纳能力（包括同伴接纳和自我接纳）。另一方面，正念干预也可以矫正一些外化行为，如减少甚至改正品行不当的学生欺凌、酗酒、吸毒等不良行为。有研究者利用两门正念课程增强了问题学生的亲社会行为，有效解决了校园欺凌和暴力行为等问题，精神性好斗学生在练习正念冥想后，会把注意力和意识从易怒情境转向身体本身，增强对好斗行为的自我控制（Singh et al., 2007）。这一方法对解决我国存在的校园暴力问题具有借鉴意义。

（3）弱势学生群体

弱势群体主要包括心理弱势群体，经济弱势群体，能力弱势群体以及人际交往弱势群体等。弱势群体具有以下几个方面的特征：一是缺乏求知欲，意志力弱。学习弱势的学生不是由于他们的理解力差或者头脑迟钝，而是经常表现在求知欲的缺乏上，这是高校学生中弱势群体的一个重要特点。二是心理脆弱，具有人格缺陷。经济上的重负给一部分贫困学生造成了精神和心理上的贫困，从而导致学生中的弱势群体有着不同程度的心理脆弱、具有人格缺陷等特点。三是自我评价低。调查数据显示，有些学生反映老师对学习不好的学生的态度以经常批评和偶尔鼓励为主，还有些学生认为老师对他们的态度是从不批评或鼓励，这是学生中的弱势群体产生"自我评价低"的主要原因。

针对特殊儿童青少年群体的研究显示，正念训练能够起到积极的作用。比如，笔者研究团队通过随机对照设计对农村留守儿童（小学生）进行了正念干预，研究发现，针对留守儿童的正念训练可以有效降低其自杀意念和社交焦虑，提高他们的心理健康水平和社会适应能力（Lu et al., 2019）。

2. 正念在儿童青少年中的普适性运用

将正念带进校园和家庭，不仅是基于正念训练本身在实践和研究中显现的那些效果，更重要的是，与其他已知心理学方法相比，正念训练可能是一种相当经济便捷的健康维护手段。正念训练不需要任何设备和专业人员的长期陪护，是一种学会便可终身使用的身心健康自我维护方法。因此，正念训练开始走出临床领域，不再仅仅是一种补充医疗手段，而是作为一种被寄予厚望的公共健康维护手段。而学校和家庭作为儿童青少年健康成长的重要场域，就成了正念介入的重要渠道。除了针对特殊群体的作用以外，正念训练对广大的普通儿童青少年来说也有较大的收益。

（1）维护情绪健康

当代中小学生大多数都是娇生惯养的，家长对他们言听计从，他们也很少遭遇挫折和压力，抗压能力弱。而且中小学生的情绪处于不稳定期，控制和处理自身情绪的能力差。当中小学生进入校园后，在日常的学习和生活中，一旦遭遇挫折和压力，他们就容易情绪不稳定，易怒易躁。面对困难的情景，他们往往难以想出解决办法，有的学生会以大哭大叫的方式寻求解决出口，有的学生则会出现暴力行为的倾向，还有的学生甚至会出现焦虑和抑郁情绪，情绪不安全感是增加青少年心理健康问题可能性的风险因素。如果不能及时进行干预，不但会影响青少年的学习，还有可能威胁到他们的身心健康。

儿童青少年的情绪不安全感是一种普遍的不安状态，严重时会大大增加儿童青少年心理健康问题的风险。情绪上的不安全感可能与拒绝敏感性有潜在的联系，高拒绝敏感性的个体更容易感知到他人的拒绝，并在感知到拒绝时经历更大的适应不良，从而更多地体验到情绪的不安全感。笔者研究团队通过追踪调查发现，如果个体有高水平的正念，它可能缓冲高拒绝敏感性的不良后果，提高儿童青少年正确处理压力和挫折、调节情绪的能力，改善儿童青少年的心理健康状况（Yu et al., 2021）。所以，当儿童青少年出现与情绪有关的问题时，可以训练他们的正念思维，使其学会接纳自己的情绪。我们要在日常学习生活中对学生的情绪进行潜移默化的改变。比如，教师可以在每次课堂活动开始前，利用三分钟的时间引导学生进行正念觉察呼吸。让学生选择一个舒服的坐姿，闭上眼睛，温柔地将注意力集中在自己的呼吸上，包括呼吸的节奏、腹部的起伏等。在整个活动过程开始前，教师需要向学生强调，不管觉察过程中学生的注意力是否分散，只要及时将注意力集中到自己的呼吸上就可以，不用担心自己是否正确，不需要对自己做出评判。练习正念觉察呼吸可以使学生处于一种放松的氛围，让学生的紧张情绪得到有效的缓解。当然，家长也可以在每次孩子回到家学习之前或者情绪不稳定、感觉快要失控时，引导孩子进行正念觉察呼吸。

（2）调节学业压力

学习压力和学习倦怠在中小学生群体中是很常见的问题。对刚升入小学或初中的儿童青少年来说，新环境会让他们产生陌生感和压迫感，接受和掌握的知识量都远高于前一个阶段。部分适应不良的学生会产生学习压力，导致学习困难，学习成绩下降。学习倦怠问题通常出现在已经适应学习环境的学生群体中，长期的学习生活让他们失去学习兴趣，上课难以集中注意力，学习效率下降，学习成绩自然而然也就会下降。

有研究表明，应用一些简单可行的正念训练可以帮助中小学生增强自身的注意力。当发现学生出现学业压力问题时，可以使用正念干预，对他们的注意力进行训练。先要选取在教室中显而易见的事物，如教师击掌两次就可以作为提醒学生转移注意的对象。当教师在课堂上发现有学生注意力转移的时候，就击掌两次，示意学生停止当下的动作，正念观察自身和外在所发生的事情，静待两三分钟后二次击掌让学生的注意力回到课堂中。在这一正念训练中用作提醒的事物不只局限在教师或教室，也可以是生活中常见的广告标语。干预时间也不仅在课堂中，在学生放学下课后、回家的路上，或在家里学习时，只要当学生看到提醒的事物时，也可自发地进行正念训练。正念训练可以有效地增强学生的注意力品质，提高学生的学习质量。笔者研究团队通过动态评估对小学生进行日记法研究，发现儿童状态正念水平越高时，其认知灵活性越好，进而在日常学习生活中感受到的压力也就越低（Wen et al.，2021）。

（3）改善人际压力

儿童青少年群体正经历着一个与家人分离，自我意识趋向独立的阶段。在成长过程中，他们一方面渴望融入社会，另一方面又希望自身独立，这种矛盾的情绪会让他们难以控制在与他人交往时的人际距离。距离过于亲近会让个体产生私人领域被侵犯的感觉，距离过远又会让他们产生孤独感和失落的情绪。人际关系的处理在青少年的发展时期是十分重要的，建立长期稳定的人际关系可以帮助儿童青少年群体获得支持感和信任感。人际关系如果没有得到妥善处理，就会在他们的心理上造成与人交往的障碍，通常表现为怀疑他人、心理逆反、独来独往等。社交焦虑在儿童青少年中越来越常见，社交焦虑是指当个人暴露在社交场合时，对尴尬行为或面对审视的持续恐惧，社交焦虑的强度是儿童社会适应的重要指标，也是识别儿童在社会交往中何时需要寻求帮助的信号。

笔者研究团队发现，正念训练可以减少儿童青少年社交焦虑的出现，增强情绪健康，提高社交技能，有效改善人际压力（Lu et al., 2019）。正念水平较高的儿童，其感知到的老师和同伴的支持也更多（Wen et al., 2021）。正念训练人际关系的关键之处在于自我接纳与接纳他人。通过正念面对人际关系比较差的儿童青少年，首先要帮助他们面对真实的自我，引导其辨别自身不理性的观念，对自身和他人建立起一个积极的接纳态度。然后引导他们对自己的人际关系设定一个小目标，鼓励他们去完成这个目标，从而在人际交往过程中获得愉悦感和成就感。

小贴士：儿童青少年正念的八大效能

1. 克服自我中心：去中心化是一个持续修正认知的过程，对当代青少年来说，从小备受关注的成长环境会使他们缺失一些做出去中心化改变的机会。通过正念训练，孩子们能学会考虑他人的感受和需求，这有助于帮助他们建立同伴关系。

2. 取得竞争优势：人们经常会有这样的感觉——明明很清楚自己的薄弱之处，但挑战来临时还是会在犯过错的地方摔跟头。对于面临考试、升学挑战的青少年，正念练习可以增强他们的专注力，让他们在考场上处于最佳状态，规避劣势、发挥优势。

3. 化解人际冲突：化解冲突最重要的是在关注自己感受的同时考虑对方的感受。正念可以帮助青少年在负面情绪爆发前及时踩下刹车，避免猛烈冲突或情绪上头说出激化问题的语言。通过调节呼吸和扫描身体来发现任何愤怒的征兆（如加快的心率）也有助于缓和争论。

4. 深刻体会情绪：当把注意力聚焦在自己的情绪感受时，原本缠绕为一团的复合情绪会呈现出更加清晰的结构。正念可以帮助青少年找到情绪的来源并命名情绪，进而更好地管理情绪、了解自己。

5. 提升学业成绩：正念可以帮助学生提高专注力。无论是在课堂学习新的知识还是课后复习等任何一个环节，通过正念提高学生专注于当下的能力可以帮助他们提高学习效率，进而帮助学生在考试中表现得更好。

6. 充分自我表达：充分并准确自我表达的前提是排除掉大脑中干扰的杂念。正念可以帮助青少年充分体会自己脑海中的想法，然后以建设性的方式表达出来，从而找到解决方案。

7. 调节压力状态：对于十几岁的青少年来说，考试、同辈压力、亲子沟通和社会期待可能都是主要的压力来源。如果有条件定期进行正念练习，多数青少年会发现自己可以从源源不断的压力感受中跳脱出来，让自己可以更加客观地看待压力情境。

8. 加强快乐体验：在学业压力整体较大的氛围下，对孩子来说，放松的时间和快乐的体验是非常宝贵的，所以要提升的不仅是学习的效率，充分享受快乐的时光也很重要。用接纳和开放的心态来觉察当下的生活经历，可以让孩子更满意自己的生活，增强他们对积极经验的快乐体验。

（二）正念干预儿童青少年的形式

心理健康工作可以分为两大部分：一部分是心理素质教育，以正常儿童青少年群体为主，重在发展和预防，多以心理健康课程、讲座、团体心理辅导和训练等形式开展。另一部分是心理咨询，重在干预与治疗，面向有心理困扰的儿童青少年。正念在心理素质教育和心理咨询两大方面都可以发挥重要的促进作用。

正念干预儿童青少年的形式主要有两种：第一种是传统的团体方式，主要应用于学校。第二种是通过父母来实施，主要应用于家庭。

传统的团体方式惠及人数很广，在提高儿童青少年群体整体心理水平方面有其独特的优势。另外，有针对性的正念干预项目可以面向有心理困扰的儿童青少年，行使类似心理咨询与辅导的功能。相较于传统的个体咨询，正念干预的效率可能更高。正念还可以将课程与团体心理辅导相结合，综合多种心理健康工作方式的优势，多管齐下，提高儿童青少年群体心理健康水平。传统的心理健康培训更多的是把心理健康当成知识，简单传授理论，枯燥且不能达到心理健康工作的目标。而正念训练不仅有对心理过程的生动讲解，儿童青少年在其中可以学习到实用的心理知识，更重要的是正念训练非常强调带领儿童青少年亲自去体验、去练习、去领悟，重视自己此时此刻的观察和感受。正念涵盖了对心理过程诸多方面的整体教育与培养，帮助儿童青少年用行动去应对学习和生活中的烦恼，为他们在学业和情绪调节过程中遇到困难时提供解决之道。

正念的练习方式很灵活，可以以团体为单位，也可以个体独自练习。可以由有经验的培训人员带领练习，也可以播放事前录好的录音；父母可以学习如何带领孩子练习正念，或者让孩子在练习正念时自己播放正念练习的音频，做到将正念带进家庭。

除了将正念直接教授给儿童青少年以外，孩子身边的成年人是否能够在生活中体现正念也至关重要。显而易见的是，孩子实际上并不是通过教师或家长口头上教了什么去学习，而是通过他们的实际行为去学习，尤其是对心理技能而言，身边的成年人如何面对生活起伏、表达情感，才是孩子社会情绪学习的土壤。如果我们期待孩子能够成为一个具有正念能力的人，那么对他们有重要影响的大人（教师和家长）就需要在自己的言行中体现正念，这本身也符合正念练习的精神——真正的正念是指向生活、体现于生活的。正念不仅仅出现在课堂上，更是体现于生活中，体现在人们如何吃饭、走路、做事，如何与人沟通，如何在平常的生活中处于一个又一个当下。

正念相对于其他的心理辅导方法，更简单且易操作。其他的心理咨询和辅导理论往往比较深奥，不容易被儿童青少年群体所理解，而正念训练淡化理论，强调从游戏或活动中体验和练习，更加适合儿童青少年的认知发展水平。

（三）关于儿童青少年正念的常见误解

对大众来说，正念仍是新兴事物。虽然国内有很多组织和个人一直在持续进行正念的普及工作，但多数人对正念的认识还处在模糊的概念阶段。一提起"正念"，很多人会在脑海中浮现出打坐、冥想的画面，也因此倾向于认为正念不适合让孩子进行长期练习。我们在前文已经明确了正念的概念，这里不再赘述，但希望针对一些关于儿童青少年正念的常见误解做出澄清。

误解一：孩子做不了冥想练习

实际上，三岁的孩子就可以在专业指导下将注意力集中于此时此刻，而且儿童在这方面的表现很可能比成人更好，因为他们的杂念和思绪更少。对部分过于年幼的孩子来说，闭上眼睛、专注呼吸的静坐可能难度比较大，而大多数孩子到了六七岁时就可以在一些基本指导下达到两至五分钟的正念冥想状态。

误解二：正念能让孩子变成安静的个性

在某种程度上，"安静"是手段，而不是目的。大多数正念练习的形式会要求练习者安静地坐在一个位置，其目的是帮助练习者在静坐的过程中练习对自己的想法不加评判的态度和处理方式。目前没有明确证据说明正念练习会对人格特征产生影响，但可以肯定的是，长期的正念练习可以帮助孩子减少焦虑等负面情绪，而这一效果可能表现为情绪更稳定，或许这会让孩子看起来更安静。

误解三：孩子没有大人的压力，不需要正念

显而易见的事实是，我国的抑郁症发病逐渐呈现低龄化的趋势。"孩子没有大人的压力"是成年人基于自己的生活状态对孩子的主观看法。不同年龄阶段的个体应对压力的能力截然不同，成年人有成年人的议题。对孩子来说，他们生活中看似微不足道的小事都有可能引起很大的情绪波动，基于此，正念在儿童青少年群体中可以发挥很大的作用。

诚然，正念对儿童青少年发展的促进作用是显而易见的，但在实务中，我们也提倡关注过早开始正念练习是否会有碍儿童青少年的发展。比如，正念训练的一个作用是减少负面的情绪体验，但负面情绪体验本身也是有功能的。由此带来的影响还包括，在人际交往中是否会欠缺处理复杂情境的能力。复杂情境意味着站在不同立场的个体可能有不同的情绪，从小接受正念的训练可能会使孩子无法体会在立场复杂、利益冲突的情况下，他人的复杂反应和思绪，无法表达理解和共情，这样的表现也许将对社会适应性产生一些影响。此外，正念要求不做评判，但评判又是个体经验非常重要的来源。总之，正念发挥作用经常体现在"排除"和"减少"上，一旦在孩子的成长过程中，很多要素和体验被排除和减少之后，是否也意味着被阻隔了"获得"，这一点仍有待探究。

二、正念教养

现在是 7:20，你儿子必须要在 7:30 赶到学校。班主任已经提醒过你很多次，说你儿子经常迟到。儿子这会儿正坐在沙发上，不紧不慢地收拾书包，脚上的袜子还没穿上，袜子又不知道扔到哪儿去了。他跑回房间找袜子，迟迟不见出来。"快点，不然我们又要迟到了。"你催促着他，可他还是没有从房间走出来。你走进他的房间，想催他加快速度，可是他竟然一屁股坐在地上大叫着说："我不想去学校了。"

当你阅读这段内容时，脑海里会浮现出什么？和许多家长一样，这一幕会不会让你很有压力感？你会感到无奈、焦虑和愤怒，还是一股气冲上脑门儿，各种负性想法喷涌而出？对父母来说，在教养孩子的过程中，类似的场景并不少见。教养压力是指父母在教养过程中可能产生的焦虑、紧张等消极心理反应。日常生活中的教养压力通常会给为人父母者带来很大的挑战和困扰，如孩子的考试分数、上辅导班、竞选班干部，父母自身的婚姻问题、亲子关系冲突等，每件事都能让父母操碎了心。当父母的要求与教养结果不一致时或父母没有足够的心理资源来满足这些要求时，这种消极心理反应尤为明显。而不当的教养对孩子的影响可能会持续相当长的时间。笔者研究团队曾经对有留守经历的大学生进行过追踪调查，研究发现，不当的父母教养方式会让孩子变得更加自卑，进而使他们即使步入大学以后仍存在高水平的攻击性（Zhang et al., 2021）。通过本节正念教养的学习，父母将学会带着爱、关怀和智慧，用全然的觉知去抚养自己的孩子。通过正念教养的实践，慢慢学会如何应对教养压力，学会不焦虑、不内耗地与孩子相处，改善自身的教养行为。

（一）什么是正念教养

"正念"意味着带着觉知，关注当下的感受和体验。正念教养（mindful parenting）则是关注如何借助正念，帮助父母进行有效教养。正念教养是将一般的正念理念和技能应用于亲子互动中，是指父母对孩子的教养行为的有意的、此时此刻的和不评判的注意和觉知，是一种带着觉知，不念过往、不畏将来、关注当下的养育过程。

觉知当下的教养过程，学会有意识地专注于当下正在发生的事，这能够帮助父母变得平和与从容，不再焦虑、恐慌，从而能更稳定地支持孩子的成长。具体而言，正念教养就是父母以正念的态度关照身心，平复不良情绪，处理负性想法，以平和的态度面对养育孩子过程中出现的压力情境。学者将正念教养分为五个维度（Coatsworth et al., 2010; Duncan et al., 2009）：一是全神贯注地倾听：父母在孩子的不同发展阶段全神贯注地倾听并且对当前体验的接纳性觉知。二是对自己和孩子的不评判接纳：父母知觉到他们对孩子行为的归因和期望，并逐渐引导父母接受对自己和孩子的特质、品质和行为的不评判接纳。父母同时也接纳教养有时会比较有挑战性，并且在当代社会成长对于孩子来说可能就是比较困难的事实。三是对自己和孩子情绪的觉察：强烈的情绪能诱发破坏教养的自动化认知加工和行为，父母可以通过对亲子互动的正念觉知来辨别自己和孩子的情绪，从而对亲子关系互动做出有意识的选择而不是自动化反应。四是在亲子关系中的自我调节：正念教养帮助父母在亲子互动中进行自动反应之前先暂停，由此培养父母的自我控制和对教养行为的选择。五是对自己和孩子的关怀：通过对孩子的关怀，正念的父母能满足孩子恰当的需要，安抚孩子的苦恼。将自我关怀运用于教养可以使得父母更少苛责、更多宽容地看待自己的教养努力。自我关怀也可以减少父母感知到在公共场合中来自他人对自己的教养行为或孩子的行为的评价威胁。

前文案例中，上学迟到这件事原本不会对生活产生真正的威胁，但是会引发父母强烈的负性感受、情绪和想法，就好像真的有什么可怕的事情要发生一样。作为人类，我们进化出了在压力情境下产生快速、强烈的自动化反应能力，但是这些反应往往与真实情境中的风险程度不成比例。正念教养的主要议题是觉察父母如何对日常教养压力进行反应，以及这种反应如何对父母和孩子产生影响，父母又该如何应对这些反应和影响。

（二）正念教养的作用

1. 正念教养对父母的作用

（1）回归"初心"的教养方式

作为父母，或许经历过有人给孩子贴标签的事。比如，你的孩子缺乏安全感。如果发生这样的情况，你的内心会有什么变化呢？会开始害怕安全感的议题吗？会担心是自己做错了什么导致孩子产生不安全感吗？会不断自责、弥补、修正，搞得筋疲力尽吗？问题在于，当父母过于关注他人对孩子的评价时，往往会忽视孩子的整体。父母自身的情绪问题通常会导致他们狭隘地关注孩子身上的特定问题。父母如果从未有过不安全感，这种标签是不可能被贴到孩子身上的。但是如果父母有不安全感，就会对不安全感的议题非常敏感，就会过分关注它。

如果视角切换，假如父母将这种担忧暂时搁置，只是看着眼前的孩子，父母或许会看到和感觉到自己之前所忽视的东西，如孩子的某些特质，这些特质在当下是如此清晰。如果父母放下那些必须改变的事物，放下心中的优劣判断，会发生什么呢？当然是父母可以全然地去体会与孩子同在的当下。例如，将孩子抱坐在腿上的感觉。当父母享受与孩子同处于当下的时刻，就会感受到爱以及与孩子的联结。就在那一刻，不需要担忧孩子的长处、缺陷和未来，不需要改变任何事物，不用做任何事情，只是与孩子同在，就如同与初生婴儿同在的感受一样，平静而美好。

（2）回应教养压力

有时候，教养压力会让父母表现得很糟糕。父母和孩子在面对失控、愤怒爆发、沮丧不已时，也会体验到一些懊悔。在那些失控的时刻，父母完全陷入不同的心智状态，如愤怒、焦虑、控制、无法意识到孩子的感受等。讽刺的是，亲密关系天生就比其他情境更容易启动父母的情绪触发点，而失控在这个最容易产生伤害的情境中达到最大化，深深影响着父母和孩子的关系。

冲突发生时，先反应，再思考是一种进化策略，它能够让人类的祖先更容易生存下来，却让父母在压力情境下太容易产生情绪上的过度反应。而且，父母会根据过去自己与父母的体验为自己的压力性亲子互动关系赋予情绪意义（例如，男孩冲母亲吼叫，母亲感到自己不被喜欢，因为母亲的父母经常吼她，母亲认为父母不喜欢她才会经常吼她。当母亲被自己的孩子吼时，母亲不被喜欢的感受被激活，她会感到十分愤怒），这也助长了父母过度的情绪反应。

正念教养可以帮助父母用不同的方式探索自己在压力教养情境下的习

惯性反应模式。例如，辅导孩子做作业时，孩子磨蹭、慢速、不理解知识点，会点燃父母的怒火，父母可能会指责或打骂孩子，这就是一个很典型的自动化反应实例。父母倾向于在感受到教养压力和不适时出现更多的负性想法（"我再也受不了了"）和行为（揍孩子），这增加了父母的痛苦。因此，正念教养训练的第一步就是对教养压力的觉察和接纳。

在父母认识到自己的教养压力后，就转向下一个问题：怎样用更理性的方式来应对这些压力，而不是通过自动化的反应来增加自己的压力。正念教养训练中的"共舞"练习和呼吸空间练习等都是可以学习的新的应对方式，其中三分钟呼吸空间练习可作为自动化反应的"暂停"键。进行基础的正念呼吸，通常是打破压力情境下的自动化反应的第一步。如果父母能够意识到自己的压力，即便只是一次正念呼吸也足以在压力和反应之间创造一个暂停的空间。

（3）应对亲子冲突

家庭中除了幸福融洽的时光，还会发生一些冲突：兄弟姐妹之间会打架、孩子和父母会争吵、夫妻之间会有矛盾等。实际上，家庭冲突无处不在。有研究发现，兄弟姐妹之间平均每个小时就会有一次冲突，而家长和青春期的孩子之间平均每天就会产生一次冲突。每个家庭成员都有着自己的目标和欲望，这往往会导致与其他家庭成员产生冲突。

彼此相爱的人之间同样会产生冲突，但是冲突之后，事情可能会得到解决，因此，冲突也是让人变得亲密的好机会。父母可以趁机对孩子进行冲突教育：冲突会在彼此相爱的人之间发生，而且冲突是可以解决的。通过观察父母如何解决冲突，孩子可以学到重要的认知和社会技能。因此，重点不是逃避夫妻或亲子冲突，而是要学会用非破坏性的方式去解决冲突。正念教养训练可以帮助父母做到这些。如果父母能够和孩子一起，敞开地讨论所发生的一切，用不带评判的、充满爱的方式，那么冲突就可以给夫妻关系和亲子关系都带来积极的改变。

2. 正念教养对儿童青少年的影响

（1）改善和促进儿童青少年与父母的关系

正念教养可以促进儿童青少年与父母关系的质量。正念教养促进孩子与父母之间的积极互动，减少消极互动，减少父母对儿童青少年表露的消极反应并降低儿童青少年对父母过度控制的感受，进而促进积极的亲子关系。

践行正念教养的父母能够对他们的孩子形成一种非反应性、冷静和一致的立场，更有能力以一种不加批判的态度，在当下客观地评估孩子的行为和亲子互动，这反过来又能改善儿童青少年与父母的关系（Duncan et al., 2009a）。正念教养可以促进孩子与父母的积极互动，减少消极互动和消极反应，进而促进积极的亲子关系（Duncan et al., 2009b）。当父母进行正念教养时，他们对孩子表露的自我负面反应减少了，孩子感到更多自由，亲子情感关系的质量便有所提高（Lippold et al., 2015）。

（2）对儿童青少年发展的积极影响

首先，正念教养帮助父母更关注自己和孩子，这样的关注，对父母自身和孩子都会产生积极影响（安媛媛等，2020）。其次，通过帮助父母容忍孩子情绪和行为的变化（如情绪不稳定和争取自主权），正念教养使得父母更积极地看待子女，同时促进父母与子女进行更多的亲子互动，更好地了解孩子和他们自己的情绪。最后，家长的正念教养水平越高，儿童青少年的适应性越好。正念教养中父母不加评判的接纳和怜悯心有助于减少儿童的负面情绪，并因此促进其形成健康的人际交往模式（毋嫘等，2019）。

（三）正念教养的作用机制

正念教养是如何影响父母、孩子和亲子关系的？正念教养主要是通过降低或减少父母的消极教养因素和促进或提高积极的教养相关因素进而对亲子关系和教养技能产生作用（陈晓等，2017），见图6-4。

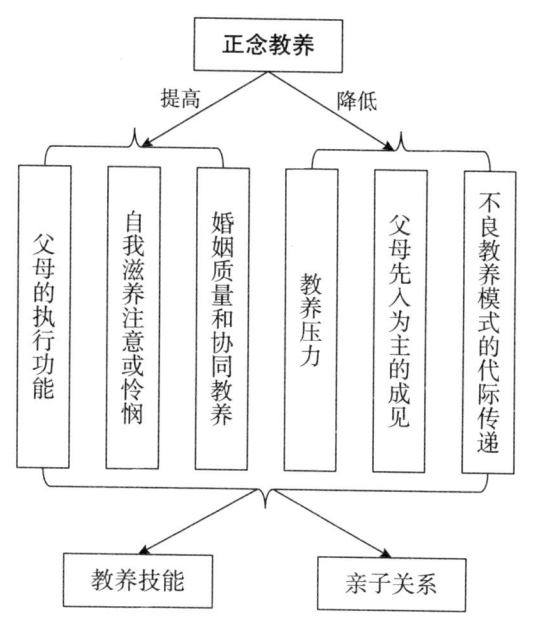

图 6-4　正念教养作用机制

正念教养主要在三个方面降低或减少父母的消极教养因素（陈晓等，2017）。第一，降低教养压力。当父母处于压力情境下，可能会陷入战斗—逃跑—僵化的反应模式。这时父母更容易采取自动化的行为模式，如拒绝或控制孩子，容易反应过度和表现出较少的温暖。正念教养可以直接减少父母的教养压力，进而促进他们的教养行为。第二，正念教养通过减少父母先入为主的成见或负面的偏见来促进他们的教养。这种先入为主的成见可能来自两个方面：父母自身存在某些精神障碍（如抑郁、焦虑或进食障碍）或孩子存在某些精神障碍（如 ADHD、孤独症）。在这两种情况下，父母可能对自身或孩子的困难行为有反复性的、先入为主的想法，而这种先入为主的思维模式不仅会降低父母对孩子及亲子互动中的情绪同步性的注意，还可能影响父母对孩子的注意焦点。正念教养则可以打破这种先入为主的负性思维的循环，使得父母在与孩子的互动中注意到他们的孩子而不是他们自己的内在反刍思维或孩子的行为问题，正念教养帮助父母用一种更开放、不评判的方式来注意自己的孩子。第三，正念教养能打破不良教养模型的代际传递。父母可能会在教养过程中无意识和自动化地重复他们自己所经历过的不良教养模式。例如，成长过程中经历过被父母指责或疏远的人，在养育自己孩子的过程中，可能会自动化使用指责或疏远的教养方式，挫伤孩子的自信，伤害孩子的情感。正念教养可以帮助父母重新认识和建构自己所经历的教养和他们当前的教养图式，进而避免不良的教养模式产生代际传递。

正念教养主要在三个方面促进或提高父母的积极教养因素（陈晓等，2017）。第一，正念教养能促进父母的执行功能（或减少父母的反应），在亲子互动过程中，双方中只要有一方有冲动行为，必定会引起另一方的负性反应行为，如动手打人、争吵等。正念教养通过教会父母放慢他们的反应（如先关注自己的呼吸）和提高他们对采取行动前的行动意图知觉，进而帮助父母减少这种负性反应，转而采用更具建设性和灵活性的回应方式，如冷静思考、共情孩子的情绪反应等，从而促进父母教养执行功能的提升。第二，正念教养可以促进父母的自我滋养/自我慈悲。为人父母意味着需要将关注自己的注意和资源转移到孩子身上，因此会减少自我关注。结合慈心冥想的正念教养教会父母对自己采取接纳的、不评判的和慈悲的立场，让父母对为人父母这一角色有更积极的态度（Bögels & Restifo，2014）。第三，正念教养练习有助于提高婚姻质量和协同教养，正念技术通过提高配偶的开放心态和弹性以及减少批评和僵化，进而培养更积极和更满意的婚姻关系。这些方面都有助于提高教养质量。

（四）正念教养的干预方案

正念教养的基础是正念减压疗法（MBSR）和正念认知疗法（MBCT）。正念教养包含所有的正式冥想练习，如身体扫描，对呼吸、身体、声音、思维和情绪的正念，无选择觉察，正念观察，正念行走，瑜伽；包括日常生活中的正念，聚焦于每日的教养行为和家庭活动。此外，还可以增加自悯练习、慈心冥想练习、亲子关系模式觉察、亲子关系界限设置、冲突后重建情感联结等。以下干预方案，分别从父母和儿童青少年视角给出，对不同视角，分别列举一个干预方案。

1. 父母版正念教养干预方案

父母版正念教养干预方案的主题是觉察情绪压力下的教养过程中发生了什么，指导父母学会更有效地应对。该干预方案首先是帮助父母用不同的方式探索自己在压力教养情境下的习惯性反应模式，同时学习对教养压力的意识和接纳。其次是学习用更科学的方式来应对压力，而不是任由自动化反应的方式来增加自己的压力。

干预方案参照苏珊·博格尔斯与凯瑟琳·雷思蒂福开发的正念教养练习，选取其中应对父母教养压力的相关练习，并进行组合。父母版正念教养干预方案包括四个练习："静坐冥想（约10分钟）""三分钟压力情境下的呼吸（约5分钟）""意向练习：用呼吸来觉察和接纳教养压力（约15分钟）""战斗、逃跑、冻结和共舞模式展示（约10分钟）"。四个练习主要训练父母觉察教养压力反应、接纳自动化反应、有效应对教养压力反应。四个练习既可以一次性进行练习，所需时长约50分钟，也可以选择其中一个单独练习，所需时长不等，最长的一个练习所需时长是15分钟。

（1）静坐冥想（约10分钟）

进行静坐冥想，首先专注于呼吸，然后是身体扫描，也可增加新的关注元素，如声音或思维。练习觉知当下，觉察想法的出现和消失。训练对自我的觉察和理解，再延展到对孩子的觉知和理解，提升亲子教养的质量。

最好由经过正式训练的正念冥想老师带领进行练习，获得正确的正念认知和体验。

（2）三分钟压力情境下的呼吸（约5分钟）

可以在压力情境下或者当强烈情绪出现时使用此方法。

有意识地采用挺拔和庄严的坐姿或站姿，将自己带入当下时刻。也可以闭上眼睛。将注意力转向内在。问自己：我现在怎么样？我现在的体验如何……我的心智中有哪些想法？有什么样的感受？将注意力转向任何不适的情绪或者不愉快的感受，可以用语言表示："恐惧""羞耻""愤怒""悲伤"等。我觉察到哪些身体感觉？将注意力转向身体的不适感、紧张感、紧绷感或身体的压力。

觉察自己的行为倾向，觉察自己想要起身或移动的倾向，变得愤怒、逃避或隐藏的倾向。你已经与当下的自己联结，这是第一步。

然后，温和地将自己的注意力全然地转向呼吸。跟着自己的每次呼吸，吸进……呼出……也可以觉察呼、吸之间的那个暂停。觉察呼吸本身。将呼吸作为锚，将自己留在当下，帮助自己在压力或紧张之中进入觉知状态。就好比在平静之处去观察混乱状态，这是第二步。

现在将注意力扩展到全身，将身体看作一个整体，包括你的姿势、面部表情。你在整个身体中感觉到呼吸运动，就好像整个身体都在呼吸。这个呼吸的身体，此时此刻，就在此地。拥抱身体中所有的不适和紧张感。告诉自己："没问题。"

（3）意向练习：用呼吸来觉察和接纳教养压力（约15分钟）

家长用1分钟时间将自己安顿在当下，然后在脑海中想象一个亲子互动的压力事件。这个情境不一定是极其困难的情境，只要是有压力的时刻就好。让压力事件在脑海中展开，尽可能生动地想象它，就好像此刻它正在发生一样。

你在哪里？都有谁在场？发生了什么？你正在做什么？说什么？你那一刻的感觉和想法如何？另一个人（孩子、伴侣等）说了什么、做了什么？他们的感受如何？你们之间发生了什么？

第一步、第二步和第三步与前一个练习相同，不再赘述。

（4）战斗、逃跑、冻结和共舞模式展示（约10分钟）

1名家长自愿充当搭档的问题成员。战斗：搭档的双手与该家长的双手使劲地互推对方，两个人都使出最大的力气，最后僵持住。逃跑：搭档向问题成员相反的方向逃跑，问题成员则追着搭档跑。搭档跑出了教室，问题成员继续跟着。冻结：搭档在地板上蜷缩成球状，双手捂着脸，而问题成员则不停地捶打搭档。共舞：搭档和问题成员共舞，搭档还会轻柔地哼着歌曲。搭档需要借用问题成员的力量而不是与他对抗，问题才得以解决。

2. 儿童青少年版正念教养干预方案

儿童青少年的正念练习既简单又复杂，它涉及学习培养更强的自我觉察、对他人和对世界的觉察，然后收获这种觉察带来的内在和外在的实质性益处。儿童青少年版正念练习具体表现为，掌握如何更专注、如何倾听、如何处理自己的思想和情感、如何与他人相处。而这些技能，以及学习和掌握这些技能的方法是儿童青少年正念的核心。

该干预方案参照惠特尼·斯图尔特和苏珊·凯瑟·葛凌兰的正念教养训练练习，筛选符合以上主题（专注、倾听、处理思想和情感、处理人际关系）的练习，进行组合。儿童青少年版正念教养干预方案包括四个练习："崭新的一天：正念呼吸（约10分钟）""获得平静：感受腹部的起伏（约10分钟）""专注力训练：正念咀嚼（约5分钟）""反射训练（约15分钟）"。四个练习既可以一次性全部进行练习，总时长控制在25分钟，也可以根据需要选择其中一个单独练习，所需时长不等，最长的一个练习所需时长是15分钟。儿童青少年版正念干预方案，既可以父母与孩子一起练习，也可以孩子单独练习，或者父母独自练习。根据儿童青少年的年龄特点，把正念训练变成类似于游戏、实验和冒险的过程，可以让他们既没有负担，又乐于参与。练习方式可以自由选择，可以坐在椅子上、沙发上或躺在床上进行练习。

（1）崭新的一天：正念呼吸（约10分钟）

专注地坐好，背部挺直，身体放松。

在每天的早晨、午间或傍晚（或任意一个时间点），观察自己的呼吸。专注、轻柔、和缓地呼吸，感受气流在身体内的感觉。

吸气，感受空气流入鼻子的感觉。你感受到空气轻轻流过鼻腔的感觉了吗？也可以一边呼气，一边数一。

吸气，感受空气充满肺部。你的胸腔是否隆起？也可以一边呼气，一边数二。

吸气，感受腰部随气息流过而扩展。你的肚子是不是看起来很圆，就像一个气球？也可以一边呼气，一边数三。

重复至少两次上面的过程，将空气吸入鼻孔、肺部和肚子。请专注于呼吸，感受呼吸和身体的感觉，度过崭新的一天。

（2）获得平静：感受腹部的起伏（约10分钟）

选择一个抱枕或毛绒玩具。

躺下来，把抱枕（或毛绒玩具）放在肚子上。双臂放松，置于身体两侧。

均匀自然地呼吸，观察抱枕在肚子上的起伏，就好像它正漂浮在水面上。

呼吸的同时计数：

吸气一二三；

呼气一二三；

吸气一二三；

呼气一二三。

如果玩具掉下来了，别着急。把它放回肚子上，继续呼吸和数数就好。

可以根据自己的意愿来决定练习多久。

你的呼吸感觉像是起伏的波浪吗？

（3）专注力训练：正念咀嚼（约5分钟）

在吃东西前，专注、轻柔、和缓地呼吸三次。

闻一闻将要吃的食物。它的味道怎么样？

仔细观察它表面的质感。看起来是硬而脆的吗？是柔软的还是糊状的，抑或是介于两者之间呢？

轻轻咬一口，慢慢咀嚼，直到食物变成糊状。它的味道是甜的还是咸的？在你咀嚼的时候，它的味道变化了吗？

吞咽它。在你吃下它时，你的身体有什么感觉吗？

与日常吃东西相比，这样专注而细致地咀嚼有什么不同？平时我们能以这样的方式品尝整块零食或吃饭吗？

（4）反射训练（约15分钟）

使用以下原则来让自己以一种有益和慈悲的方式讲话和倾听。

要记住，非语言线索（语调、手势、语气、面部表情）是有意义的，而且我们的身体语言能传递给别人我们本不想传递的信息。

在倾听别人说话的时候不要强行加入自己的议题。

说话时，要留意自己的偏见，留意内心对说出口的话产生的自动反应，并尽量避免沉溺其中。

提醒自己，说话前后在心中进行预演和回想是正常的。不过，我们要尝试避免这样做，尽力安住在当下。

提醒自己，沉默是谈话有意义的一部分。

提醒自己，猜测别人的体验，或者以自己的体验去揣度别人的体验，往往不如直接提问有帮助。

当我们陷入自己的想法或者无意间将谈话导向我们自己的议题时，暂停一下。记住，在我们意识到自己分心或谈话跑题了的那一刻，就是正念觉察的时刻，也是我们重新开始的机会。

第七章

正念练习的潜在风险

在正念研究和干预领域,研究者主要关注正念带来的积极作用。然而,随着正念广泛地应用在各个情境和不同群体中,在研究数据和实践经验中人们均发现,并非所有人都能从正念练习中获益。因此,近些年,研究者开始重视正念练习带来的潜在风险,并尝试明晰正念起效的边界,以更好地预防和减少练习过程中的负性体验,让正念练习者从干预中"无害"地受益。

正如前文所谈到的，正念会为我们的身心健康带来很多好处。例如，正念可以应用在医院、工作和家庭等多种情境，也可以纳入个人的日常生活，从而形成一种健康的生活方式，甚至可以将其中的智慧变成我们的"处世哲学"。也正因为正念练习带来的积极效果和具有相对容易获得的特点，正念被视作适合居家练习的自助心理工具。在各种媒体的渲染推广下，大家对正念的接受度和参与度也越来越高，其发展势头也非常迅速。然而，近年来，关于正念练习的研究也出现了一些负面的数据结果。

一项关于正念负性体验的研究综述发现，在83项研究中有55项报告了至少一种类型的负性体验，总发生率为8.3%（Farias et al., 2020）。

一项大规模在线研究发现，25.6%的长期冥想者报告了与冥想相关的不愉快体验（Schlosser et al., 2020）。

一项对1370名长期冥想者的研究发现，22%的冥想者报告了冥想相关的不愉快体验，13%的冥想者报告了与冥想相关的不良反应（Pauly et al., 2022）。

值得指出的是，上述数据中涉及的冥想虽然并不单单指正念冥想，但是也值得我们引起重视。看到这些数据，你是否会想到以往正念练习的感受？是否也有过不适的体验？和其他疗法一样，任何一种疗法或技术都是硬币的两面，在带来好处的同时也有可能带来潜在风险。正念并不是万能的特效药，不是所有人都能从中受益。然而，目前对正念存在的潜在风险相关问题的关注还远远不够。正念的推广缺乏较为明确的说明，亟须充分探讨正念的成效和潜在风险，为干预者和练习者提供有指导意义的内容，才能保证对练习者的首要无伤害原则。

而想要深入讨论正念可能带来的潜在风险这一主题是离不开相关的科学研究作为支撑的。目前，与正念这一大主题相关的研究仍在如火如荼地进行着，大多研究都聚焦于正念的机制与对身心健康的积极作用等。然而，正念的潜在风险却是一个重要的亟待研究问题。相关的研究较少，也确实存在特殊性。一是正念疗法处在蓬勃发展的阶段，其正念本身的概念、机制和理论仍需进一步界定和拓展丰富，且需要研究更多正念带来的有利影响来推广这一疗法和技术。二是研究正念潜在风险因素本身是非常困难的。因为参与研究的成员一旦有不好的感受或带来了不利的影响，更多可能直接选择退出研究，这使得研究很难捕捉和收集到这些不利影响的信息。三是正念带来大量积极的作用容易让人忽视掉消极的影响，这种被视为适合居家练习的自助心理工具的印象也使得我们减少了对它的质疑。由于大多研究和媒体都聚焦于正念为我们带来的对心理健康的好处，且由于正念练习得益于对"当下"觉知的练习，具有较强的可得性，非常方便随时随地开展练习，而这些积极影响和优势使得我们减少了对正念可能带来的负性体验的关注。

在这样的现状下，我们需要提高对这一主题的重视程度。尽管国内外对正念潜在风险相关的研究很少，但在相关领域，也就是心理治疗和药物治疗中对潜在风险的研究是较为系统和成熟的。因此，我们将尝试借鉴从心理障碍常用的治疗方法可能带来的不良反应中汲取启发，进而对正念冥想中可能存在的不良反应或伤害进行详细的探讨，并对其风险性影响因素进行梳理，为正念的带领者和练习者提供有实践价值的内容和指导，规避可能的潜在风险，更好地从正念中汲取养分以维护身心健康。

第一节　治疗中的风险

药物治疗和心理治疗作为心理障碍最常用的两种治疗方法，以往研究者对这两种治疗可能带来的不良反应或伤害开展了大量的研究，具有较为成熟的研究体系，并得出了较为一致的结论。

对存在心理障碍的患者来说，药物治疗往往因为价格相对便宜，服用方便而成为患者的首选治疗方式。与治疗其他病变的药物一样，治疗心理障碍的药物不可避免地在产生疗效的同时导致一定的"副作用"。例如，有些患者在服用药物后可能会出现恶心、腹泻等消化系统的不良反应，或者出现困倦/坐立不安、头痛/头晕、嗜睡、食欲体重增加/减轻等。在遵医嘱和正确服用药物的情况下出现在一定范围内的副作用可能是正常的，但如果误用、滥用、不按说明指示或处方用药可能会给患者带来具有伤害性或负性体验的反应（Aronson & Ferner, 2005）。这主要受患者、药物和临床医生三个因素影响。

患者因素主要包括患者的遗传特征、体内其他药物的影响、对药物的耐受性、是否正确服用适当的剂量和服用药物的依从性等。药物因素主要包括药物服用的剂量和频率等。临床医生因素主要包括根据患者实际情况及时调整药物选择和计量的能力、与患者对药物使用的风险和疗效的必要性沟通等。同时，临床医生的专业胜任力也是十分重要的，能够根据制订的治疗计划和周期、患者的实际情况和治疗反应进行有效的调整，始终跟随和调整与患者高适配度的治疗，能够有效减少治疗的伤害性或不良的反应。

尽管我们将患者、药物和临床医生三个因素单独进行详细的说明，但不应忽视的一点是，患者、药物和临床医生三个因素是相互影响和作用的。

例如，研究发现，每年有数千人死亡和住院是由于药物不依从所致的，也就是患者没有遵医嘱规范服药（Bosworth et al., 2011）。就目前的现状来看，患者服用药物的依从性普遍较差是药物伤害的重要因素。同时，不仅是患者自身的配合治疗意愿在起作用，也可能与药物本身和临床医生因素密切联系，依从性较差的背后可能是由于药物为患者带来更多的副作用，或者跟医生与患者缺乏必要的沟通，没有根据患者的情况制订和调整治疗计划等因素相关。

除药物治疗外，心理治疗也会是一些患者选择的治疗方式。心理治疗针对一些心理障碍者来说，其疗效水平可以和药物相当，而且还能让患者免予药物带来的副作用（不过，心理治疗在时间和金钱上的花费通常远远大于药物）。

然而，如果心理治疗导致问题的持续性恶化，其带来的后果和不利影响会比开展治疗前更糟，就会被视为心理治疗带来的伤害（Duggan et al., 2014）。据相关研究发现，3%—10%的心理治疗为来访者带来了伤害（Lambert, 2013）。这种可能带来潜在的伤害形式包括治疗引发的不良反应、有效治疗引发的副作用、不当治疗引发的医疗事故和伴有严重副作用的禁忌证，从程度上可将其分为轻微到极其严重不等。例如，心理治疗中使用不适当的干预方法和过快推进会导致来访者暴露在以往严重的创伤经历中，然而无法得到心理治疗师的有效干预会进一步导致来访者问题的加重。或者尽管治疗本身是有效的，但起效的同时仍带来了很多负性体验，或者产生新的问题等。

与药物治疗相类似，心理治疗带来伤害的影响因素包括来访者/被治疗者因素、治疗师因素和治疗过程因素。其中，来访者/被治疗者因素通常包括来访者本身的性格特质、人际相处模式、精神障碍诊断史和过往重大创伤经历等。例如，有精神障碍和创伤经历的患者更容易在心理治疗的过程中激发出过往的经历体验和负性的情绪等。治疗师因素包括治疗师的专业胜任力，即根据来访者的具体情况制订和调整干预计划的能力等。治疗过程因素包括治疗师与患者之间建立的工作联盟和具体治疗干预过程等。例如，如果治疗师与患者之间未建立好一致的工作目标，治疗关系较差，治疗师与患者匹配度较差等都可能会导致负性的治疗体验。

同样地，来访者/被治疗者因素、治疗师因素和治疗过程三种因素之间也是相互影响的。总的来说，心理治疗的每一个过程都是需要重视的，每一步都可能成为潜在伤害的来源。在判断来访者在心理治疗可工作的范围内，寻找适合患者的治疗师和治疗方法，"匹配"才是最适合的工作联盟。

综合以上提及的治疗方法，可以发现，心理治疗领域可能带来的伤害的内容有很多共性，所有相关治疗领域的干预方法在带来积极效果的同时，都可能带来不同程度的压力挑战及潜在风险和伤害。而这对正念潜在风险等方面具有一定的借鉴意义，即正念练习在心理治疗相关的环境中提供。因此，不难推测出正念参与者也有经历潜在负性结果的可能，这需要我们予以重视。

第二节　正念冥想可能带来的伤害

据研究发现，1%至7%的参与者表示冥想练习带来了较为严重和有害的影响，并退出冥想练习、寻求专业的帮助或住院治疗（Baer et al., 2019）。与药物治疗和心理治疗可能带来不良反应和负性体验相类似，界定怎样算是带来伤害是困难且重要的第一步，而这就涉及如何"解释"感受到的负性体验。对此，临床医学和佛学传统的解释是不同的。具体来说，从临床角度来看，在正念冥想练习者中，来访者/患者表现出的负性体验是"病态"的，是需要被解决的"问题"。而佛学传统中的解释框架是多样的，不同的佛学传统存在差异性解释，人们通常将在冥想中产生的幻觉等负性体验视为"禅病"（Ahn, 2021）。例如，贪、嗔、痴、慢、疑五毒和思维停止、绝对空寂的状态（孙莎莎，李小兵，2022）。因此，综合以上内容，我们在这里统一将正念冥想可能带来的伤害界定为，如果在练习中产生的负性体验是较为持久的，且感受较强，自身很难控制，并且这种负性体验是与练习的内容没有太多关联和意义的，那么这些体验将被视为具有伤害性的负性体验。

结合大量基于临床心理的背景下，冥想练习相关的研究结果（孙莎莎，李小兵，2022），大部分的伤害性体验通常可以归到以下七大类中（Lindahl et al., 2017）。

情感类：有练习者在冥想练习后出现焦虑、躁狂、抑郁、恐惧、惊恐等情绪，也有练习者表现出大哭大笑，或情感迟钝和情绪不稳定的情况等。

认知类：有练习者表现出世界观的改变，如转变了看待世界的方式，对之前深信不疑的信念或观点产生怀疑等。或者表现出非理性的信念，如产生了很多绝对化的、夸大的想法并坚信不疑，严重者甚至产生自杀意念。

感知觉类：有练习者表现出幻觉，感知力更迟钝或更敏感，创伤体验复现。

躯体类：有练习者表现出疲劳、身体疼痛（胃胀或胃痛、肌肉紧张和酸痛、眩晕感等）。此外，也有练习者在呼吸、睡眠或饮食等方面与之前相比发生较大的变化，如失眠，饮食改变导致体重下降或上升。

社会功能类：有练习者进行密集大量的正念练习后表现出人际退缩，不再愿意参与团体活动。也有练习者在人际关系方面发生改变，如疏离以往交好的朋友或转变交友人群和风格。

意志类：有练习者表现出执行功能异常，如动机或目标的改变，做某些之前很喜欢的事的动力下降，或者以往常做的事现在不再继续做了。

自我意识类：有练习者在练习时会有自主意识的缺失，如他人说什么就会跟随去做什么，缺乏自我作为主人翁的意识。也有练习者表现出自我与他人的边界变化，如缺乏自我和他人的区分，缺少人与人之间相处的边界感。

综观这些研究，几乎所有关于冥想可能产生的伤害都包括情绪类中的焦虑、抑郁、情绪不稳定等，和躯体类中的疲劳、疼痛、创伤体验复现等。此外，躯体类中的失眠和社会功能类中人际关系方面的压力等也是较为常见的冥想不良反应。

看到冥想可能会带来的这么多负性体验，可能会让人对正念望而却步。但是需要反复强调的是，以往研究中涉及负性体验的多为长期密集型的冥想（如连续七天的"闭关"）。因为密集的冥想练习会让人与外界环境刺激隔绝，从而让人陷入一种感觉剥夺的状态，在这种状态下个体的确会有各种各样的不适感甚至精神症状出现。但是在低强度的、有专业指导的规范化正念练习框架下（如现有的正念减压和正念认知疗法的设置下），未有研究发现练习者出现强烈的负性反应。而且根据以往的研究显示，伤害性体验通常也是有迹可循的，通常与某些特定的因素有密切联系（如经历过重大创伤经历等）。据此，我们将在下一节中较为全面地整理正念可能带来的潜在风险源，并给予有针对性的建议，以帮助正念练习者有效地规避潜在风险，从而避免正念可能存在的潜在风险所带来的伤害。

第三节　正念的潜在风险来源

正如我们上述提及的，正念冥想可能会给练习者带来伤害，而这些伤害通常与特定的因素有关，这些因素都可能成为正念练习潜在风险的来源。根据以往研究，我们大致将正念练习潜在风险的来源整理为三类：正念练习因素、参与者因素和指导者因素。下面将针对这三方面进行详细的讲解。

第七章 | 正念练习的潜在风险

一、正念练习因素

首先，简化正念练习的要素可能是潜在的风险因素。正念在发展之初所定义的核心的内涵是"注意和觉知"。大多数初学者容易在正念练习中将正念单一地理解为只是去"注意或觉知"的练习。但需要注意的是，随着正念的不断发展，其内涵也进行了重要的扩充，即正念练习也需要将友善、慈悲、不评判和不反应的态度带入当下的体验中。否则，这样的练习不仅对参与者没有帮助，反而会由于大量的觉知增加评判而带来更多的困扰，严重的甚至会带来负性体验和伤害。

其次，缺乏理论和实证支持的正念练习计划可能是潜在的风险因素。针对具体困扰的正念练习需要有理论基础做支撑。也就是说，选择的正念练习方法是否适用于你的困扰？是否有实证研究支持？起效的机制是怎样的？如若使用不匹配的正念练习疗法可能会起到反效果。例如，据研究发现，短期的正念练习可能会帮助参与者睡眠，而长期高强度练习可能会使参与者的神经发生改变，从而让人更加清醒。因此，选择具有实证研究支持和适合你的正念练习方法是重要的。

再次，正念练习的时间过长或强度过大可能是潜在的风险因素。正念练习中大量的负性症状表现通常与密集的静修有关，或者多发于练习时长大于 40 分钟或 1 小时的正念练习。因此，对初学者来说，在没有专业指导的前提下，不建议进行过长时间的频繁密集的正念练习。

最后，正念干预项目开始前缺乏充分的心理教育与沟通可能是潜在的风险因素。在正式的正念课程计划中，包括一个课程开始前的会谈，指导者会充分对正念的基本原理、练习内容和可能遇到的挑战等进行讲解和讨论，这种个性化的深入沟通能够减少参与者在正念练习中产生不必要的伤害。

二、参与者因素

首先，练习者的精神病史可能是潜在的风险因素。在正念练习中，被确诊过心理障碍的练习者在练习中会放大情绪觉察并感到焦躁不安，更容易产生不愉快体验。因此，练习者的精神病史可能是正念练习中的风险因素，也请练习者保持谨慎的态度开展练习。

其次，练习者的神经质人格特质可能是潜在的风险因素。由于神经质水平较高的个体通常对刺激尤其是负性事件表现出更强的情绪反应，常采用负性视角并倾向于认为这些事情是具有威胁性的。这导致神经质水平较高的个体更容易在正念冥想练习中产生负性体验或带来伤害。因此，如果练习者容易有以上的表现，需要以谨慎的态度开展练习。

再次，练习者的创伤经历可能是潜在的风险因素。因为正念练习可能会让练习者重新激活创伤体验，因此，这种影响较大的创伤经历，且尤其是近期2个月的创伤经历通常是正式正念练习的排除标准。当然，如何解释这种负性体验也是重要的影响性因素。例如，练习者是否能以积极的视角解释与创伤经历相关的负性体验，可能会带来不同的治疗效果。

最后，练习者的宗教信仰可能是潜在的保护因素。值得注意的是，正念的理念源于佛教，佛教徒通常拥有系统的理论和练习经验，这有助于保障他们进行较为安全的练习，进而产生更少的负性体验。

三、指导者因素

首先，指导者的特质。例如，缺乏共情、不理解参与者的问题、缺乏对正念练习的本质方面内容的沟通、不能熟练地开展正念项目、缺乏有效管理困难情境的能力、缺乏鼓励坚持练习的建议。此外，正念练习者可以根据基于正念干预—教学评估标准（MBI-TAC），从多个维度来评估指导者的能力，分别是每个练习模块内容的掌握情况、带领节奏和组织情况、与练习者的关系相处方面的技能（工作联盟的建立）、自身正念的品质、指导正念的练习、安排和讲解课程的主题、维护团体学习的氛围。

其次，课程中所有涉及的设置与内容都可能是潜在的风险性因素。例如，知情同意、保密原则和职业伦理知识和遵守情况。包括课程前的评估与会谈，以确保课程适合筛选的参与者等。

第四节　正念参与者/来访者的应对建议

既然正念练习有诸多潜在风险来源，那么应该如何安全无害地进行正念练习，以保证真正从正念中获益呢？我们尝试性地给出一些具体的具有较强指导性的建议，以避免或减少正念练习可能带来的伤害。

首先，如果你对正念练习感兴趣，是正念练习的新手，建议你根据自身的实际情况选择参与正式的正念团体开展练习，因为会有专业的指导师来评估你是否适合参与正念团体，并提供指导和维护团体的练习氛围，能够帮助你快速进入正念练习的状态，更好地长久坚持下来。如果你无法找到适合的正念团体或因客观条件无法参与正式的团体，也可以跟随正念训练的书籍进行练习，书中的内容可以帮助你掌握正念练习的原则和方法，并解答你在练习中可能产生的疑问和遇到的困难。

如果你参与了正式的正念团体，需要重视正式课程前的会谈。在会谈中，指导者会对参与者可能遇到的困难等进行详细的讲解，以及针对个人的期待和需求进行深入的沟通。这一步骤是非常重要的，能够在一定程度上给予参与者以心理准备，减少正念练习的阻抗，并增加正念练习的依从性，使得练习者在持续的练习中获益。

其次，在正念练习的过程中，你一定会不可避免地遇到一些困难，无论是客观上的，如没有时间和精力开展练习等，还是主观上的，如思维一直在游离和忘记/逃避练习等。在练习中有任何疑问和感受都可以和指导者或其他练习成员一同分享。如果这些困难更多涉及的是：无法更好地进行正念的练习或伴有轻微的不适等负性体验，那也许是为练习提供进步的机会。但如果有明显的症状表现，则需要及时与指导者进行沟通，有必要时需要退出团体。

最后，如果你选择自行练习，请注意我们在前文中谈及的内容。即如果你有创伤史/刚刚经历创伤事件，或确诊心理障碍，请谨慎开展自助式的正念练习，且一旦在练习中产生了不适体验请及时咨询专业人士。在选择正念的方法时，请尽量选择适合你遇到的问题的正念练习方法，有越多的研究证据支持，越可能规避风险和避免不必要的伤害。且在正念练习的过程中，请记得将友善、慈悲、不评判和不反应的态度带入当下的体验中。此外，在初期进行正念练习时请注意把握时间和强度，可以在掌握基本练习原则后逐渐增加，而不是追求"一步到位"。

到此，就进入了本书的尾声。但笔者相信，这才是书前广大读者新的开始，所有的沉淀和改变都会在短暂的旅程之后生根发芽。愿你永葆以科学和开放的态度对待正念，日后可以在真实的生活中多多感受活在当下的力量，甚至是任由正念带来灵感和顿悟以获得智慧。如有必要可以尝试专业的正念干预，来帮助你进入这一古老而又现代的身心练习中，以收获内心的平静和心灵的成长。希望正念能够成为一颗心灵的种子，在你紧张慌乱、茫然失落的时候提醒自己：关注呼吸，接纳自我，觉察此刻。

参考文献

安媛媛，臧雪艳，赵悦，张伊：《正念教养对教养风格和婚姻满意度的影响：育儿压力的中介作用》，载《中国临床心理学杂志》2020年第6期。

卜丹冉，姒刚彦：《以正念接受为基础的心理干预对散打运动员表现提高的影响——一项单被试试验设计研究》，载《天津体育学院学报》2014年第6期。

陈方侠，李秀娟：《正念认知疗法联合文拉法辛治疗首发抑郁症的临床效果》，载《临床合理用药杂志》2022年第28期。

陈晓，周晖，王雨吟：《正念父母心：正念教养理论、机制及干预》，载《心理科学进展》2017年第6期。

段妮，张心华，于建华：《创伤后应激障碍患者临床症状、心理健康与血浆皮质醇水平的相关性研究》，载《中华行为医学与脑科学杂志》2010年第3期。

樊碧发：《中国疼痛医学发展报告》，北京：清华大学出版社2020年版。

房衍波：《正念训练和腹式呼吸训练对警察应激干预效果的研究》，中国人民公安大学2022年硕士论文。

冯国艳，姒刚彦：《花样游泳运动员正念训练干预效果》，载《中国运动医学杂志》2015年第2期。

桂佳梅，高青：《基于行为转变理论的健康指导结合正念音乐干预对体外冲击波碎石术患者恐惧情绪、心理弹性及应激反应的影响》，载《临床医学研究与实践》2023年第9期。

郝萍：《安！二十大报告23次提到"法治"，诠释初心为民》，http://cpc.people.com.cn/20th/n1/2022/1019/c448340-32548144.html，最后访问时间：2023年11月30日。

红星新闻：《国家卫健委：2022年我国重大慢性病过早死亡率下降到15.2%》，https://baijiahao.baidu.com/s?id=1782619461839310901&wfr=spider&for=pc，最后访问时间：2023年11月30日。

黄志剑，苏宁：《正念在竞技运动领域的应用——几种主流正念训练方法综述》，载《中国运动医学杂志》2017年第8期。

［美］惠特尼·斯图尔特：《正念小孩》，韩冰等译，北京：中国青年出版社2020年版。

寇小兵：《围绝经期糖尿病患者抑郁情绪与雌激素、血糖、人格特质及知觉压力的关系》，载《国际精神病学杂志》2023年第1期。

贾茹，吴任钢：《夫妻冲突应对方式的现状及其在依恋类型与婚姻质量间的中介作用分析》，载《中国性科学》2012年第12期。

［美］琳达·卡尔森，迈克尔·斯佩卡：《正念癌症康复》，孙玉静译，北京：机械工业出版社2016年版。

李国鹏：《癌症患者正念水平和睡眠质量的关系——心理弹性与正性情绪的中介作用》，山东大学2017年硕士论文。

刘兴华，徐慰，王玉正，刘海骅：《正念训练提升自愿者幸福感的6周随机对照试验》，载《中国心理卫生杂志》2013年第8期。

苗元江，陈浩彬：《中国人幸福感研究》，北京：北京师范大学出版社2020年版。

沈美英，周锦华：《正念减压疗法对女性更年期综合征患者激素水平述情障碍及益处发现的影响》，载《中国药物与临床》2018年第11期。

沈莉，葛玉辉：《正念领导力：作用机制与动态发展模型》，载《商业经济与管理》2021年第8期。

舒玲，席明霞，吴传芳，李大波，刘雪芳，陈丹：《妊娠期团体正念训练对二胎孕妇产后抑郁情绪的干预效果》，载《中国心理卫生杂志》2019年第2期。

姒刚彦，张鸽子，苏宁，张春青，蒋小波，李轩宇：《运动员正念训练手册》，北京：北京体育大学出版社2014年版。

［荷］苏珊·博格尔斯，凯瑟琳·雷思蒂福：《正念教养》，聂晶译，北京：中国轻工业出版社2018年版。

［美］苏珊·凯瑟·葛凌兰：《正念亲子游戏》，周玥等译，北京：机械工业出版社2022年版。

孙莎莎，李小兵：《冥想的安全性》，载《心理科学进展》2022年第11期。

唐海波，罗黄金，张现利，赵龙：《正念训练干预冗思的作用机制探析》，载《中国临床心理学杂志》2012年第6期。

王淑霞，郑睿敏，吴久玲，刘兴华：《正念减压疗法在医学领域中的应用》，载《中国临床心理学杂志》2014年第5期。

王永刚，方琛亮：《飞行员的注意分配能力与其安全绩效的关系》，载《中国安全科学学报》2021年第8期。

王玉正，刘欣，徐慰，刘兴华：《正念训练提升参与者对疼痛的接纳程度》，载《中国临床心理学杂志》2015年第3期。

闻学，刘晓妍，杜佳璇，徐慰：《正念与亲密关系满意度的关系：动态的证据》，载《中国临床心理学杂志》2021年第4期。

毋嫘，赵伯尧，展昭，范碧娟，赵亚萍：《父母正念养育对青少年抑郁的影响及其机制》，载《心理与行为研究》2019年第4期。

吴尽，王骏昇，贾坤：《正念训练对优秀射箭运动员比赛期焦虑的影响：

来自 HRV 的证据》，载《首都体育学院学报》2021 年第 6 期。

徐慰，刘晓妍，安媛媛：《正念干预创伤后应激障碍的研究进展》，载《中国临床心理学杂志》2019 年第 2 期。

徐慰，刘兴华：《正念训练提升幸福感的研究综述》，载《中国心理卫生杂志》2013 年第 3 期。

徐慰，王玉正，刘兴华：《8 周正念训练对负性情绪的改善效果》，载《中国心理卫生杂志》2015 年第 7 期。

徐慰，王玉正，符仲芳：《特质正念与控制点调节日常生活中知觉压力对消极情绪的影响》，载《心理科学》2018 年第 3 期。

徐慰，张倩，刘兴华：《大学生正念水平对知觉压力与睡眠问题关系的中介作用》，载《中华行为医学与脑科学杂志》2013 年第 6 期。

赵菁菁，白晓宇，李传晓，李新影，祝卓宏：《工作母亲心理灵活性与工作家庭平衡：基于情境的多重中介模型》，载《中国临床心理学杂志》2020 年第 6 期。

周田田，孔伶俐，刘春文：《广泛性焦虑障碍患者人格特征与血浆皮质醇水平的相关研究》，载《中华行为医学与脑科学杂志》2015 年第 12 期。

[美] 珍·克里斯特勒，艾莉莎·鲍曼：《学会吃饭》，颜佐桦译，北京：中国友谊出版公司 2019 年版。

Aherne, C., Moran, A. P., & Lonsdale, C., "The effect of mindfulness training on athletes' flow: An initial investigation", 25 *The Sport Psychologist*, 177–189 (2011).

Ahn, J. Y., Meditation sickness, in M. Farias, D. Brazier, & M. Lalljee (eds.), *The Oxford Handbook of Meditation*, Oxford Library of Psychology, 2021, pp. 887–906.

Aikens, K. A., Astin, J., Pelletier, K. R., Levanovich, K., & Bodnar, C. M., "Mindfulness goes to work: impact of an online workplace intervention", 56

Journal of Occupational & Environmental Medicine, 721 (2014).

Alberts, H. J. E. M., Thewissen, R., & Raes, L., "Dealing with problematic eating behaviour. The effects of a mindfulness-based intervention on eating behaviour, food cravings, dichotomous thinking and body image concern", 58 *Appetite*, 847–851 (2012).

An, Y., Huang, Q., Zhou, Y., Zhou, Y., & Xu, W., "Who can get more benefits? Effects of mindfulness training in long-term and short-term male prisoners", 63 *International Journal of Offender Therapy Comparative Criminology*, 2318–2337 (2019).

Arnoud, A., & Lily, C., "The meaning of pain influences its experienced intensity", 109 *Pain*, 20–25 (2004).

Aronson, J. K., & Ferner, R. E., "Clarification of terminology in drug safety", 28 *Drug Safety*, 851–870 (2005).

Baer, R., Crane, C., Miller, E., & Kuyken, W., "Doing no harm in mindfulness-based programs: Conceptual issues and empirical findings", 71 *Clinical Psychology Review*, 101–114 (2019).

Baer, R. A., Smith, G. T., & Allen, K. B., "Assessment of mindfulness by self-report: The Kentucky Inventory of Mindfulness Skills", 11 *Assessment*, 191–206 (2004).

Baer, R. A., Smith, G. T., Hopkins, J., Krietemeyer, J., & Toney, L., "Using self-report assessment methods to explore facets of mindfulness", 13 *Assessment*, 27–45 (2006).

Barnes, S., Brown, K. W., Krusemark, E., Campbell, W. K., & Rogge, R. D., "The role of mindfulness in romantic relationship satisfaction and responses to relationship stress", 33 *Journal of Marital and Family Therapy*, 482–500 (2007).

Birrer, D., Röthlin, P., & Morgan, G., "Mindfulness to enhance athletic performance: Theoretical considerations and possible impact mechanisms", 3 *Mindfulness*, 235–246 (2012).

Birrer, D., Scalvedi, B. & Frings, N., "A Bibliometric Analysis of Mindfulness and Acceptance Research in Sports from 1969 to 2021", 14 *Mindfulness*, 1038–1053 (2023).

Bishop, S. R., Lau, M., Shapiro, S., Carlson, L., Anderson, N. D., Carmody, J., ... Devins, G., "Mindfulness: A proposed operational definition", 11 *Clinical Psychology: Science and Practice*, 230–241 (2004).

Blackburn, E. H., Epel, E. S., & Lin, J., "Human telomere biology: A contributory and interactive factor in aging, disease risks, and protection", 350 *Science*, 1193–1198 (2015).

Bögels, S., &Restifo, K., *Mindful parenting: A guide for mental health practitioners*, W. W. Norton & Company, 2014.

Bosworth, H. B., Granger, B. B., Mendys, P., Brindis, R., Burkholder, R., Czajkowski, S. M.,... Kimmel, S. E., "Medication adherence: A call for action", 162 *American Heart Journal*, 412–424 (2011).

Bowen, S., Chawla, N., Collins, S. E., Witkiewitz, K., Hsu, S., Grow, J., ... Marlatt, A., "Mindfulness-based relapse prevention for substance use disorders: a pilot efficacy trial", 60 *Substance abuse*, 295–305 (2009).

Bricker, J., Wyszynski, C., Comstock, B., & Heffner, J. L., "Pilot randomized controlled trial of web-based acceptance and commitment therapy for smoking cessation", 15 *Nicotine & Tobacco Research : Official Journal of the Society for Research on Nicotine and Tobacco*, 1756–1764 (2013).

Brown, K. W., & Ryan, R. M. "The Benefits of Being Present: Mindfulness and Its Role in Psychological Well-Being", 84 *Journal of Personality and Social Psychology*, 822–848 (2003).

Carlon, H.A., Earnest, J. & Hurlocker, M.C., "Is Mindfulness Associated With Safer Cannabis Use? A Latent Profile Analysis of Dispositional Mindfulness Among College Students Who Use Cannabis", 14 *Mindfulness*, 797–807 (2023).

Carlson, L. E., Beattie, T. S., Giese-Davis, J., Faris, P., Tamagawa, R., Fick, L. J., ... Speca, M., "Mindfulness-based cancer recovery and supportive-expressive therapy maintain telomere length relative to controls in distressed breast cancer survivors", 121 *Cancer*, 476–484 (2015).

Carlson, L. E., Subnis, U. B., Piedalue, K-A. L., Vallerand, J., Speca, M., Lupichuk, S., ... Wolever, R. Q., "The ONE-MIND Study: Rationale and protocol for assessing the effects of Online Mindfulness-based cancer recovery for the prevention of fatigue and other common side effects during chemotherapy", 28 *Cancer Care*, 1–12 (2019).

Carroll, B. J., "Urinary free cortisol excretion in depression", 6 *Psychological Medicine*, 43–50 (1976).

Carson, J. W., Carson, K. M., Gil, K. M., & Baucom, D. H., "Mindfulness-based relationship enhancement", 35 *Behavior Therapy*, 471–494 (2004).

Chambers, R., Gullone, E., & Allen, N. B., "Mindful emotion regulation: An integrative review", 29 *Clinical Psychology Review*, 560–572 (2009).

Chambers, R., Lo, B. C. Y., & Allen, N. B., "The impact of intensive mindfulness training on attentional control, cognitive style, and affect", 32 *Cognitive Therapy and Research*, 303–322 (2008).

Chen, J., Li, J., Zhou, Y., Liu, X., & Xu, W., "Enhancement from being present: Dispositional mindfulness moderates the longitudinal relationship between perceived social support and posttraumatic growth in Chinese firefighters", 279 *Journal of Affective Disorders*, 111–116 (2021).

Chen, J., Li, W., An, Y., Zhang, Y., Du, J., & Xu, W., "Perceived social support mediates the relationships of dispositional mindfulness to job burnout and posttraumatic stress disorder among chinese firefighters", 14 *Psychological Trauma: Theory, Research, Practice, and Policy*, 1117 (2022).

Cheng, F., Carroll, L., Joglekar, M. V., Januszewski, A. S., Wong, K. K., Hardikar, A. A., ... Ma, R. C. W., "Diabetes, metabolic disease, and telomere length", 9 *The Lancet Diabetes & Endocrinology*, 117-126 (2021).

Chevinsky, J. D., Wadden, T. A., & Chao, A. M., "Binge Eating Disorder in Patients with Type 2 Diabetes: Diagnostic and Management Challenges", 13 *Diabetes, Metabolic Syndrome and Obesity: Targets and Therapy*, 1117-1131 (2020).

Coatsworth, J. D., Duncan, L. G., Greenberg, M. T., & Nix, R. L., "Changing parent's mindfulness, child management skills and relationship quality with their youth: Results from a randomized pilot intervention trial", 19 *Journal of Child and Family Studies*, 203-217 (2010).

Colgan, D. D., Eddy, A., Bowen, S., & Christopher, M., "Mindful nonreactivity moderates the relationship between chronic stress and pain interference in law enforcement officers", 36 *Journal of Police and Criminal Psychology*, 56-62 (2021).

Courbasson, C. M. A., Nishikawa, Y., & Shapira, L. B., "Mindfulness-Action Based Cognitive Behavioral Therapy for Concurrent Binge Eating Disorder and Substance Use Disorders", 19 *Eating Disorders*, 17-33 (2010).

Creswell, J. D., Taren, A. A., Lindsay, E. K., Greco, C. M., Gianaros, P. J., Fairgrieve, A., ... Ferris, J. L., "Alterations in Resting-State Functional Connectivity Link Mindfulness Meditation With Reduced Interleukin-6: A Randomized Controlled Trial", 80 *Biological Psychiatry*, 53-61 (2016).

Csíkszentmihályi, M., Flow: *The Psychology of Optimal Experience*, NY:

HarperCollins, 1990.

Davidson, R. J., Kabat-Zinn, J., Schumacher, J., Rosenkranz, M., Muller, D., Santorelli, S. F., ... Sheridan, J. F., "Alterations in brain and immune function produced by mindfulness meditation", 65 *Psychosomatic Medicine*, 564–570 (2003).

Denkova, E., Zanescoa, A. P., Rogers, S. L., Jhaa, A. P., "Is resilience trainable? An initial study comparing mindfulness and relaxation training in firefighters", 285 *Psychiatry Research*, 112794 (2020).

Diamond, L.M., "Emerging perspectives on distinctions between romantic love and sexual desire", 13 *Current Directions in Psychological Science*, 116–119 (2004).

Doran, N. J., "Experiencing Wellness Within Illness: Exploring a Mindfulness-Based Approach to Chronic Back Pain", 24 *Qualitative Health Research*, 749–760 (2014).

Duggan, C., Parry, G., McMurran, M., Davidson, K., & Dennis, J., "The recording of adverse events from psychological treatments in clinical trials: Evidence from a review of NIHR-funded trials", 15 *Trials*, 335 (2014).

Duncan, L. G., Coatsworth, J. D., & Greenberg, M. T., "A model of mindful parenting: Implications for parent-child relationships and prevention research", 12 *Clinical Child and Family Psychology Review*, 255–270 (2009a).

Duncan, L. G., Coatsworth, J. D., & Greenberg, M. T., "Pilot study to gauge acceptability of a mindfulness-based, family-focused preventive intervention", 30 *The Journal of Primary Prevention*, 605–618 (2009b).

Dutton, M. A., Bermudez, D., Matas, A., Majid, H., & Myers, N. L., "Mindfulness-based stress reduction for low-income, predominantly African American women with PTSD and a history of intimate partner violence", 20

Cognitive and Behavioral Practice, 23–32 (2013).

Epel, E. S., Blackburn, E. H., Lin, J., Dhabhar, F. S., Adler, N. E., Morrow, J. D., & Cawthon, R. M., "Accelerated telomere shortening in response to life stress", 101 *Proceedings of the National Academy of Sciences of the United States of America*, 17312–17315 (2004).

Fang, Y., Kang, X., Feng, X., Zhao, D., Song, D., & Li, P., "Conditional effects of mindfulness on sleep quality among clinical nurses: The moderating roles of extraversion and neuroticism", 24 *Psychology, Health & Medicine*, 481–492 (2019).

Farias, M., Maraldi, E., Wallenkampf, K. C., & Lucchetti, G., "Adverse events in meditation practices and meditation-based therapies: A systematic review", 142 *Acta Psychiatrica Scandinavica*, 374–393 (2020).

Frewen, P. A., Evans, E. M., Maraj, N., Dozois, D. J., & Partridge, K., "Letting go: Mindfulness and negative automatic thinking", 32 *Cognitive Therapy and Research*, 758–774 (2008).

Frye, L. A., & Spates, C. R., "Prolonged exposure, mindfulness, and emotion regulation for the treatment of PTSD", 11 *Clinical Case Studies*, 184–200 (2012).

Galmiche, M., Déchelotte, P., Lambert, G., & Tavolacci, M., "Prevalence of eating disorders over the 2000–2018 period: a systematic literature review", 109 *The American Journal of Clinical Nutrition*, 1402–1413 (2019).

Gardner, F. L., & Moore, Z. E., "A mindfulness-acceptance-commitment-based approach to athletic performance enhancement: Theoretical considerations", 35 *Behavior Therapy*, 707–723 (2004).

Gardner, F. L., & Moore, Z. E., The psychology of enhancing human performance: *The Mindfulness-Acceptance-Commitment (MAC) Approach*, Springer Publishing Co, 2007.

Garland, E. L., Atchley, R. M., Hanley, A. W., Zubieta, J. K., & Froeliger, B., "Mindfulness-Oriented Recovery Enhancement remediates hedonic dysregulation in opioid users: Neural and affective evidence of target engagement", 5 *Science advances*, eaax1569 (2019).

Garland, E. L., Farb, N. A., Goldin, P. R., & Fredrickson, B. L., "Mindfulness Broadens Awareness and Builds Eudaimonic Meaning: A Process Model of Mindful Positive Emotion Regulation", 26 *Psychological Inquiry*, 293–314 (2015a).

Garland, E. L., Farb, N. A., Goldin, P. R., & Fredrickson, B. L., "The mindfulness-to-meaning theory: Extensions, applications, and challenges at the attention-appraisal-emotion interface", 26 *Psychological Inquiry*, 377–387 (2015b).

Garland, E. L., Fredrickson, B., Kring, A. M., Johnson, D. P., Meyer, P. S., & Penn, D. L., "Upward spirals of positive emotions counter downward spirals of negativity: Insights from the broaden-and-build theory and affective neuroscience on the treatment of emotion dysfunctions and deficits in psychopathology", 30 *Clinical Psychology Review*, 849–864 (2010).

Garland, E., Gaylord, S., & Park, J., "The role of mindfulness in positive reappraisal", 5 *Explore*, 37–44 (2009).

Garland, E. L., & Howard, M. O., "Mindfulness-based treatment of addiction: current state of the field and envisioning the next wave of research", 13 *Addiction Science & Clinical Practice*, 14 (2018).

Garland, E. L., Hudak, J., Hanley, A. W., & Nakamura, Y., "Mindfulness-oriented recovery enhancement reduces opioid dose in primary care by strengthening autonomic regulation during meditation", 75 *American Psychologist*, 840–852 (2020).

Goldberg, S. B., Riordan, K. M., Sun, S., & Davidson, R. J., "The empirical status of mindfulness-based interventions: A systematic review of 44 meta-analyses of randomized controlled trials", 17 *Perspectives on Psychological Science*, 108–130 (2022).

Goldin, P., Ramel, W., & Gross, J., "Mindfulness meditation training and self-referential processing in social anxiety disorder: Behavioral and neural effects", 23 *Journal of Cognitive Psychotherapy*, 242–257 (2009).

Guardino, C. M., Dunkel Schetter, C., Bower, J. E., Lu, M. C., & Smalley, S. L., "Randomised controlled pilot trial of mindfulness training for stress reduction during pregnancy", 29 *Psychology & Health*, 334–349 (2014).

Hayes, S. C., Strosahl, K. D., & Wilson, K. G., *Acceptance and Commitment Therapy*, Washington, DC: American Psychological Association, 2009.

Hoge, E. A., Bui, E., Palitz, S. A., Schwarz, N. R., Owens, M. E., Johnston, J. M., ... Simon, N. M., "The effect of mindfulness meditation training on biological acute stress responses in Generalized Anxiety Disorder", 262 *Psychiatry Research*, 328–332 (2018).

Hölzel, B. K., Carmody, J., Vangel, M., Congleton, C., Yerramsetti, S. M., Gard, T., & Lazar, S. W., "Mindfulness practice leads to increases in regional brain gray matter density", 191 *Psychiatry Research: Neuroimaging*, 36–43 (2011).

Hölzel, B. K., Lazar, S. W., Gard, T., Schuman-Olivier, Z., Vago, D. R., & Ott, U., "How does mindfulness meditation work? Proposing mechanisms of action from a conceptual and neural perspective", 6 *Perspectives on Psychological Science*, 537–559 (2011).

Huang, L., Krasikova, D. V., & Liu, D. L., "I can do it, so can you: The role of leader creative self-efficacy in facilitating follower creativity", 132 *Organizational Behavior and Human Decision Processes*, 49–62 (2016).

Ikeuchi, K., Ishiguro, H., Nakamura, Y., Izawa, T., Shinkura, N., & Nin, K.,

"The relation between mindfulness and the fatigue of women with breast cancer: path analysis", 14 *Biopsychosocial Medicine*, 1–9 (2020).

Janes, A. C., Datko, M., Roy, A., & Barton, B. A., "Quitting starts in the brain: a randomized controlled trial of app-based mindfulness shows decreases in neural responses to smoking cues that predict reductions in smoking", 44 *Neuropsychopharmacol*, 1631–1638 (2019).

Janusek, L. W., Tell, D., & Mathews, "Mindfulness based stress reduction provides psychological benefit and restores immune function of women newly diagnosed with breast cancer: A randomized trial with active control", 80 *Brain Behavior and Immunity*, 358–373 (2019).

Jensen, M. P., Turner, J. A., Romano, J. M., & Lawler, B. K., "Relationship of pain-specific beliefs to chronic pain adjustment", 57 *Pain*, 301–309 (1994).

John, S.T., Verma, S.K., & Khanna, G.L., "The Effect of Mindfulness Meditation on HPA-Axis in Pre-Competition Stress in Sports Performance of Elite Shooters", 2 *National Journal of Integrated Research in Medicine*, 15–21 (2011).

Ju, R., Chiu, W., Zang, Y., Hofmann, S. G., & Liu, X., "Effectiveness and mechanism of a 4-week online self-help mindfulness intervention among individuals with emotional distress during COVID-19 in China", 10 *BMC Psychology*, 1–14 (2022).

Kabat-Zinn, J., "Mindfulness-based interventions in context: past, present, and future", 10 *Clinical Psychology: Science & Practice*, 144–156 (2003).

Kabat-Zinn, J., Mark Williams, D., & Bob Stahl, E., *Full catastrophe living: Using the Wisdom of Your Body and Mind to Face Stress, Pain, and Illness*, New York: Delta, 1990.

Kamboj, S. K., Irez, D., Serfaty, S., Thomas, E., Das, R. K., & Freeman, T. P., "Ultra-Brief Mindfulness Training Reduces Alcohol Consumption in At-Risk

Drinkers: A Randomized Double-Blind Active-Controlled Experiment", 20 *The International Journal of Neuropsychopharmacology*, 936–947 (2017).

Kampman, H., Hefferon, K., Wilson, M., & Beale, J., "'I can do things now that people thought were impossible, actually, things that I thought were impossible': A meta-synthesis of the qualitative findings on posttraumatic growth and severe physical injury", 56 *Canadian Psychology*, 283–294 (2015).

Karremans, J. C., Schellekens, M. P., & Kappen, G., "Bridging the sciences of mindfulness and romantic relationships: A theoretical model and research agenda", 21 *Personality and Social Psychology Review*, 29–49 (2017).

Kaufman, K. A., Glass, C. R., & Arnkoff, D. B., "Evaluation of Mindful Sport Performance Enhancement (MSPE): A new approach to promote flow in athletes", 3 *Journal of Clinical Sport Psychology*, 334–356 (2009).

King, E., & Badham, R., "The wheel of mindfulness: a generative framework for second-generation mindful leadership", 11 *Mindfulness*, 166–176 (2020).

Klatt, M., Norre, C., Reader, B., Yodice, L., & White, S., "Mindfulness in motion: A mindfulness-based intervention to reduce stress and enhance quality of sleep in Scandinavian employees", 8 *Mindfulness*, 481–488 (2017).

Kosugi, T., Ninomiya, A., Nagaoka, M., & Sado, M., "Effectiveness of mindfulness-based cognitive therapy for improving subjective and eudaimonic well-being in healthy individuals: a randomized controlled trial", 12 *Frontiers in Psychology*, 3703 (2021).

Kozlowski, A., "Mindful mating: Exploring the connection between mindfulness and relationship satisfaction", 28 *Sexual and Relationship Therapy*, 92–104 (2013).

Lambert, M., The efficacy and effectiveness of psychotherapy, in M. J. Lambert (ed.), *Bergin & Garfield's Handbook of Psychotherapy and Behavior*

Change (6th ed.), Hoboken, NJ: Wiley, 2013, pp. 169–218.

Lange, S., & Rowold, J., "Mindful leadership: evaluation of a mindfulness-based leader intervention", 50 *Gruppe Interaktion Organisation Zeitschrift Für Angewandte Organisations Psychologie*, 319–335 (2019).

Laura, L. E., Lawlor-Savage, L., Campbell, T. S., Faris, P., & Carlson, L. E., "Does self-report mindfulness mediate the effect of Mindfulness-Based Stress Reduction (MBSR) on spirituality and posttraumatic growth in cancer patients?", 10 *The Journal of Positive Psychology*, 153–166 (2015).

Lavender, J. M., Wonderlich, S. A., Peterson, C. B., Crosby, R. D., Engel, S. G., Mitchell, J. E., ... Berg, K. A., "Dimensions of Emotion Dysregulation in Bulimia Nervosa", 22 *European Eating Disorders Review*, 212–216 (2014).

Li, Y., Zhang, A. J., Meng, Y., Hofmann, S. G., Zhou, A. Y., & Liu, X., "A randomized controlled trial of an online self-help mindfulness intervention for emotional distress: serial mediating effects of mindfulness and experiential avoidance", 14 *Mindfulness*, 510–523 (2023).

Lindahl, J. R., Fisher, N. E., Cooper, D. J., Rosen, R. K., & Britton, W. B., "The varieties of contemplative experience: A mixed-methods study of meditation-related challenges in Western Buddhists", 12 *PloS One*, e0176239 (2017).

Lindsay, E. K., & Creswell, J. D., "Mechanisms of mindfulness training: Monitor and Acceptance Theory (MAT)", 51 *Clinical Psychology Review*, 48–59 (2017).

Linehan, M. M., *Cognitive-behavioral Treatment of Borderline Personality Disorder*, New York: Guilford Press, 1993.

Lippold, M. A., Duncan, L. G., Coatsworth, J. D., Nix, R. L., & Greenberg, M. T., "Understanding how mindful parenting may be linked to mother-adolescent communication", 44 *Journal of Youth and Adolescence*, 1663–1673 (2015).

Liu, X., Li, J., Zhang, Q., Zhao, Y. X., & Xu, W., "Being beneficial to self and caregiver: the role of dispositional mindfulness among breast cancer patients", 29 *Support Care in Cancer*, 239–246 (2021).

Liu, X., Shi, S., Wen, X., Chen, J., & Xu, W., "Mindfulness and posttraumatic response patterns among adolescents following the tornado", 134 *Children and Youth Services Review*, 106375 (2022).

Liu, X., Wen, X., Zhang, Q., & Xu, W., "Buffering traumatic reactions to COVID-19: Mindfulness moderates the relationship between the severity of the pandemic and posttraumatic stress symptoms", 15 *Psychological Trauma: Theory, Research, Practice, and Policy*, 474–482 (2023).

Liu, X., Xu, W., Wang, Y., Williams, J. M. G., Geng, Y., Zhang, Q., & Liu, X., "Can inner peace be improved by mindfulness training: a randomized controlled trial", 3 *Stress and Health*, 245–254 (2015).

Lu, R., Zhou, Y., Wu, Q., Peng, X., Dong, J., Zhu, Z., & Xu, W., "The effects of mindfulness training on suicide ideation among left - behind children in China: a randomized controlled trial", 45 *Child: Care, Health and Development*, 371–379 (2019).

Mahoney, J.W., & Hanrahan, S.J. "A brief educational intervention using acceptance and commitment therapy: Four injured athletes' experiences", 5 *Journal of Clinical Sport Psychology*, 252–273 (2011).

Márquez, M. A., Galiana, L., Oliver, A., & Sansó, N., "The impact of a mindfulness-based intervention on the quality of life of Spanish national police officers", 29 *Health & Social Care in Community*, 1491–1501 (2021).

Maskalenko, N. A., Zhigarev, D., & Campbell, K. S., "Harnessing natural killer cells for cancer immunotherapy: dispatching the first responders", 21 *Nature Reviews Drug Discovery*, 559–577 (2022).

Meibohm, B., & Derendorf, H., "Basic concepts of pharmacokinetic/pharmacodynamics (PK/PD) modelling", 35 *International Journal of Clinical Pharmacology and Therapeutics*, 401–413 (1997).

Meland, A., Fonne, V., Wagstaff, A., & Pensgaard, A. M., "Mindfulness-based mental training in a high-performance combat aviation population: a one-year intervention study and two-year follow-up", 25 *International Journal of Aviation Psychology*, 48–61 (2015).

Myers, J. D., & Miller, J. S., "Exploring the NK cell platform for cancer immunotherapy", 18 *Nature Reviews Clinical Oncology*, 85–100 (2021).

Nagendra, R., Sathyaprabha, T. N., & Kutty, B., "Enhanced N3 is correlated with high melatonin levels among senior mindfulness meditation practitioners", 40 *Sleep Medicine*, e235–e235 (2017).

Ong, J., & Sholtes, D., "A mindfulness-based approach to the treatment of insomnia", 66 *Journal of Clinical Psychology*, 1175–1184 (2010).

Ong, J. C., Ulmer, C. S., & Manber, R. (2012)., "Improving sleep with mindfulness and acceptance: A metacognitive model of insomnia", 50 *Behaviour Research and Therapy*, 651–660 (2012).

Patterson, G. T., Chung, I. W., & Swan, P. W., "Stress management interventions for police officers and recruits: a meta-analysis", 10 *Journal of Experimental Criminology*, 487–513 (2014).

Pauly, L., Bergmann, N., Hahne, I., Pux, S., Hahn, E., Ta, T. M. T., ... Boege, K., "Prevalence, predictors and types of unpleasant and adverse effects of meditation in regular meditators: International cross-sectional study", 8 *BJPsych Open*, 1–8 (2022).

Quinn-Nilas, C., "Self-reported trait mindfulness and couples' relationship satisfaction: A meta-analysis", 11 *Mindfulness*, 835–848 (2020).

Ramel, W., Goldin, P. R., Carmona, P. E., & McQuaid, J. R., "The effects of mindfulness meditation on cognitive processes and affect in patients with past depression", 28 *Cognitive Therapy and Research*, 433–455 (2004).

Rimes, K. A., & Wingrove, J., "Mindfulness-Based Cognitive Therapy for People with Chronic Fatigue Syndrome Still Experiencing Excessive Fatigue after Cognitive Behaviour Therapy: A Pilot Randomized Study", 20 *Clinical Psychology and Psychotherapy*, 107–117 (2011).

Rosenthal, A., Levin, M. E., Garland, E. L., & Romanczuk-Seiferth, N., "Mindfulness in Treatment Approaches for Addiction — Underlying Mechanisms and Future Directions", 8 *Current Addiction Reports*, 282–297 (2021).

Rupprecht S., Falke P., Kohls N., Tamdjidi C., Wittmann M., & Kersemaekers, W., "Mindful leader development: How leaders experience the effects of mindfulness training on leader capabilities", 10 *Frontiers in Psychology*, 1081 (2019).

Ruscio, A. C., Muench, C., Brede, E., & Waters, A. J., "Effect of Brief Mindfulness Practice on Self-Reported Affect, Craving, and Smoking: A Pilot Randomized Controlled Trial Using Ecological Momentary Assessment", 18 *Nicotine & Tobacco Research: Official Journal of the Society for Research on Nicotine and Tobacco*, 64–73 (2016).

Saavedra, M. C., Chapman, K. E., & Rogge, R. D., "Clarifying links between attachment and relationship quality: hostile conflict and mindfulness as moderators", 24 *Journal of Family Psychology*, 380–390 (2010).

Schlosser, M., Jones, R., Demnitz-King, H., & Marchant, N. L., "Meditation experience is associated with lower levels of repetitive negative thinking: The key role of selfcompassion", 41 *Current Psychology*, 3144–3155 (2020).

Schutte, N. S., & Malouff, J. M., "A meta-analytic review of the effects of mindfulness meditation on telomerase activity", 42 *Psychoneuroendocrinology*, 45–48 (2014).

Scott, S. J. & Barrie, D., *Mindful Relationship Habits*, Oldtown Publishing, 2018.

Scott-Hamilton, J., Schutte, N. S., & Brown, R. F., "Effects of a Mindfulness Intervention on Sports-Anxiety, Pessimism, and Flow in Competitive Cyclists", 8 *Applied Psychology. Health and well-being*, 85–103 (2016).

Segal, Z. V., Williams, J. M,, & Teasdale, J. D., *Mindfulness-based cognitive Therapy for Depression a New Approach to Preventing Relapse*, US: Guilford Press, 2002.

Semple, R.J., Lee, J., & Rosa, D., "A randomized trial of mindfulness-based cognitive therapy for children: Promoting mindful attention to enhance social-emotional resiliency in children", 19 *Journal of Child and Family Studies*, 218–229 (2010).

Shapiro, S. L., Carlson, L. E., Astin, J. A., & Freedman, B., "Mechanisms of mindfulness", 62 *Journal of Clinical Psychology*, 373–386 (2006).

Sheng, R., Wen, X., & Xu, W., "Ambulatory and longitudinal relationships between mindfulness and eating problems: The mediating role of self-objectification", 42 *Current Psychology*, 3319–3329 (2021).

Shuttleworth, R. D., & O'Brien, J. R., "Intraplatelet serotonin and plasma 5-Hydroxyindoles in health and disease", 57 *Blood*, 505–509 (1981).

Singh, N. N., Lancioni, G. E., Singh Joy, S. D., Winton, A. S. W., Sabaawi, M., Wahler, R. G., & Singh, J., "Adolescents with conduct disorder can be mindful of their aggressive behavior", 15 *Journal of Emotional and Behavioral Disorders*, 56–63 (2007).

Slagter, H. A., Lutz, A., Greischar, L. L., Nieuwenhuis, S., & Davidson, R.

J., "Theta phase synchrony and conscious target perception: impact of intensive mental training", 21 *Journal of Cognitive Neuroscience*, 1536–1549 (2009).

Stice, E., Marti, C. N., & Durant, S., "Risk factors for onset of eating disorders: Evidence of multiple risk pathways from an 8-year prospective study", 49 *Behaviour Research and Therapy*, 622–627 (2011).

Stoffel, M., Aguilar-Raab, C., Rahn, S., Steinhilber, B., Witt, S. H., Alexander, N., & Ditzen, B. "Effects of mindfulness-based stress prevention on serotonin transporter gene methylation", 88 *Psychotherapy & Psychosomatics*, 317–319 (2019).

Tang, Y. Y., Hölzel, B. K., & Posner, M. I., "The neuroscience of mindfulness meditation", 16 *Nature Reviews Neuroscience*, 213–225 (2015).

Terouz, P., & Stokes, P., "Reflecting on the Germanwings disaster: A systematic review of depression and suicide in commercial airline pilots", 9 *Frontiers in Psychiatry*, 86 (2018).

Thompson, R. W., Kaufman, K. A., De Petrillo, L. A., Glass, C. R., & Arnkoff, D. B., "One year follow-up of mindful sport performance enhancement (MSPE) with archers, golfers, and runners", 5 *Journal of Clinical Sport Psychology*, 99–116 (2011).

Vadivale, A. M., Sathiyaseelan, A., & Monacis, L., "Mindfulness-based relapse prevention-A meta-analysis", 6 *Cogent Psychology*, 1567090 (2019).

Valls-Serrano, C., Caracuel, A., & Verdejo-Garcia, A., "Goal Management Training and Mindfulness Meditation improve executive functions and transfer to ecological tasks of daily life in polysubstance users enrolled in therapeutic community treatment", 165 *Drug and Alcohol Dependence*, 9–14 (2016).

Vanzhula, I. A., & Levinson, C. A., "Mindfulness in the Treatment of Eating Disorders: Theoretical Rationale and Hypothesized Mechanisms of Action", 11

Mindfulness, 1090–1104 (2020).

Wen, X., An, Y., Li, W., Du, J., & Xu, W., "How could physical activities and sleep influence affect inertia and affect variability? Evidence based on ecological momentary assessment", 41 *Current Psychology*, 3055–3061 (2022).

Wen, X., Zhang, Q., Liu, X., Du, J., & Xu, W., "Momentary and longitudinal relationships of mindfulness to stress and anxiety among Chinese elementary school students: mediations of cognitive flexibility, self-awareness, and social environment", 293 *Journal of Affective Disorders*, 197–204 (2021).

Wilson, J. M., Weiss, A., & Shook, N. J., "Mindfulness, self-compassion, and savoring: Factors that explain the relation between perceived social support and well-being", 152 *Personality and Individual Differences*, 109568 (2019).

Witek-Janusek, L., Albuquerque, K., Chroniak, K. R., Chroniak, C., Durazo-Arvizu, R., & Mathews, H. L., "Effect of mindfulness based stress reduction on immune function, quality of life and coping in women newly diagnosed with early stage breast cancer", 22 *Brain Behavior and Immunity*, 969–981 (2008).

Witkiewitz, K., Pfund, R. A., & Tucker, J. A., "Mechanisms of Behavior Change in Substance Use Disorder With and Without Formal Treatment", 18 *Annual Review of Clinical Psychology*, 497–525 (2022).

Xu, W., Fu, G., An, Y., Yuan, G., Ding, X., & Zhou, Y., "Mindfulness, posttraumatic stress symptoms, depression, and social functioning impairment in Chinese adolescents following a tornado: Mediation of posttraumatic cognitive change", 259 *Psychiatry Research*, 345–349 (2018).

Xu, W., Jia, K., Liu, X., & Hofmann, S. G., "The effects of mindfulness training on emotional health in Chinese long-term male prison inmates", 7 *Mindfulness*, 1044–1051 (2016).

Xu, W., Zhou, Y., Fu, Z., & Rodriguez, M., "Relationships between dispositional mindfulness, self-acceptance, perceived stress, and psychological symptoms in advanced gastrointestinal cancer patients", 26 *Psycho-Oncology*, 2157–2161 (2017).

Yano, J., Yu, K., Donaldson, G., Shastri, G., Ann, P., Ma, L., Nagler, C., Ismagilov, R., Mazmanian, S., & Hsiao, E., "Indigenous bacteria from the gut microbiota regulate host serotonin biosynthesis", 161 *Cell*, 264–276 (2015).

Yu, S., Shi, J., Huang, J., Fan, S., & Xu, W., "Longitudinal relationship between emotional insecurity and adolescent mental health: the mediation of rejection sensitivity and moderation of dispositional mindfulness", 12 *Mindfulness*, 2662–2671 (2021).

Zhang, C., Yang, X., & Xu, W., "Parenting style and aggression in Chinese undergraduates with left-behind experience: The mediating role of inferiority", 2021 *Children and Youth Services Review*, 106011 (2021).